非线性动力系统的随机分岔及共振行为

宁丽娟 著

科学出版社

北京

内 容 简 介

本书介绍非线性系统中噪声诱导的随机分岔和共振行为,主要内容包括有界噪声和时滞驱动基因选择模型中的随机分岔行为,以及不同噪声和时滞驱动的非线性系统中的随机共振与振动共振. 本书关注非线性系统所处的噪声干扰环境,通过对具体模型的理论分析及 Monte Carlo 模拟,探索非线性系统的分岔及共振行为.

本书可作为非线性科学、随机动力学、生命科学和信息科学与工程等领域研究人员的参考用书,也可作为应用数学、生物数学、统计学等专业高年级本科生、研究生及教师的参考用书.

图书在版编目(CIP)数据

非线性动力系统的随机分岔及共振行为/宁丽娟著. —北京:科学出版社,2020.9

ISBN 978-7-03-064091-8

I. ①非··· Ⅱ. ①宁··· Ⅲ. ①噪声–随机变量–动力学–研究 Ⅳ. ①O422.8

中国版本图书馆 CIP 数据核字(2020) 第 014938 号

责任编辑:杨 丹 李 萍/责任校对:郭瑞芝
责任印制:张 伟/封面设计:陈 敬

科学出版社 出版
北京东黄城根北街 16 号
邮政编码:100717
http://www.sciencep.com

北京中石油彩色印刷有限责任公司 印刷
科学出版社发行 各地新华书店经销

*

2020 年 9 月第 一 版 开本:720×1000 B5
2021 年 1 月第二次印刷 印张:15 1/2
字数:309 000
定价:108.00 元
(如有印装质量问题,我社负责调换)

前　言

随机共振利用噪声与系统的协作效应, 对系统的输出起积极的作用. 随机分岔作为相关研究的重点内容之一, 已成为随机非线性科学的一个重要研究方向. 随机共振的出现也激发学者利用高频的可控信号来代替噪声, 以使系统的输出达到最大. 振动共振是其中的结果之一. 本书主要介绍不同噪声作用下系统的随机分岔和共振行为.

非线性系统的分岔和共振种类丰富, 本书重点介绍随机噪声激励下几个非线性动力系统的随机分岔以及多稳和双稳系统中的共振行为, 不仅涉及由随机噪声诱导产生的随机共振, 而且包括确定性信号协同系统产生的振动共振. 本书共 10 章. 第 1 章是绪论, 介绍随机分岔和共振行为的基本概念和研究现状. 第 2 章和第 3 章研究基因选择模型中时滞和噪声对随机分岔的影响. 主要对局部及全局时滞、高斯白噪声及色噪声、单一有界噪声、互关联的有界噪声情况下的基因选择模型展开研究, 讨论不同时滞、不同噪声强度、不同关联时间对模型随机分岔的影响. 第 4 章介绍时滞和噪声对 BVDP 系统随机分岔的作用. 第 5 章介绍噪声激励下分数阶非线性系统的稳态响应和随机分岔. 第 6 章介绍噪声激励下 FHN 神经元系统的随机共振及相关动力学. 第 7 章介绍调制及非调制噪声驱动线性系统中的随机共振. 第 8 章分析系统参数与时滞对三稳系统振动共振的影响. 第 9 章介绍噪声诱导下非线性系统的概率密度演化. 第 10 章介绍噪声扰动下含时滞的自激励双节律系统的随机分岔.

本书的出版得到国家自然科学基金项目 (11202120) 以及陕西师范大学中央高校特别支持项目 (GK201502007) 和数学与信息科学学院一流学科建设经费的资助! 感谢陕西师范大学数学与信息科学学院领导和同事一直以来的支持和帮助! 感谢家人的理解和支持!

由于作者水平有限, 书中难免存在不足之处, 恳请广大读者批评指正.

目 录

前言

第 1 章　绪论 ·· 1

1.1　随机分岔及其研究现状 ·· 1

1.2　随机共振及其研究现状 ·· 3

1.3　振动共振及其研究现状 ·· 4

参考文献 ·· 5

第 2 章　基因选择模型中不同噪声和时滞诱导的随机分岔 ················ 12

2.1　引言 ··· 12

2.2　基因选择模型 ·· 12

　　2.2.1　确定性基因选择模型 ··· 13

　　2.2.2　随机基因选择模型 ·· 14

2.3　局部和全局时滞诱导下基因选择模型的随机分岔 ················· 15

　　2.3.1　局部时滞诱导下的随机分岔 ······································· 15

　　2.3.2　全局时滞诱导下的随机分岔 ······································· 19

2.4　不同噪声和时滞诱导下基因选择模型的随机分岔 ················· 21

　　2.4.1　局部时滞诱导下的随机分岔 ······································· 22

　　2.4.2　全局时滞诱导下的随机分岔 ······································· 27

2.5　小结 ··· 31

参考文献 ·· 31

第 3 章　基因选择模型中有界噪声和时滞诱导的随机分岔 ················ 36

3.1　引言 ··· 36

3.2　有界噪声诱导下的随机分岔 ·· 37

　　3.2.1　加性有界噪声诱导下的随机分岔 ································ 37

　　3.2.2　乘性有界噪声诱导下的随机分岔 ································ 39

　　3.2.3　互关联的有界噪声对系统动力学行为的影响 ··············· 41

3.3　时滞诱导下的随机分岔 ·· 45

3.3.1 基因重组中的延迟效应·····45
3.3.2 基因遗传再生中的延迟效应·····46
3.3.3 两种不同类型的时滞对系统动力学行为的影响·····47
3.3.4 时滞和噪声对系统的共同作用·····48
3.4 小结·····52
参考文献·····53

第 4 章 噪声与时滞调节下 BVDP 系统的随机分岔·····55
4.1 引言·····55
4.2 时滞与白噪声调节的 BVDP 系统的随机分岔·····55
    4.2.1 模型介绍·····56
    4.2.2 分析方法·····56
    4.2.3 分岔分析·····59
4.3 时滞与色噪声调节的 BVDP 系统的随机分岔·····67
    4.3.1 模型介绍·····67
    4.3.2 分析方法·····68
    4.3.3 随机分岔分析·····70
4.4 小结·····72
参考文献·····73

第 5 章 噪声激励下分数阶非线性系统的稳态响应和随机分岔·····76
5.1 引言·····76
5.2 噪声激励下分数阶 Duffing-van der Pol 系统的稳态响应·····77
    5.2.1 模型介绍·····77
    5.2.2 分析方法·····77
    5.2.3 参数分析·····81
5.3 噪声激励下分数阶 van der Pol 系统的随机分岔·····88
    5.3.1 模型介绍·····88
    5.3.2 分析方法·····92
    5.3.3 随机分岔分析·····94
5.4 小结·····98
参考文献·····99

目 录

第 6 章 噪声激励下 FHN 神经元系统的随机共振及相关动力学 ⋯⋯ 101
6.1 引言 ⋯⋯ 101
6.2 非高斯和高斯噪声共同激励下的 FHN 神经元系统 ⋯⋯ 101
6.2.1 FHN 神经元系统的稳态概率密度 ⋯⋯ 101
6.2.2 FHN 神经元系统的平均首通时间 ⋯⋯ 105
6.2.3 FHN 神经元系统中的随机共振 ⋯⋯ 108
6.3 关联的非高斯噪声和高斯白噪声共同激励下的 FHN 神经元系统 ⋯⋯ 113
6.3.1 FHN 神经元系统的稳态概率密度 ⋯⋯ 113
6.3.2 FHN 神经元系统的平均首通时间 ⋯⋯ 118
6.3.3 FHN 神经元系统中的随机共振 ⋯⋯ 122
6.4 小结 ⋯⋯ 126
参考文献 ⋯⋯ 126

第 7 章 调制及非调制噪声驱动线性系统中的随机共振 ⋯⋯ 131
7.1 引言 ⋯⋯ 131
7.2 平方加性噪声驱动线性系统中的随机共振 ⋯⋯ 132
7.2.1 具有平方加性噪声的线性系统的信噪比 ⋯⋯ 132
7.2.2 信号和噪声对输出信噪比的影响 ⋯⋯ 135
7.3 关联乘性和加性噪声驱动线性系统中的随机共振 ⋯⋯ 139
7.3.1 加性噪声为分段噪声及其平方组合的线性系统的信噪比 ⋯⋯ 139
7.3.2 信号和噪声对输出信噪比的影响 ⋯⋯ 143
7.4 周期信号调制下加性和乘性噪声驱动线性系统中的随机共振 ⋯⋯ 146
7.4.1 周期信号调制下加性和乘性噪声驱动的线性系统的信噪比 ⋯⋯ 147
7.4.2 信号和噪声对输出信噪比的影响 ⋯⋯ 150
7.5 小结 ⋯⋯ 154
参考文献 ⋯⋯ 155

第 8 章 系统参数与时滞对三稳系统振动共振的影响 ⋯⋯ 157
8.1 引言 ⋯⋯ 157
8.2 势函数参数对三稳系统中振动共振的影响 ⋯⋯ 157
8.2.1 模型介绍 ⋯⋯ 157
8.2.2 三稳系统的输出响应 ⋯⋯ 160

8.2.3　势阱深度对振动共振行为的影响 ·· 162

8.2.4　势阱间距对振动共振行为的影响 ·· 167

8.3　时滞对三稳系统中振动共振的影响 ··· 172

8.3.1　含有时滞项的五次方振子模型 ··· 172

8.3.2　三稳系统的输出响应 ·· 173

8.3.3　时滞项强度对振动共振行为的影响 ·· 175

8.3.4　时滞对振动共振行为的影响 ·· 179

8.4　小结 ··· 181

参考文献 ··· 181

第9章　噪声诱导下非线性系统的概率密度演化 ·· 186

9.1　引言 ··· 186

9.2　FPK 方程的近似非定态解 ··· 186

9.2.1　噪声激励下一维非线性模型 ·· 187

9.2.2　非线性漂移的 FPK 方程的近似非定态解 ···································· 187

9.2.3　应用举例与数值分析 ·· 191

9.3　噪声和阻尼力激励下二阶 Duffing 系统的概率密度演化 ························· 196

9.3.1　确定性模型分析 ··· 196

9.3.2　非同源噪声诱导下二阶 Duffing 系统的概率密度演化 ················ 198

9.3.3　同源噪声诱导下二阶 Duffing 系统的概率密度演化 ···················· 209

9.4　小结 ··· 212

参考文献 ··· 213

第10章　噪声扰动下含时滞的自激励双节律系统的随机分岔 ··························· 216

10.1　引言 ··· 216

10.2　两个高斯色噪声和时滞诱导的随机分岔 ·· 216

10.2.1　研究模型 ·· 216

10.2.2　分析方法 ·· 217

10.2.3　随机分岔 ·· 219

10.3　α 稳定 Lévy 噪声和时滞诱导的随机分岔 ··· 229

10.3.1　模型介绍和数值模拟 ·· 229

10.3.2　α 稳定 Lévy 噪声诱导的随机分岔 ··· 231

  10.3.3 时滞诱导的随机分岔 ·· 233
10.4 小结 ·· 234
参考文献 ·· 235

第 1 章 绪 论

非线性微分动力系统理论的深刻性和应用的广泛性已经得到普遍认可,是国际数学、物理、力学、工程及金融经济领域中的热点之一. 现实生活中随机干扰是不可避免的,计入随机噪声对自然规律的干扰能更加真实且从本质反映自然规律的演化与发展. 许多研究表明,噪声与非线性系统的相互作用,可使随机干扰对系统的演化起决定性的作用,这种作用可能导致系统结构完全损坏,甚至崩溃. 因此,研究随机干扰对非线性系统动力学行为的影响具有重要的意义. 随机分岔和共振现象作为非线性系统的重要动力学行为,成为动力学及相关领域研究的热点.

1.1 随机分岔及其研究现状

当系统的参数发生变化时,系统解的稳定性也随之发生改变,这种定性的结构变化称为分岔[1,2]. 随机分岔是指非线性系统在随机扰动下产生的跃迁现象,即研究非线性系统在噪声扰动下其样本轨迹定性性质(平衡态、平稳运动及其他长时间渐近行为)发生改变的现象,有时也称这种分岔为转移. 随机分岔的研究对象是非线性现象,主要反映非线性系统在噪声扰动下产生的特殊动力学行为,是随机动力系统研究的重要内容. 随机分岔不同于确定性分岔,主要反映临界分岔系统对微小随机扰动的敏感性[3,4]. 随机分岔分为两类: 动态分岔 (记为 D 分岔) 与唯象分岔 (记为 P 分岔). 对具有遍历不变测度 μ_α 的可微随机动态系统参数族,若在某个参数 α_D 的每个邻域上存在参数 α,与之对应的不变测度 $\nu_\alpha \neq \mu_\alpha$,随着 $\alpha \to \alpha_D$, $\nu_\alpha \to \mu_\alpha$,则称 α_D 为该随机动态系统的 D 分岔点. 在 D 分岔点上,该随机动态系统的线性化系统的随机流是非双曲的,至少有一个 Lyapunov 指数为零. 因此,D 分岔研究从一族参考测度中分岔出新的不变测度,可以用 Lyapunov 指数 (通常是最大 Lyapunov 指数,在随机 Hopf 分岔中也包括次最大 Lyapunov 指数) 的正负号变化来判别,而 P 分岔研究随机动态系统不变测度密度 (平稳概率密度) 的形状 (峰的个数、位置及形状) 随参数的变化. 若在某个参数 α_0 的每个邻域 α_D

上存在参数 α_1、α_2，与之对应的不变测度 P_{α_1}、P_{α_2}，满足 $P_{\alpha_1} \neq P_{\alpha_2}$，则称 α_D 为该随机动态系统的 P 分岔点．例如，概率密度从单峰变成双峰，或者从双峰变成单峰，可以通过对平稳概率密度求极值进行研究．D 分岔是一种动态概念，与确定性分岔相对应，当噪声强度趋向于零时，D 分岔退化为确定性分岔．P 分岔则是一种静态分岔．本书主要研究 P 分岔．

随机分岔的研究始于 20 世纪 80 年代，主要用于数学、物理、化学、经济和工程技术等领域，但仍处于不成熟的阶段，仅有少量的一般性方法，或对某些特定的应用模型进行研究．1984 年，Horsthemke 等 [5] 出版了关于随机分岔的专著．之后 Namachchivaya[6] 和刘先斌等 [7] 从物理和工程领域出发，对随机分岔进行了专题讨论．To 等 [8] 对分岔行为和最大 Lyapunov 指数进行了讨论研究．Arnold[9,10] 从数学角度对随机分岔的研究成果进行了概括．朱位秋 [2] 从力学角度出发，对随机分岔进行了细致的描述．随着对随机分岔研究的深化，近些年取得了一些新的研究进展．徐伟等 [11] 利用广义胞映射方法，研究了参激和外激共同作用下 Duffing-van der Pol 振子的随机分岔，发现系统的随机吸引子与随机鞍的碰撞是产生随机分岔的主要原因．Hutt 等 [12] 利用中心流形法，对时滞系统中的随机分岔进行研究．Zakharova 等 [13] 研究了自激振子中的随机分岔．Zhu 等 [14] 及 Yue 等 [15] 研究了有界噪声激励下系统的分岔及响应情况．Xu 等 [16,17] 对 Levy 噪声驱动下的肿瘤免疫系统及基因转录调控系统的随机分岔行为进行了研究．吴志强等 [18] 研究了色噪声激励下三稳 Duffing-van der Pol 振子的随机分岔行为．

在随机分岔研究中，除了考虑噪声因素，客观存在的时滞等因素也逐渐被考虑进模型研究中．随机系统的延迟效应引起了广泛的关注，新的理论和实验研究成果不断涌现．研究发现，时滞对随机双稳系统逃逸率产生影响，可以增强双稳系统的共振抑制；可以提高布朗马达的能量转换效率；可以使得 SS-model 细胞内的钙浓度振荡；可以诱导 Logistic 系统定态概率分布多极值结构向单极值结构的转换，抑制肿瘤细胞的恶化；噪声驱动下集合种群的延迟效应表明，时滞增大使得集合种群在斑块中的占有率减小，灭绝时间减小；时滞可以导致两物种竞争系统中两物种密度的 Hopf 分叉；可以诱导基因转录模型中的蛋白质浓度发生转化；可以抑制互利共生生态系统中的种群数目的大爆炸 [19-26]．以上内容说明，时滞的研究是非线性系统不可分割的一部分，既可以单独引起系统的变化，又可以相互制约．文献 [27] 和 [28] 研究了时滞及有界噪声共同激励下的基因选择模型的随机分岔情况．文献 [29] 研究了时滞及噪声在双稳极限环模型诱导的随机分岔．文献 [30] 研究了具有时滞反馈的双稳模型中的随机分岔.

1.2 随机共振及其研究现状

随机共振这一概念是由 Benzi 等[31,32]在研究古气象冰川问题时提出的. 在 Benzi 等构建的气候模型中, 地球处于非线性条件下, 这种条件使地球可能取冷态和暖态两种状态. 地球离心率的周期变化使气候可能在这两个状态之间变动, 从而地球所受的随机力大大提高了小的周期信号对非线性系统的调制能力, 通过随机共振引起地球古气象的大幅度周期变动. 在某些条件下, 噪声可以使输入的信号和系统达到某种匹配, 从而使系统的输出达到最大, 这种现象就是随机共振. 这里, 随机共振不再单纯地表示力学上的共振, 更多的是借用共振一词来强调信号、非线性条件和噪声之间的某种最佳匹配. 随机共振现象说明, 很小的随机力可以在非线性系统中起到积极的、建设性的作用, 促使人们对噪声有了新的认识, 因此随机共振研究在理论和实验上得到广泛展开.

随机共振研究的最初阶段, 人们一度认为随机共振的产生必须有三个条件: ①周期信号; ②具有双稳或多稳的非线性系统; ③噪声. 但是, 随着对随机共振研究的深入, 发现不满足上述条件的系统也会出现随机共振现象. 1993 年, Longtin[33]在非双稳的可激生物系统中发现了随机共振现象. Stocks 等[34]在对欠阻尼的 Duffing 振荡方程进行研究时发现了单稳随机共振现象, Alfonsi 等[35]将其解释为一种井内随机共振现象, 并在不同的单稳系统中发现了随机共振现象. Hu 等[36]和 Qian 等[37]针对圆周上无周期驱动的单稳朗之万方程, 研究了其随机共振的机制. 在简单的线性系统中发现随机共振这一有益的现象, 促使学者们研究不同线性系统中的随机共振. Berdichevsky 等[38]和 Gitterman[39]在有色或分段乘性噪声驱动的线性系统中发现了随机共振. Calisto 等[40]研究了乘性噪声驱动的线性系统中的随机共振, 其中乘性噪声是均值为零的色噪声及其平方的和. 文献[41]研究了由乘性噪声和加性噪声共同驱动的线性系统中的随机共振, 发现了三种不同形式的随机共振. 文献[42]研究了分段噪声诱导的随机共振, 其中线性项和阻尼项都受到分段噪声的扰动. 研究发现, 分段噪声的转移率和强度均能诱导随机共振的产生. 文献[43]考虑系统的滞后及分数阶的记忆性, 研究了时滞对分数阶线性系统中随机共振的影响. 神经系统的基本结构单位是神经元, 其放电过程涉及复杂的物理化学过程, 表现出丰富的非线性动力学行为. 噪声在神经元系统中能否将信息协同放大，引起了学者们的广泛关注. Hodgkin 等 [44] 在 20 世纪 50 年代提出了 Hodgkin-Huxley(H-H) 模型，用来研究神经元的放电特性和同步行为. 为了进一步简化 H-H 模型，Hodgkin 等在保留易兴奋神经细胞再生激发激励的主要特征上，提出了二维 FitzHugh-Nagumo(FHN) 神经元模型 [45]. Alarcon 等 [46] 在一定条件下，对二维 FHN 进行简化，得到了 FHN 神经元模型. 噪声驱动的 FHN 神经元模型也引起了学者们的广泛关注. 文献 [47] 研究了带有时滞的 FHN 神经元系统中的随机共振，发现信号周期和时滞反馈的变化可以引起系统周期性的随机共振. 文献 [48] 研究了由关联的乘性和加性噪声共同激励下的 FHN 神经元系统，发现噪声关联强度能够增强随机共振效应，而时滞和加性噪声强度能够削弱随机共振效应. 实验还发现，在某些神经系统中，噪声具有非高斯性 [49,50]. 文献 [51] 研究了非高斯噪声和加性周期信号共同激励下 FHN 神经元系统的随机共振效应，发现非高斯噪声有利于该系统信号的响应增强. 文献 [52] 对非高斯噪声驱动的 FHN 神经系统中的随机共振进行研究，发现其中的周期信号是调制信号，并发现在 FHN 神经元系统中出现双重随机共振现象. 非高斯噪声可以使系统出现丰富的非线性现象，并且有利于增强神经元系统的信号响应.

1.3 振动共振及其研究现状

2000 年，Landa 等 [53] 从随机共振现象中得到启迪，将随机共振系统中的噪声用高频率的周期信号代替，继而观察到一种有趣的动力学现象，即振动共振现象. 振动共振现象表明，在不同频率周期信号共同激励的动力系统中，通过调节外加高频周期信号的幅值，系统响应在低频信号处的幅值出现与随机共振相似的共振峰，从而使微弱低频信号得到放大. 这种不同频率周期信号同时激励下的非线性系统响应问题引起了人们的广泛关注，一方面是由于振动共振发生的前提是两种不同频率信号缺一不可，而在如脑动力学 [54]、激光物理 [55]、声学 [56]、神经科学 [57] 等众多领域中，高低两种频率信号是切实存在的. 并且，在信号处理中发现，低频信号在系统中常携带有用信息，这里的高频信号可以对信息的传播起调制作用. 另一方面是由于振动共振与随机共振现象非常类似，噪声能够提高信号的传播效果. 根据两者的相似性，不难推得高频信号同样能够促进弱低频信号的传播，且后者的信号传播效率高于前者的传播效率. 另外，由于高频信号是确定的，相比于噪声，信号更易于控制和调节. 因此，对振动共振现象及其特性的探究有十分重要的现实意义和广泛的应用前景.

振动共振在非线性系统中的应用越来越广泛，学者们经过不懈的努力，在该方向取得了丰硕的成果. Gitterman[58] 通过理论解析的方法，证明了振动共振机理. Chizhevsky 等 [59,60] 在双稳垂直腔激光系统和光学系统中，给出了振动共振行为存在的实验证据. 文献 [61] 通过数值模拟和实验表明，振动共振在随机系统中是一种增强弱非周期二进制信号检测和恢复的有效方法. 随着研究的深入，学者们在双稳系统 [62-65]、Duffing 振子系统 [66-68]、六次方振子系统 [69]、神经网络动力系统 [70-72]、基因调控网络 [73]、生态系统 [74] 等诸多系统中发现了振动共振行为. 此外，除了对上述系统中的经典振动共振现象进行研究之外，还探究了其他因素对振动共振的影响. 例如，文献 [75] 讨论了势函数不对称性如何影响振动共振，结果发现势阱的不对称会引起额外的共振. Rajasekar 等 [76] 分析了在双稳系统中势阱深度和势阱位置不同时振动共振的一些特征. Yang 等 [77] 考虑时间延迟在系统中的作用，分析得到时间延迟能够在单一系统乃至耦合系统中诱导出新的振动共振行为. Hu 等 [78] 发现在可激系统中高频信号和时间延迟的协同作用可以强化微弱的低频信号. Jeevarathinam 等 [79] 考虑多重时间延迟对单一 Duffing 振子振动共振以及耦合 Duffing 振子模型中信号传递的影响，结果发现在恰当的条件下，信号能够无衰减地进行传播. 与此同时，带有分数阶系统中的振动共振现象也被讨论，得出分数阶阻尼能够引起新的共振模式 [80,81] 的结论. 越来越多的学者们将目光聚集到多稳系统 [82,83] 的研究. Jeyakumari 等 [84] 证明了在具有三阱势的阻尼五次振荡器中振动共振行为的存在. 同时，在有时间延迟的多稳系统中 [85]，振动共振行为也被讨论. 文献 [86] 将振动共振现象扩展到一个具有周期性势阱的系统，在多稳垂直腔面发射激光系统的相关实验 [87] 也证实了此现象的存在. 在多稳系统的研究中，三稳系统在图像锐化 [88]、化学动力学 [89]、凝聚态物理 [90] 等方面具有广泛的应用背景，引起了极大关注.

参 考 文 献

[1] Khas'minskii R Z. Necessary and sufficient conditions for the asymptotic stability of linear stochastic systems [J]. Theory of Probability and Its Applications, 1996, 12:144.

[2] 朱位秋. 非线性随机动力学与控制: Hamilton 理论体系框架 [M]. 北京: 科学出版社, 2003.

[3] 徐伟, 都琳, 徐勇. 非线性随机动力系统研究的若干进展 [J]. 工程数学学报, 2006, 23: 951.

[4] Naess A. Chaos and nonlinear stochastic dynamics[J]. Probabilistic Engineering Mechanics, 2000, 15:37.

[5] Horsthemke W, Lefever R. Noise-Induced Transitions[M]. Berlin: Springer-Verlag, 1984.

[6] Namachchivaya N S. Stochastic bifurcation[J]. Applied Mathematics and Computation, 1990, 39(3): 37-95.

[7] 刘先斌, 陈虬. 非线性随机系统的稳定性和分岔研究 [J]. 力学进展, 1996, 26: 437.

[8] To C W S, Li D M. Largest Lyapunov exponents and bifurcation of stochastic nonlinear systems[J]. Shock and Vibrations, 1996, 3: 313.

[9] Arnold L. Random Dynamical Systems[M]. Berlin: Springer-Verlag, 1998.

[10] Arnold L. Recent progress in stochastic bifurcation theory[A]//Narayanan S, Iyengar R N. IUTAM Symposium on Nonlinearity and Stochastic Structural Dynamics[M]. Dordrecht: Springer, 2001.

[11] 徐伟, 贺群, 戎海武, 等. Duffing-van der Pol 振子随机分岔的全局分析 [J]. 物理学报, 2003, 52: 1365.

[12] Hutt A, Lefebvre J, Longtin A. Delay stabilizes stochastic systems near a non-oscillatory instability[J]. Europhysics Letters, 2012, 98: 20004.

[13] Zakharova A, Vadivasova T, Anishchenko V, et al. Stochastic bifurcations and coherencelike resonance in a self-sustained bistable noisy oscillator[J]. Physical Review E, 2010, 81: 011106.

[14] Zhu W Q, Liu Z H. Homoclinic bifurcation and chaos in coupled simple pendulum and harmonic oscillator under bounded noise excitation [J]. International Journal of Bifurcation and Chaos, 2005, 15: 233.

[15] Yue X, Xu W. Stochastic bifurcation of an asymmetric single-well potential Duffing oscillator under bounded noise excitation [J]. International Journal of Bifurcation and Chaos, 2010, 20: 3359.

[16] Xu Y, Feng J, Li J, et al. Stochastic bifurcation for a tumor-immune system with symmetric Levy noise [J]. Physica A, 2013, 392: 4739.

[17] Xu Y, Feng J, Li J, et al. Levy noise induced switch in the gene transcriptional regulatory system [J]. Chaos, 2013, 23: 013110.

[18] 吴志强, 郝颖. 乘性色噪声激励下三稳态 van der Pol-Duffing 振子随机 P-分岔 [J]. 物理学报, 2015, 64: 060501.

[19] 杨林静. Logistic 系统跃迁率的时间延迟效应 [J]. 物理学报, 2011, 60:050502.

[20] 韩立波. 延时对色关联噪声诱导的逻辑生长过程的影响 [J]. 物理学报, 2008, 57: 2699.

[21] 林灵, 闫勇, 梅冬成. 时间延迟增强双稳系统的共振抑制 [J]. 物理学报, 2010, 59: 2240.

参考文献

[22] 郭永峰, 徐伟. 关联白噪声驱动的具有时间延迟的 Logistic 系统 [J]. 物理学报, 2008, 57: 6081.

[23] Andreas A, Eckehard S, Wolfram J. Some basic remarks on eigenmode expansions of time-delay dynamics[J]. Physica A, 2007, 373: 191.

[24] Wu D, Zhu S. Brownian motor with time-delayed feedback[J]. Physcial Review E, 2006, 73: 051107.

[25] Gu X, Zhu S, Wu D. Two different kinds of time delays in a stochastic system[J]. European Physical Journal D, 2007, 42: 461.

[26] Du L, Mei D. Stochastic resonance in a bistable system with global delay and two noises[J]. European Physical Journal B, 2012, 85: 75.

[27] Liu P, Ning L. Transitions induced by cross-correlated bounded noises and time delay in a genotype selection model[J]. Physica A, 2016, 441: 32.

[28] Yang H, Ning L. Phase transitions induced by time-delay and different noises[J]. Nonlinear Dynamics, 2017, 88: 2427.

[29] Ma Z, Ning L. Bifurcation regulations governed by delay self-control feedback in a stochastic biorhythmic system[J]. International Journal of Bifurcation and Chaos, 2017, 27: 1750202.

[30] Guo Q, Sun Z, Xu W. Stochastic bifurcations in a birthythmic biological model with time-delayed feedbacks [J]. International Journal of Bifurcation and Chaos, 2018, 28: 1850048.

[31] Benzi R, Sutera A, Vulpiani A. The mechanism of stochastic resonance [J]. Journal of Physics A, 1981, 14: L453.

[32] Benzi R, Parisi G, Vulpiani A. Stochastic resonance in climatic change [J]. Tellus, 1982, 34: 10.

[33] Longtin A. Stochastic resonance in neuron models [J]. Journal of Statistical Physics, 1993, 70: 309.

[34] Stocks N G, Stein N G, McClintock P V E. Stochastic resonance in monostable systems [J]. Journal of Physics A: Mathematical and General, 1993, 26: L385.

[35] Alfonsi L, Gammaitoni L, Santucci S, et al. Intrawell stochastic resonance versus interwell stochastic resonance [J]. Physical Review E, 2000, 62: 299.

[36] Hu G, Ditzinger T, Ning C Z, et al. Stochastic resonance without external periodic force [J]. Physical Review Letters, 1993, 71: 807.

[37] Qian M, Wang G X, Zhang X J. Stochastic resonance on a circle without excitation: physical investigation and peak frequency Formula [J]. Physical Review E, 2000, 62:

6469.

[38] Berdichevsky V, Gitterman M. Stochastic resonance in linear systems subject to multiplicative and additive noise [J]. Physical Review E, 1999, 60: 1494.

[39] Gitterman M. Harmonic oscillator with fluctuating damping parameter [J]. Physical Review E, 2004, 69: 041101.

[40] Calisto H, Mora F, Tirapegui E. Stochastic resonance in a linear system: An exact solution [J]. Physical Review E, 2006, 74: 022102.

[41] Ning L, Xu W. Stochastic resonance in linear system driven by multiplicative and additive noise [J]. Physica A, 2007, 382: 415.

[42] Liang R, Yang L, Qin H. Trichotomous noise induced stochastic resonance in a linear system [J]. Nonlinear Dynamics, 2012, 69: 1423.

[43] Zhong S, Zhang L, Wang H, et al. Nonlinear effect of time delay on the generalized stochastic resonance in a fractional oscillator with multiplicative polynomial noise [J]. Nonlinear Dynamics, 2017, 89: 1327.

[44] Hodgkin A L, Huxley A F. A quantitative description of membrane current its application to conduction and excitation in nerve[J]. The Journal of Physiology, 1952, 117: 500.

[45] FitzHugh R. Threshold and plateaus in the Hodgkin-Huxley nerve equations[J]. The Journal of General Physiology, 1960, 43: 867-871.

[46] Alarcon T, Perez-Madrod A, Rubi J M. Stochastic resonance in nonpotential systems[J]. Physical Review E, 1998, 57: 4979-4983.

[47] Wu D, Zhu S Q. Stochastic resonance in FitzHugh-Nagumo system with time-delayed feedback [J]. Physics Letters A, 2008, 372: 5299-5304.

[48] Zeng C, Zeng C, Gong A, et al. Effect of time delay in FitzHugh-Nagumo neural model with correlations between multiplicative and additive noises[J]. Physica A, 2010, 389: 5117-5127.

[49] Bezrukov S M, Vodynoy I. Stochastic resonance in non-dynamical systems without response thresholds[J]. Nature, 1997, 385: 319-321.

[50] Goychuk I, Hänggi P. Stochastic resonance in ion channels charaterized by information theory[J]. Physical Review E, 2000, 61: 4272-4280.

[51] 张静静, 靳艳飞. 非高斯噪声激励下 FitzHugh-Nagumo 神经元系统的随机共振 [J]. 物理学报, 2012, 61: 130502.

[52] Li X, Ning L. Stochastic resonance in FitzHugh-Nagumo model driven by multiplicative signal and non-Gaussian noise [J]. Indian Journal of Physics, 2015, 89: 189.

参 考 文 献

[53] Landa P S, McClintock P V E. Vibrational resonance[J]. Journal of Physics A: Mathematical and General, 2000, 33: 433.

[54] Knoblauch A, Palm G. What is signal and what is noise in the brain[J]. Biosystems, 2005, 79: 83-90.

[55] Su D C, Chiu M H, Chen C D. Simple two-frequency laser[J]. Precision Engineering, 1993, 18: 161-163.

[56] Maksimov A O. On the subharmonic emission of gas bubbles under two-frequency excitation[J]. Ultrasonics, 1997, 35: 79-86.

[57] Victor J D, Conte M M. Two-frequency analysis of interactions elicited by vernier stimuli[J]. Visual Neurosci, 2000, 17: 959-973.

[58] Gitterman M. Bistable oscillator driven by two periodic fields[J]. Journal of Physics A: Mathematical and General, 2001, 34: 355-357.

[59] Chizhevsky V N, Giacomelli G. Improvement of signal-to-noise ratio in a bistable optical system: Comparison between vibrational and stochastic resonance[J]. Physics Letters A, 2005, 71: 011801.

[60] Chizhevsky V N, Smeu E, Giacomelli G. Experimental evidence of "vibrational resonance" in an optical system[J]. Physical Review Letters, 2003, 91: 220602.

[61] Chizhevsky V N, Giacomelli G. Vibrational resonance and the detection of aperiodic binary signals[J]. Physical Review E, 2008, 77: 051126.

[62] Yao C, Liu Y, Zhan M. Frequency-resonance-enhanced vibrational resonance in bistable systems[J]. Physical Review E, 2011, 83: 061122.

[63] Baltanas J P, Lopez L, Blechman I I. Experimental evidence, numerics, and theory of vibrational resonance in bistable systems[J]. Physical Review E, 2003, 67: 066119.

[64] Pascual J C, Baltanas J P. Effects of additive noise on vibrational resonance in a bistable system[J]. Physical Review E, 2004, 69: 046108.

[65] Ghosh S, Ray D S. Nonlinear vibrational resonance[J]. Physical Review E, 2013, 88(4): 042904.

[66] Liu H G, Liu X L. Detecting the weak high-frequency character signal by vibrational resonance in the Duffing oscillator[J]. Nonlinear Dynamics, 2017, 89: 2621-2628.

[67] Yang J H, Zhu H. Vibrational resonance in Duffing systems with fractional-order damping[J]. Chaos, 2012, 22: 013112.

[68] Jeevarathinam C, Rajasekar S, Sanjuan M A F. Theory and numerics of vibrational resonance in Duffing oscillators with time-delayed feedback[J]. Physical Review E, 2011, 83: 066205.

[69] Wang C J. Vibrational resonance in an overdamped system with a sextic double-well potential[J]. Chinese Physics Letters, 2011, 28: 090504.

[70] Deng B, Wang J, Wei X, et al. Theoretical analysis of vibrational resonance in a neuron model near a bifurcation point[J]. Physical Review E, 2014, 89: 062916.

[71] Yang L J, Liu W H. Vibrational resonance induced by transition of phase-locking modes in excitable systems[J]. Physical Review E, 2012, 86: 016209.

[72] Ullner E, Zaikin A, Garcia-Ojalvo J, et al. Vibrational resonance and vibrational propagation in excitable systems[J]. Physics Letters A, 2003, 312: 348-354.

[73] Shi J, Huang C, Dong T, et al. High-frequency and low-frequency effects on vibrational resonance in a synthetic gene network[J]. Physical Biology, 2010, 7: 036006.

[74] Jeevarathinam C, Rajasekar S, Sanjuan M A F. Vibrational resonance in groundwater-dependent plant ecosystems[J]. Ecological Complexity, 2013, 15: 33-42.

[75] Yang X N, Yang Y F. Vibrational resonance in an asymmetric bistable system with time-delay feedback[J]. Acta Physica Sinica, 2015, 64: 070507.

[76] Rajasekar S, Jeyakumari S, Chinnathambi V, et al. Role of depth and location of minima of a double-well potential on vibrational resonance[J]. Journal of Physics A: Mathematical and General, 2010, 43: 465101.

[77] Yang J H, Liu X B. Delay induces quasi-periodic vibrational resonance[J]. Journal of Physics A: Mathematical and General, 2010, 43: 122001.

[78] Hu D, Yang J, Liu X. Delay-induced vibrational multi-resonance in FitzHugh-Nagumo system[J]. Communications in Nonlinear Science and Numerical Simulation, 2012, 17: 1031-1035.

[79] Jeevarathinam C, Rajasekar S, Sanjuan M A F. Effect of multiple time-delay on vibrational resonance [J]. Chaos, 2013, 23: 013136.

[80] Yang J H, Zhu H. Bifurcation and resonance induced by fractional-order damping and time delay feedback in a Duffing system[J]. Communications in Nonlinear Science and Numerical Simulation, 2013, 18: 1316-1326.

[81] 张路, 谢天婷, 罗懋康. 双频信号驱动含分数阶内、外阻尼 Duffng 振子的振动共振 [J]. 物理学报, 2014, 63: 010506.

[82] Arathi S, Rajasekar S. Impact of the depth of the wells and multi-fractal analysis on stochastic resonance in a triple-well system[J]. Physica Scripta, 2011, 84: 065011.

[83] Ghosh P K, Bag B C, Ray D S. Interference of stochastic resonances: splitting of Kramers' rate[J]. Physical Review E, 2007, 75: 032101.

参考文献

[84] Jeyakumari S, Chinnathambi V, Rajasekar S, et al. Analysis of vibrational resonance in a quintic oscillator[J]. Chaos, 2009, 19: 043128.

[85] Yang J H, Liu X B. Controlling vibrational resonance in a multistable system by time delay[J]. Chaos, 2010, 20: 033124.

[86] Rajasekar S, Abirami K, Sanjuan M A F. Novel vibrational resonance in multistable systems[J]. Chaos, 2011, 21: 033106.

[87] Chizhevsky V N. Vibrational higher-order resonances in an overdamped bistable system with biharmonic excitation[J]. Physical Review E, 2014, 89: 062914.

[88] Gilboa G, Sochen N, Zeevi Y Y. Image sharpening by flows based on triple well potentials[J]. Journal of Mathematical Imaging and Vision, 2004, 20: 121-131.

[89] Ghosh P K, Bang B C, Ray D S. Noise correlation-induced splitting of Kramers' escape rate from a meta-stable state[J]. The Journal of Chemical Physics, 2007, 127: 044510.

[90] Bouthanoute F, El Arroum L, Boughaleb Y, et al. Fokker planck dynamic in a periodic triple-well potential[J]. Moroccan Physical and Condensed Matter, 2007, 9: 17.

第 2 章 基因选择模型中不同噪声和时滞诱导的随机分岔

2.1 引 言

随机力对非线性系统 [1,2] 的作用已成为现代统计物理理论和非线性科学发展的重要前沿. 随机力不仅对原有的非线性系统产生微小的改变, 还可能改变系统的演化发展, 促使系统产生许多新奇的现象. 在一定条件下, 随机干扰可以起非常有创造性的作用. 例如, 在随机干扰中, 噪声可以增强系统的稳定性 [3-9], 也可以产生随机共振现象 [10-16], 甚至可以诱导相变 [17-19]. 因此, 揭示非线性条件下噪声产生的各种效应成为目前统计物理和非线性科学发展的一个重要任务.

在以往的研究中, 人们主要对没有时间延迟的随机动力系统进行探讨, 然而在许多实际问题 (如生物系统和光学系统等) 中, 时间延迟对系统造成的影响是不可忽略的. 时间延迟反映了与系统输运有关的物质、能量、信息的传输时间. 因此, 研究具有时间延迟的随机动力系统 [20-27] 更符合实际情况. 在非线性随机动力系统的时间延迟方面展开的大量的理论和实验研究表明, 系统在噪声和时间延迟的协同作用下, 会出现一些新的动力学行为, 噪声和时间延迟与非线性系统是一个不可分割的整体.

2.2 基因选择模型

在个体发育的不同时期, 生物体不同部位细胞表达的基因是不同的, 合成的蛋白质也不一样, 从而形成不同的组织和器官. 基因的选择性表达是指在细胞分化中, 基因在特定的时间和空间条件下有选择表达的现象, 其结果是形成了形态结构和生理功能不同的细胞, 因此基因的选择性表达在生命过程各阶段都有体现.

一方面, 基因的选择性表达具有普遍性, 如在单细胞原核、真核生物, 甚至是病毒生长过程中都有体现; 另一方面, 由于生物内部因素和外界环境因素都会对基因的选择性表达产生影响, 因此基因的选择性表达又具有特殊性. 例如, 生物体内原来隐性的癌基因, 在某种因素的刺激性下, 由原来抑制态转变为激活态, 基因表达出显性的癌基因. 除此之外, 基因的选择性表达还与时间和空间有一定的关系.

由此可知, 基因的选择性表达是一个极其复杂的过程, 既受内部因素的影响又受外部因素的影响, 既受空间的影响又受时间的影响.

2.2.1 确定性基因选择模型

选择某类单倍体种群作为研究对象, 其确定性基因选择模型构成原理如图 2.2.1 所示. 假设每个个体可以取 A 或 B 两种不同基因[28], 取基因 A 和基因 B 的个体数分别为 N_A 和 N_B, 而单倍体总数 N 为常数(即 $N = N_A + N_B =$ 常数). 将 N_A 和 N_B 归一化为 x 和 $1-x$, 则 $x = \dfrac{N_A}{N}$, $1-x = \dfrac{N_B}{N}$. x 将在 $[0,1]$ 变化. 假定 Δt 为相邻代的单倍体的时间间隔, 基因 A、B 在上、下代的遗传中发生更换. 假设从 $A \to B$ 和 $B \to A$ 转变的比例分别为 $m_A \Delta t$ 和 $m_B \Delta t$, 则两代之间由变异引起的 $x(t)$ 变化为

$$x(t+\Delta t) - x(t) = -m_A \Delta t x(t) + m_B \Delta t [1 - x(t)]. \tag{2.2.1}$$

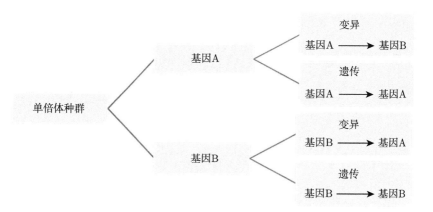

图 2.2.1　确定性基因选择模型构成原理图

由于环境的选择, 不同基因的单倍体有不同的再生率

$$N_A(t+\Delta t) = w_A N_A(t), \quad N_B(t+\Delta t) = w_B N_B(t),$$

$$w_A = 1 + \frac{S_t}{2}, \quad w_B = 1 - \frac{S_t}{2}. \tag{2.2.2}$$

自然选择导致的两代间 $x(t)$ 的变化为

$$x(t+\Delta t)-x(t)=\frac{\left(1+\dfrac{S_t}{2}\right)x(t)}{\left(1+\dfrac{S_t}{2}\right)x(t)+\left(1-\dfrac{S_t}{2}\right)[1-x(t)]}-x(t)$$

$$=\frac{S_t x(t)[1-x(t)]}{1-\dfrac{S_t}{2}+S_t x(t)}. \tag{2.2.3}$$

同时考虑式 (2.2.1) 和式 (2.2.3), 并令 $\Delta t \to 0$, 得到 $x(t)$ 的变化遵从

$$\dot{x}=\gamma-\beta x+\mu x(1-x),\quad \gamma=m_{\rm B},\quad \beta=m_{\rm A}+m_{\rm B}. \tag{2.2.4}$$

由于 $m_{\rm A}$ 和 $m_{\rm B}$ 仅有相对的意义, 令 $m_{\rm A}+m_{\rm B}=1$. 于是, 得到双参数基因选择动力学方程[29-31]

$$\dot{x}=\gamma-x+\mu x(1-x),\quad 0<\gamma<1, 0\leqslant x\leqslant 1. \tag{2.2.5}$$

式 (2.2.5) 的最大特点是无论 γ[在 (0,1)] 和 μ 怎样变化, 该方程在 [0,1] 只有唯一的稳定定态解

$$x_0=\frac{\mu-1+\sqrt{(\mu-1)^2+4\gamma\mu}}{2\mu}. \tag{2.2.6}$$

方程的势函数

$$U(x)=-\gamma x+\frac{(1-\mu)x^2}{2}+\frac{\mu x^3}{3}, \tag{2.2.7}$$

也相应仅在 x_0 处有一极小值. 这说明式 (2.2.5) 在基因选择过程中不存在任何相变机制.

2.2.2 随机基因选择模型

基因的选择性表达是很复杂的, 其影响因素既有外因又有内因. 随机基因选择模型的演化如图 2.2.2 所示. 环境的涨落对其选择过程产生一定的影响, 且基因的继承、变异、重组以及自身应对环境涨落不可能瞬间完成, 需要系统花费一定时间做出相应的反应. 在这个过程中, 不可避免地存在许多意料不到的随机因素和时滞[32-35]. 基因选择也将不再是确定的, 而是带有一定的随机性. 因此, 研究随机的基因选择过程也更加具有深意.

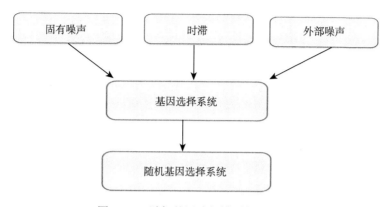

图 2.2.2　随机基因选择模型的演化图

2.3　局部和全局时滞诱导下基因选择模型的随机分岔

近年来,随机力对非线性系统的作用成为许多领域的重要研究对象,在非平衡物理系统、生物系统、化学系统等领域中都有广泛应用. 许多现象已引起人们广泛的关注,如随机分岔、共振等. 在实际的物理系统中,因为系统内部输送物质、能量、信息需要一定的时间,所以时间延迟在非线性系统中是不可缺少的. 杨林静[20]研究了 Logistic 系统中的时间延迟效应. 王参军[36]研究了随机基因选择模型中的延迟效应,发现时间延迟有增强相变的效应. Du 等[37]研究了时滞在肿瘤免疫系统中的作用. 目前大部分研究只关注局部时滞或全局时滞,很少关注这两者的不同. 有关时间延迟已有一些理论成果,但相对有限,大部分研究借助于数值模拟.

2.3.1　局部时滞诱导下的随机分岔

基因选择模型的表达式为

$$\dot{x} = \alpha - x + \mu x(1-x). \tag{2.3.1}$$

根据前面介绍,该模型在 $x \in [0,1]$ 只有一个极小值点,也就是说在确定性范围内不会发生分岔现象.

在实际模型中,所有参数都会受到周围环境以及自身因素的干扰. 基因选择模型中的参数 α 和 μ 也会受到环境中一些随机扰动的影响,因此 $\alpha \to \alpha + \xi(t), \mu \to \mu + \eta(t)$,这里的 $\xi(t)$ 和 $\eta(t)$ 是随机扰动. 同时,基因的转录和再生过程需要花费时间，因此模型中的时间延迟是客观存在的. 如果只考虑基因再生过程的时间延迟，那么式 (2.3.1) 右边的第二项变为 $x(t-\tau)$, τ 为时滞. 综合这两方面的因素，式 (2.3.1) 可表示为

$$\dot{x} = \alpha - x(t-\tau) + \mu x(1-x) + x(1-x)\eta(t) + \xi(t). \tag{2.3.2}$$

式中，$\eta(t)$ 和 $\xi(t)$ 为高斯白噪声，具有如下统计性质

$$\begin{cases} \langle \eta(t) \rangle = \langle \xi(t) \rangle = 0, \\ \langle \eta(t)\eta(s) \rangle = 2D_1\delta(t-s), \\ \langle \xi(t)\xi(s) \rangle = 2D_2\delta(t-s). \end{cases} \tag{2.3.3}$$

式中，D_1 和 D_2 分别代表乘性白噪声和加性白噪声的噪声强度. 利用随机等价方法 [27,38-41]，式 (2.3.2) 可写为

$$\begin{cases} \dot{x} = f(x,x_\tau) + h(x)\Gamma(t), \\ \langle \Gamma(t) \rangle = 0, \langle \Gamma(t)\Gamma(s) \rangle = 2\delta(t-s), \\ f(x,x_\tau) = \alpha - x_\tau + \mu x(1-x), h(x) = \sqrt{D_1 x^2(1-x)^2 + D_2}. \end{cases} \tag{2.3.4}$$

式 (2.3.4) 根据小时滞近似方法 [42-46]，可以进一步整理为

$$\begin{cases} \dot{x} = f(x) + g(x)\Gamma(t), \\ f(x) = f(x,x_\tau)|_{x_\tau=x}C(x,x_\tau), g(x) = h(x)C(x,x_\tau), \\ C(x,x_\tau) = 1 - \tau \frac{\partial f(x,x_\tau)}{\partial x_\tau}\bigg|_{x_\tau=x} = 1 + \tau. \end{cases} \tag{2.3.5}$$

这样，可以得到式 (2.3.2) 对应的近似 FPK 方程为

$$\begin{cases} \dfrac{\partial \rho(x,t)}{\partial t} = -\dfrac{\partial}{\partial x}[A(x)\rho(x,t)] + \dfrac{\partial^2}{\partial x^2}[B(x)\rho(x,t)], \\ A(x) = f(x) + g(x)g(x)', B(x) = g(x)^2. \end{cases} \tag{2.3.6}$$

由此，可以推导出稳态概率密度函数为

2.3 局部和全局时滞诱导下基因选择模型的随机分岔

$$\begin{cases} \rho_{st}(x) = \dfrac{N}{B(x)} \exp\left(\int \dfrac{A(x)}{B(x)} \mathrm{d}x\right) = N\exp(-U_{\mathrm{FP}}(x)), \\ U_{\mathrm{FP}}(x) = \ln B(x) - \int \dfrac{A(x)}{B(x)} \mathrm{d}x. \end{cases} \quad (2.3.7)$$

式中，$U_{\mathrm{FP}}(x)$ 是随机势函数. 为了简化计算，当 $D_1 \neq 0, D_2 \neq 0$，令 $\mu = 0, \alpha = \dfrac{1}{2}$，此时

$$\rho_{st}(x) = \dfrac{N}{\sqrt{B(x)}} \exp\left(\dfrac{\arctan\sqrt{\dfrac{D_1}{D_2}}(x - x^2)}{2(1+\tau)\sqrt{D_1 D_2}}\right). \quad (2.3.8)$$

图 2.3.1 是 $\rho_{st}(x)$ 作为 x 的函数，当 $D_1 = 1, 2, 3$ 时的图像. 其他的参数为 $D_2 = 1, \tau = 0.5$. 从图 2.3.1(a) 中可以看到，随着 D_1 的增大，$\rho_{st}(x)$ 逐渐由单峰变为双峰. 也就是说，乘性噪声强度的增加可以促进随机分岔. 图 2.3.1(b) 的数值模拟结果也证实了这一结论. 当 $\rho_{st}(x)$ 为单峰结构时，峰值在 $x = 0.5$ 处，此时，单倍体 A 与 B 所占的比例相等，很难从中选出单独的一类单倍体. 而当 $\rho_{st}(x)$ 为双峰时，单倍体 A 的比例逐渐增大或减小，此时可以较容易地从中选出一类单倍体. 因此，双峰结构有利于单倍体的选择.

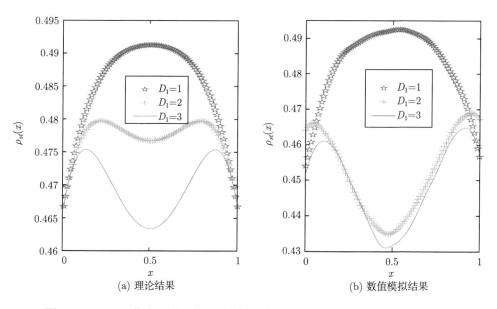

图 2.3.1　$\rho_{st}(x)$ 作为 x 的函数，受乘性噪声强度影响的图像 ($D_2 = 1, \tau = 0.5$)

图 2.3.2 是 $\rho_{st}(x)$ 作为 x 的函数, 当 $D_2=1, 2, 5$ 时的图像. 其他的参数为 $D_1 = 4, \tau = 0.5$. D_2 可以使系统出现随机分岔, 随着 D_2 的增加, $\rho_{st}(x)$ 由双峰变为单峰. 图 2.3.2(a) 是根据式 (2.3.8) 得到的, 图 2.3.2(b) 的数值模拟结果证明了理论分析的正确性. 为了更好地体现随机分岔, 图 2.3.2(c) 将 x 的取值范围扩大到 $[-1, 2]$. 从图 2.3.1 和图 2.3.2 可以看出, 参数 D_1 和 D_2 所起的作

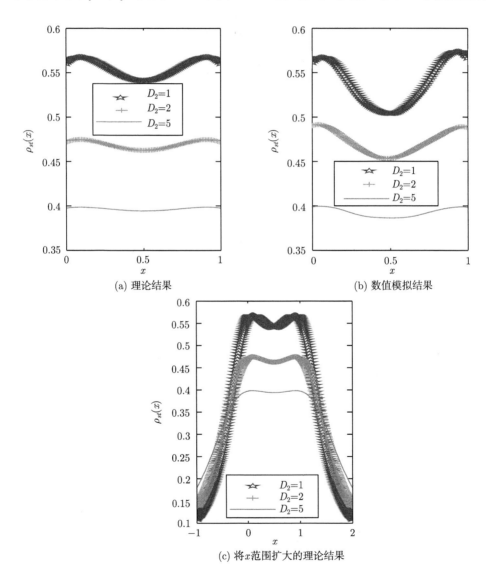

(a) 理论结果

(b) 数值模拟结果

(c) 将 x 范围扩大的理论结果

图 2.3.2 $\rho_{st}(x)$ 作为 x 的函数, 受加性噪声强度影响的图像 ($D_1 = 4, \tau = 0.5$)

2.3 局部和全局时滞诱导下基因选择模型的随机分岔

用相反. 文献 [47] 中提过这种重入现象. 对于小的 D_1 和大的 D_2, $\rho_{st}(x)$ 是单峰结构, 随着 D_1 的增大和 D_2 的减小, 单峰逐渐消失出现双峰结构. 此时, 比较容易从整体中选出某一种单倍体.

图 2.3.3 是 $D_1 = 2, D_2 = 1$, $\rho_{st}(x)$ 作为 x 的函数, 当 $\tau=0.1, 0.3, 0.5$ 时的图像. 图 2.3.3(a) 的理论结果与图 2.3.3(b) 的数值模拟结果吻合. 随着局部时滞的增加, 出现随机分岔现象. 时滞是有利于基因选择的, 这个结论与文献 [48] 的结论相似. 对比文献 [48] 可以发现, 加性噪声的加入虽然有抑制相变的作用, 但并没有很大程度地改变相变规律. 因此当系统含有局部时滞时, 相较于加性噪声, 乘性噪声起主导作用.

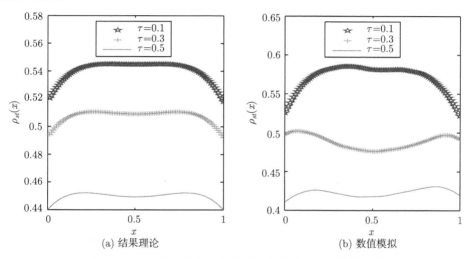

图 2.3.3 $\rho_{st}(x)$ 作为 x 的函数, 受局部时滞影响的图像
$(D_1 = 2, D_2 = 1)$

2.3.2 全局时滞诱导下的随机分岔

如果在整个基因表达的过程中都存在时间延迟, 那么单倍体的基因选择率也会受其影响, 这时基因选择模型受全局时滞的影响, 式 (2.3.1) 可表示为

$$\dot{x} = \alpha - x(t-\tau) + \mu x(t-\tau)(1-x(t-\tau)) \\ + x(t-\tau)(1-x(t-\tau))\eta(t) + \xi(t). \tag{2.3.9}$$

为了简化讨论, 仍然假定 $\alpha = \dfrac{1}{2}, \mu = 0$. 通过对式 (2.3.9) 积分可以得到数值模拟的结果, 其中高斯白噪声通过 Box-Mueller 方法得到. 根据式 (2.3.9), 利用欧拉方法,

取步长 $\Delta t = 0.001$, 对 x 进行 $N = 10^4$ 次迭代, 并经过多次平均来得到数据. 数值模拟 [49,50] 的结果如下.

图 2.3.4 是 $\rho_{st}(x)$ 作为 x 的函数, 随不同乘性噪声强度变化的图像. 随着 D_1 的增加, $\rho_{st}(x)$ 峰值的高度逐渐降低, 峰的位置逐渐向边界 (0 或 1) 转移. 显然, D_1 是有助于基因选择的, 增加乘性噪声强度会出现相变现象. 比较图 2.3.1 与图 2.3.4 可以发现, 尽管两者相变的规律相似, 但峰值高度的变化差别很大. 从图 2.3.4 中 $D_1 = 2.5$ 这条曲线可以看出, 虽然全局时滞 ($\tau = 0.01$) 远小于局部时滞 ($\tau = 0.5$), 但它仍抑制了相变. 原因可能是在局部时滞情况下, 相比于乘性系数的 $x(t-\tau)$, 非乘性的 $x(t-\tau)$ 起主导作用.

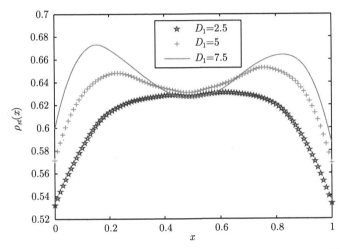

图 2.3.4 $\rho_{st}(x)$ 作为 x 的函数, 随不同乘性噪声强度变化的图像

($D_2 = 1$, $\tau = 0.01$)

图 2.3.5 是 $\rho_{st}(x)$ 作为 x 的函数, 随不同加性噪声强度变化的图像. 加性噪声抑制相变的发生, 随着 D_2 的增加, $\rho_{st}(x)$ 变成单峰, 这与局部时滞部分的结论相似. 然而, 通过比较图 2.3.5 中 $D_2=2$ 这条曲线与图 2.3.2(c), 可以看出明显的差别. 在图 2.3.5 中, $\rho_{st}(x)$ 是单峰结构, 而在图 2.3.2(c) 中是双峰. 因此, 对加性噪声而言, 全局时滞可以促进相变. 图 2.3.6 是 $\rho_{st}(x)$ 作为 x 的函数, 随不同全局时滞变化的图像. 随着全局时滞的增加, $\rho_{st}(x)$ 由双峰变成了单峰, 这与图 2.3.3 完全相反. 在双峰结构中可以比较容易地选出想要的基因. 因此, 小的全局时滞与大的局部时滞有利于基因选择.

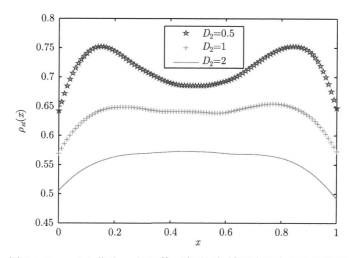

图 2.3.5　$\rho_{st}(x)$ 作为 x 的函数，随不同加性噪声强度变化的图像

($D_1 = 5$，$\tau = 0.01$)

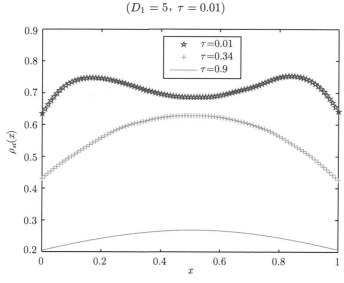

图 2.3.6　$\rho_{st}(x)$ 作为 x 的函数，随不同全局时滞变化的图像

($D_1 = 5$，$D_2 = 0.5$)

2.4　不同噪声和时滞诱导下基因选择模型的随机分岔

大量的理论研究发现，实际生活环境中的噪声在非线性系统中起着非常重要的作用. 不同于白噪声由于零相关时间而使其只是一个理想型噪声，色噪声具有非

零的相关时间, 真实存在于自然界中. 故色噪声诱导的非线性动力学行为受到众多学者的广泛关注 [48,51]. 魏群等 [48] 研究了色关联的色噪声激励下的肿瘤细胞增长模型的平均首通时间, 发现在互关联为正和为负两种情况下噪声关联强度与关联时间所起的作用完全不同. 王朝庆等 [52] 研究了色噪声激励下的 FHN 神经元模型. 高斯噪声由于其性质的优越性, 一直倍受学者们的青睐. 随着研究的不断深入, 发现高斯噪声不符合某些实际系统, 非高斯噪声 [29,53] 的研究逐渐引起许多学者的兴趣. 正弦维纳噪声作为一种有界非高斯噪声, 具有与高斯色噪声相同的均值和稳态关联函数, 这里将它与高斯色噪声进行对比研究.

基因选择模型作为一种简单的生物模型 [36,54,55], 对其的研究也有了一些成果. 乘性白噪声 [56]、色噪声 [55,57,58] 和有界正弦噪声的强度及关联时间 [17,18] 可以诱导随机分岔, 时间延迟可以增强随机分岔.

2.4.1 局部时滞诱导下的随机分岔

1. 色噪声和时滞作用下的随机分岔

已知, 基因选择模型的表达式为

$$\dot{x} = \alpha - x + \mu x(1-x). \tag{2.4.1}$$

这里直接假定 $\alpha = \dfrac{1}{2}$. 基因选择模型中的参数 μ 会受到环境中一些随机扰动的影响, 变为 $\mu + \eta_1(t)$, 其中 $\eta_1(t)$ 是随机扰动. 同时, 因为基因的转录和再生过程都需要花费时间, 所以模型中的时间延迟是客观存在的. 如果只考虑基因再生过程的时间延迟, 那么式 (2.4.1) 右边的第二项会变为 $x(t-\tau_1)$, τ_1 表示时滞. 综合这两方面的因素, 式 (2.4.1) 变为

$$\dot{x} = \frac{1}{2} - x(t-\tau_1) + \mu x(1-x) + x(1-x)\eta_1(t). \tag{2.4.2}$$

进一步假设 $\eta_1(t)$ 为高斯色噪声, 并且有如下统计性质

$$\langle \eta_1(t) \rangle = 0, \langle \eta_1(t)\eta_1(s) \rangle = \frac{D}{\tau} \exp\left(-\frac{|t-s|}{\tau}\right). \tag{2.4.3}$$

式中, D 是乘性色噪声强度; τ 是乘性色噪声 $\eta_1(t)$ 的自关联时间. 为了方便讨论, 仍然假定 $\mu = 0$. 利用 Box-Muller 方法获得的白噪声产生色噪声, 并用欧拉方法对

2.4 不同噪声和时滞诱导下基因选择模型的随机分岔

式 (2.4.2) 进行积分, 也就是用 x 得到 $x(t+\Delta t)$ 的值.

$$\begin{cases} x(t+\Delta t) = x + \Delta t \left(\dfrac{1}{2} - x(t-\tau_1) + x(1-x)\eta_1(t) \right), \\ \eta_1(t+\Delta t) = \eta_1(t) - \Delta t \dfrac{\eta_1(t)}{\tau} + \dfrac{W(t)}{\tau}. \end{cases} \quad (2.4.4)$$

式中, $W(t) = \sqrt{-4D\Delta t \ln a} \cos(2\pi b)$, 是高斯白噪声, a 和 b 是独立地服从 $[0,1]$ 上均匀分布的随机数. 数值模拟[52,53] 的结果如下.

图 2.4.1 为 $\rho_{st}(x)$ 作为 x 的函数, 随不同噪声强度变化的图像. 当噪声强度增加时, $\rho_{st}(x)$ 峰的高度逐渐降低. 当噪声强度超过某一临界值时, 出现由单峰到双峰的相变现象, 并且随着 D 的增加, $\rho_{st}(x)$ 峰值的位置逐渐向 x 的边界移动, 这说明乘性噪声强度可以促进相变. 图 2.4.2 反映了噪声的自关联时间对 $\rho_{st}(x)$ 的影响. 随着 τ 的变化, 可以看到相变现象的发生. 当自关联时间增加时, $\rho_{st}(x)$ 由双峰变为单峰结构. 因此, 噪声强度和自关联时间对系统起着相反的作用, 这与文献 [49] 中基因选择模型仅受色噪声干扰这一结论相似, 说明局部时滞的存在没有改变这两个参数所引起的相变规律.

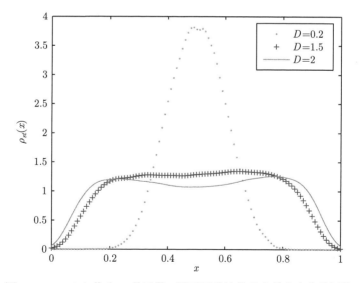

图 2.4.1 $\rho_{st}(x)$ 作为 x 的函数, 随不同乘性色噪声强度变化的图像
($\tau = 0.01$, $\tau_1 = 0.5$)

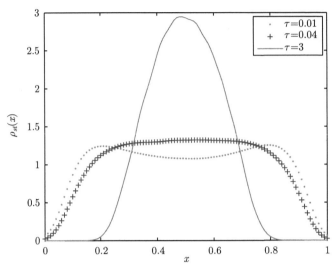

图 2.4.2 $\rho_{st}(x)$ 作为 x 的函数,随噪声自关联时间变化的图像

($D=2$, $\tau_1=0.5$)

图 2.4.3 显示的是 $\rho_{st}(x)$ 作为 x 的函数,随不同局部时滞变化的图像. 随着局部时滞的增加,$\rho_{st}(x)$ 由单峰变为双峰,这与图 2.4.1 的变化规律相似. 因此,局部时滞有利于基因选择. $\rho_{st}(x)$ 为单峰结构时,峰值在 $x=0.5$ 处. 此时,单倍体 A 与 B 所占的比例相等,很难从中选出单独的一类单倍体. 而 $\rho_{st}(x)$ 为双峰时,单倍体 A 的

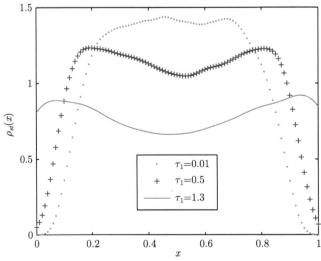

图 2.4.3 $\rho_{st}(x)$ 作为 x 的函数,随不同局部时滞变化的图像

($D=2$, $\tau=0.01$)

比例逐渐增大或减小, 此时可以比较容易地从中选出一类单倍体. 因此, 双峰结构有利于单倍体的选择.

2. 有界噪声与时滞共同作用下的随机分岔

如果将式 (2.4.2) 中的高斯色噪声 $\eta_1(t)$ 变为非高斯正弦维纳 (SW) 噪声 $\eta_2(t)$, 则此时运动方程满足

$$\dot{x} = \frac{1}{2} - x(t-\tau_1) + x(1-x)\eta_2(t). \qquad (2.4.5)$$

非高斯正弦维纳噪声 $\eta_2(t) = \sqrt{\frac{2D}{\tau}} \sin\left(\sqrt{\frac{2}{\tau}}w(t)\right)$, 其中 $w(t)$ 为标准的维纳过程. 非高斯正弦维纳噪声满足统计性质

$$\begin{cases} \langle \eta_2(t) \rangle = 0, \\ \langle \eta_2(t)\eta_2(s) \rangle = \frac{D}{\tau} \exp\left(-\frac{(t-s)}{\tau}\right)\left(1 - \exp\left(-\frac{4s}{\tau}\right)\right), t \geqslant s. \end{cases} \qquad (2.4.6)$$

因此, 当 τ 足够小时, 噪声 $\eta_1(t)$ 和 $\eta_2(t)$ 有相同的均值和稳态关联时间. 利用 Box-Muller 方法产生标准维纳过程, 并用欧拉方法对式 (2.4.5) 进行积分, 即用 x 得到 $x(t+\Delta t)$ 的值.

$$\begin{cases} x(t+\Delta t) = x + \Delta t \left(\frac{1}{2} - x(t-\tau_1) + x(1-x)\eta_2(t)\right) \\ \qquad\qquad + \frac{1}{2}x(1-x)(1-2x)\eta_2(t)^2, \\ w(t) = w(t-\Delta t) + W(t). \end{cases} \qquad (2.4.7)$$

式中, $W(t)$ 是高斯白噪声. 数值模拟的结果如下.

图 2.4.4 是 $\rho_{st}(x)$ 作为 x 函数, 随不同 SW 噪声强度变化的图像. 当 D 逐渐增大时, $\rho_{st}(x)$ 由单峰变为双峰结构. 从图中可以观察到, 当 D 特别小 ($D=0.0001$), $\rho_{st}(x)$ 为单峰; 当 D 增大, 变为了双峰. 随着噪声强度的增加, 峰的高度逐渐降低, 位置向 x 边界转移, 这与文献 [40] 的研究结果不同. 在文献 [40] 中, 当系统仅受有界噪声的干扰时, $\rho_{st}(x)$ 一直是双峰结构, 不能诱导相变, 说明局部时滞扩大了相变的范围.

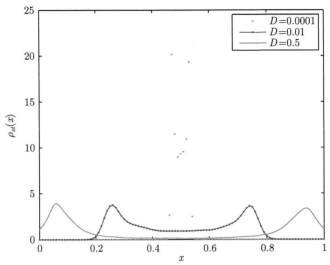

图 2.4.4　$\rho_{st}(x)$ 作为 x 的函数,随不同 SW 噪声强度变化的图像

($\tau = 0.01$, $\tau_1 = 0.5$)

图 2.4.5 显示的是自关联时间对系统相变的影响,它的变化规律与图 2.4.2 相似. 比较图 2.4.1 与图 2.4.4 以及图 2.4.2 与图 2.4.3 可以发现, 色噪声与 SW 噪声有相同的均值及稳态关联函数, 因此在局部时滞中, 噪声强度与自关联时间对系统的相变规律相似, 不同的是 SW 噪声可以加强随机分岔.

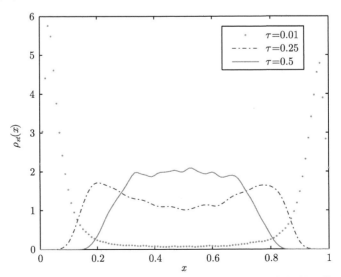

图 2.4.5　$\rho_{st}(x)$ 作为 x 的函数,随不同自关联时间变化的图像

($D = 2$, $\tau_1 = 0.5$)

2.4 不同噪声和时滞诱导下基因选择模型的随机分岔

图 2.4.6 是 $\rho_{st}(x)$ 作为 x 的函数,随不同局部时滞变化的图像. 随着时滞的增大,$\rho_{st}(x)$ 峰的高度先降低后上升,但始终保持双峰结构,这与图 2.4.3 是完全不同的. 原因可能是 SW 噪声的取值被限制在 $\sqrt{2D\tau^{-1}}$ 条件下. 因为双峰结构有利于基因选择,所以局部时滞对基因选择系统而言是一个很好的控制参数,可以通过对它的有效调制来帮助选出想要的单倍体基因.

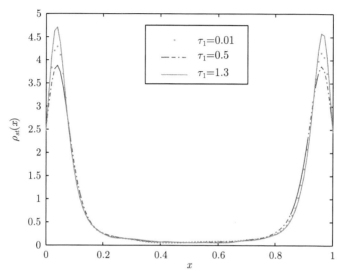

图 2.4.6 $\rho_{st}(x)$ 作为 x 的函数,随不同局部时滞变化的图像
$(D=2,\ \tau=0.01)$

2.4.2 全局时滞诱导下的随机分岔

1. 色噪声和时滞作用下的随机分岔

如果在基因表达的整个过程中都存在时间延迟,此时受全局时滞与色噪声驱动的基因选择模型的表达式将会变为

$$\dot{x}=\frac{1}{2}-x(t-\tau_1)+x(t-\tau_1)(1-x(t-\tau_1))\eta_1(t). \tag{2.4.8}$$

将式 (2.4.4) 中的局部时滞变为全局时滞,会得到数值模拟的结果.

图 2.4.7 与图 2.4.8 分别反映全局时滞下,$\rho_{st}(x)$ 作为 x 的函数,随不同色噪声强度与自关联时间变化的图像. 稳态概率密度函数始终是单峰结构,这与图 2.4.1 和图 2.4.2 不同,说明在全局时滞下,色噪声不能引起相变,只能使得稳态概率密度函数峰值的高度发生变化,但不能从混合单倍体中选出想要的基因.

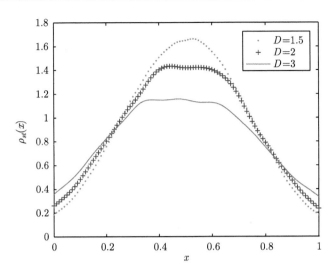

图 2.4.7 全局时滞下 $\rho_{st}(x)$ 作为 x 的函数,随不同色噪声强度变化的图像
($\tau = 0.01$,$\tau_1 = 0.5$)

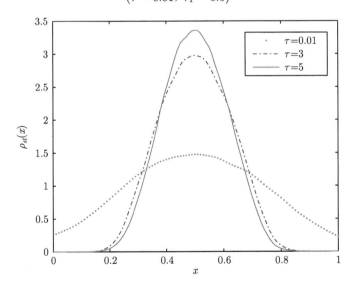

图 2.4.8 全局时滞下 $\rho_{st}(x)$ 作为 x 的函数,随不同自关联时间变化的图像
($D = 2$,$\tau_1 = 0.5$)

图 2.4.9 是 $\rho_{st}(x)$ 作为 x 的函数,随不同全局时滞变化的图像. 随着时滞 τ_1 的增加,稳态概率密度函数从双峰变为单峰,这与图 2.4.3 相反. 这是由于在全局时滞中,与乘性的 $x(t - \tau_1)$ 相比,非乘性的 $x(t - \tau_1)$ 起主导作用,使得相变现象被抑制或完全相反.

2.4 不同噪声和时滞诱导下基因选择模型的随机分岔

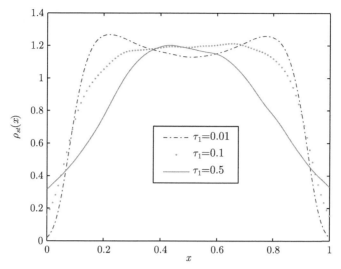

图 2.4.9 $\rho_{st}(x)$ 作为 x 的函数, 随不同全局时滞变化的图像

($D=3$, $\tau=0.01$)

2. 有界噪声与时滞共同作用下的随机分岔

如果在基因表达的整个过程中都存在时间延迟, 此时受全局时滞与 SW 噪声驱动的基因选择模型的表达式将会变为

$$\dot{x} = \frac{1}{2} - x(t-\tau_1) + x(t-\tau_1)(1-x(t-\tau_1))\eta_2(t). \tag{2.4.9}$$

将式 (2.4.7) 中的局部时滞变为全局时滞, 可以得到其数值模拟的结果.

在图 2.4.10 中, 随着噪声强度 D 的减小, $\rho_{st}(x)$ 峰的高度逐渐增加, 区域逐渐变窄, 峰的位置逐渐向中间转移. 这说明 D 不能诱导相变, 它仅使两类单倍体的比例越来越接近. 在全局时滞中看到, $x(t-\tau_1)$ 而非乘性系数起主导作用, 使得相变被抑制的现象. 在图 2.4.11 中, 自相关时间对系统相变的影响与图 2.4.5 相似. 比较图 2.4.7 与图 2.4.10 以及图 2.4.8 与图 2.4.11 可以看到, 虽然色噪声与 SW 噪声有相同的均值与稳态关联函数, 但在全局时滞中, 噪声强度与自相关时间对相变的影响是完全不同的, SW 噪声可以有效加强相变.

在图 2.4.12 中, 全局时滞对稳态概率密度函数的影响与局部时滞不同, 它不能诱导相变. 图 2.4.12 与图 2.4.9 中系统在全局时滞和色噪声驱动下的变化规律相似.

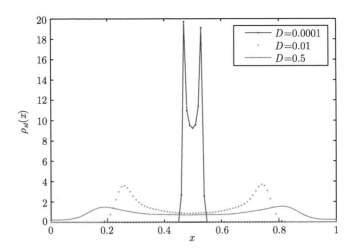

图 2.4.10 $\rho_{st}(x)$ 作为 x 的函数, 当 D=0.0001, 0.01, 0.5 时的图像 ($\tau=0.01$, $\tau_1=0.5$)

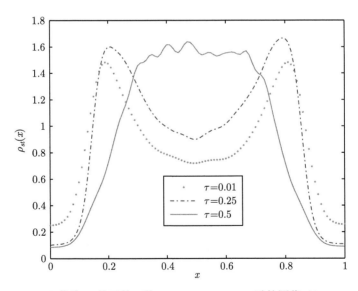

图 2.4.11 $\rho_{st}(x)$ 作为 x 的函数, 当 τ=0.01, 0.25, 0.5 时的图像 ($D=2$, $\tau_1=0.5$)

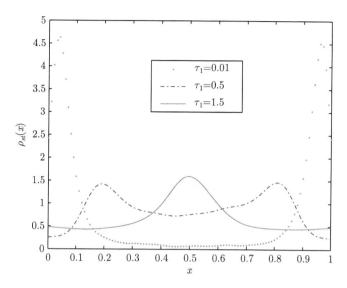

图 2.4.12　$\rho_{st}(x)$ 作为 x 的函数, 当 τ_1=0.01, 0.5, 1.5 时的图像 ($D=2$, $\tau=0.01$)

2.5　小　　结

本章基于随机过程以及随机力与非线性系统的理论方法, 研究了噪声和时滞诱导下基因选择模型的随机分岔问题. 首先研究了系统在白噪声和时滞作用下的随机分岔问题, 其次研究了系统在色噪声、有界正弦维纳噪声和时滞作用下的随机分岔问题. 噪声激励下非线性系统的随机分岔, 研究重点是不同噪声对随机分岔的影响, 包括噪声强度、噪声自相关时间、噪声之间的相关强度、相关时间等对系统随机分岔的影响, 对系统内时间延迟的作用研究得不多, 而且大多忽略了时间延迟的存在. 近年来, 有关时间延迟的研究逐渐引起了人们的广泛关注, 但理论成果相对较少且计算过于复杂, 难于运用于实际. 目前, 大多数研究借助于数值模拟来分析. 本章内容有助于更好地理解基因选择模型中的分岔现象, 并促进倾向性地选择基因.

参 考 文 献

[1] 胡海岩. 应用非线性动力学 [M]. 北京: 航空工业出版社, 2000.

[2] 刘秉正, 彭建华. 非线性动力学 [M]. 北京: 高等教育出版社, 2004.

[3] Hirsch J E, Huberman B A, Scalapino D J. Theory of intermittency[J]. Physical Review A, 1982, 25: 519.

[4] Mantegna R N, Spagnolo B. Noise enhanced stability in an unstable system[J]. Physical Review Letters, 1996, 76: 563.

[5] Augdov N V, Spagnolo B. Noise-enhanced stability of periodically driven metastable states[J]. Physical Review E, 2001, 64: 035102.

[6] Spagnolo B, Agudov N V, Dubkov A A. Noise enhanced stability[J]. Acta Physica Polonica B, 2004, 35: 1419.

[7] Nie L R, Mei D C. Fluctuation-enhanced stability of a metapopulation[J]. Physics Letters A, 2007, 371: 111.

[8] khovanov I A, Polovinkin A V, Luchinsky D G, et al. Noise-induced escape in an excitable system[J]. Physical Review E, 2013, 87: 032116.

[9] Spiechowicz J, Hanggi P, Luczka J. Brownian motors in the microscale domain: enhancement of efficiency by noise[J]. Physical Review E, 2014, 90: 032104.

[10] Cai J C, Wang C J, Mei D C. Stochastic resonance in the tumour cell growth model[J]. Chinese Physics Letters, 2007, 24(5): 1162.

[11] Long F, Guo W, Mei D C. Stochastic resonance induced by bounded noise and periodic signal in an asymmetric bistable system[J]. Physica A, 2012, 391: 5305.

[12] Liu K H, Jin Y F. Stochastic resonance in periodic potentials driven by colored noise[J]. Physica A, 2013, 392: 5283.

[13] Dongand X J, Yan A J. Stochastic resonance in a linear static system driven by correlated multiplicative and additive noises[J]. Applied Mathematical Modelling, 2014, 38: 2915.

[14] Toshiya I. Study of stochastic resonance by method of stochastic energetics[J]. Physica A, 2001, 300: 350.

[15] Ning L J, Xu W. Stochastic resonance in linear system driven by multiplicative and additive noise[J]. Physica A, 2007, 382: 415.

[16] Duan F B, Blondeau F C. Double-maximum enhancement of signal-to-noise ratio gain via stochastic resonance and vibrational resonance[J]. Physical Review E, 2014, 90: 022134.

[17] d'Onofrio A. Bounded-noise-induced transitions in a tumor-immune system interplay[J]. Physical Review E, 2010, 81: 021923.

[18] Guo W, Du L C, Mei D C. Transitions induced by time delays and cross-correlated sine-Wiener noises in a tumor-immune system interplay[J]. Physica A, 2012, 391: 1270.

参考文献

[19] Xu Y, Feng J, Li J J, et al. Stochastic bifurcation for a tumor-immune system with symmetric Levy noise[J]. Physica A, 2013, 392: 4739.

[20] 杨林静. Logistic 系统跃迁率的时间延迟效应 [J]. 物理学报, 2011, 60(5): 050502.

[21] 韩立波. 延时对色关联噪声诱导的逻辑生长过程的影响 [J]. 物理学报, 2008, 57(5): 2699.

[22] 林灵, 闫勇, 梅冬成. 时间延迟增强双稳系统的共振抑制 [J]. 物理学报, 2010, 59(4): 2240.

[23] 郭永峰, 徐伟. 关联白噪声驱动的具有时间延迟的 Logistic 系统 [J]. 物理学报, 2008, 57(10): 6081.

[24] Andreas A, Eckehard S, Wolfram J. Some basic remarks on eigenmode expansions of time-delay dynamics[J]. Physica A, 2007, 373: 191.

[25] Wu D, Zhu S Q. Brownian motor with time-delayed feedback[J]. Physical Review E, 2006, 73: 051107.

[26] Gu X, Zhu S, Wu D. Two different kinds of time delays in a stochastic system[J]. The European Physical Journal D, 2007, 42: 461.

[27] Du L C, Mei D C. Stochastic resonance in a bistable system with global delay and two noises[J]. The European Physical Journal B, 2012, 85: 75.

[28] 胡岗. 随机力与非线性系统 [M]. 上海: 上海科技教育出版社, 1994.

[29] Arnold L, Horsthemke W, Lefever R. White and coloured external noise and transition phenomena in nonlinear systems[J]. Zeitschrift für Physik B Condensed Matter, 1978, 29: 367.

[30] Soldatov A V. Purely noise-induced phase transition in the model of gene selection with colored noise term Mod[J]. Physics Letters B, 1993, 7: 1253.

[31] Horsthemke W, Lefever R. Noise-induced transitions: theory and applications in physics, chemistry and biology[M]. Berlin: Springer, 1984.

[32] Blake W J, Mads Kærn, Cantor C R, et al. Noise in eukaryotic gene expression[J]. Nature, 2003, 422: 633.

[33] Blake W J, Balázsi G, Kohanski M A, et al. Phenotypic consequences of promoter-mediated transcriptional Noise[J]. Molecular Cell, 2006, 24: 853.

[34] Gardner T S, Collins J J. Gene regulation: neutralizing noise in gene networks[J]. Nature, 2000, 405: 520.

[35] Dimentberg M F. Statistical Dynamics of Nonlinear and Time Varying Systems[M]. New York: Wiley, 1988.

[36] 王参军. 随机基因选择模型中的延迟效应 [J]. 物理学报, 2012, 5: 050501.

[37] Du L C, Mei D C. The critical phenomenon and the re-entrance phenomenon in the anti-tumor model induced by the time delay[J]. Physics Letters A, 2010, 374: 3275.

[38] Castro F, Sanchez A D, Wio H S. Reentrance phenomena in noise induced transitions[J]. Physical Review Letters, 1995, 75: 1691.

[39] Fei L, Wei G, Mei D C. Stochastic resonance induced by bounded noise and periodic signal in an asymmetric bistable system[J]. Physica A, 2012, 391: 5305.

[40] Bobryk R V, Chrzeszczyk A. Transitions induced by bounded noise[J]. Physica A, 2005, 358: 263.

[41] Wu D J, Cao L, Ke S Z. Bistable kinetic model driven by correlated noises: steady-state analysis[J]. Physical Review E, 1994, 50: 2496.

[42] Frank T D, Beck P J, Friedrich R. Fokker Planck perspective on stochastic delay system: exact solutions and data analysis of biological systems[J]. Physical Review E, 2003, 68: 021912.

[43] Redmond B F, LeBlanc V G. Functional characterisation of linear delay Langevin equation[J]. Physical Review E, 2004, 70: 046104.

[44] Frank T D. Delay fokker-planck equations, perturbation theory, and data analysis for nonlinear stochastic systems with time delays[J]. Physical Review E, 2005, 71: 031106.

[45] Guillouzic S, L'Heureux I, Longtin A. Small delay approximation of stochastic delay differential equations[J]. Physical Review E, 1999, 59: 3970.

[46] Nie L R, Mei D C. Effects of time delay on symmetric two-species competition subject to noise[J]. Physical Review E, 2008, 77: 031107.

[47] Bose T, Trimper S. Noise-assisted interactions of tumor and immune cells[J]. Physical Review E, 2011, 84: 021927.

[48] 魏群, 郑宝兵, 王参军, 等. 色噪声驱动的肿瘤细胞增长系统的瞬态性质: 平均首通时间[J]. 物理学报, 2008, 57(3): 1375.

[49] Sancho J M, Miguel M S. Analytical and numerical studies of multiplicative noise[J]. Physical Review A, 1982, 26: 1589.

[50] Desmond J H. Analytical and numerical studies of multiplicative noise[J]. Physical Review A, 2001, 43: 525.

[51] Wang C J, Wei Q, Mei D C. Associated relaxation time and the correlation function for a tumor cell growth system subjected to color noises[J]. Physics Letters A, 2008, 372: 2176.

[52] 王朝庆, 徐伟, 张娜敏. 色噪声激励下的 FHN 神经元系统 [J]. 物理学报, 2008, 57(2): 0749.

[53] 顾仁财, 许勇, 张慧清, 等. 非高斯 Levy 噪声驱动下的非对称双稳系统的相转移和平均首次穿越时间 [J]. 物理学报, 2011, 60(11): 110514.

参考文献

[54] Zhang L, Cao L. Effect of correlated noises in a genetic model[J]. Chinese Physics Letters, 2010, 27: 060504.

[55] Wang C J, Mei D C. Transitions in a genotype selection model driven by coloured noises[J]. Chinese Physics B, 2008, 17: 479.

[56] Madureira A J R, Hanggi P, Wio H S. Giant suppression of the activation rate in the presence of correlated white noise sources[J]. Physics Letters A, 1996, 217: 248.

[57] Cao L, Wu D J. Stochastic dynamics for systems driven by correlated noises[J]. Physics Letters A, 1994, 185: 59.

[58] Fuliński A, Telejko T. On the effect of interference of additive and multiplicative noises[J]. Physics Letters A, 1991, 152: 11.

第3章 基因选择模型中有界噪声和时滞诱导的随机分岔

3.1 引　言

近年来, 有关基因选择系统中的随机动态效应的研究引起了人们的高度关注, 生物制药、基因疗法、生物进化被广泛地应用于现实. 因此, 有必要进一步了解基因选择和表达的机制, 从而制订相关的策略为人类谋福祉. 文献 [1] 和 [2] 考虑基因选择因子受到环境的影响, 引入外噪声, 研究了高斯白噪声驱动的基因选择模型, 发现噪声强度存在一个临界值, 当越过这个强度, 乘性高斯白噪声可以诱导系统发生相变现象. 文献 [3] 和 [4] 研究了白关联的高斯白噪声对基因选择模型的影响, 发现噪声的关联强度也可以诱导相变, 有利于基因的选择. 文献 [5] 研究了两个色关联的白噪声对基因选择模型的影响, 结果表明两噪声之间的关联时间可以诱导系统从双稳变成单稳, 不利于基因的选择. 文献 [6] 研究了色噪声对基因选择的影响, 发现自关联时间可以诱导重入相变现象等. Castro 等 [7] 发现了受到乘性色噪声激励下的基因模型的重入相变现象. 非高斯色噪声对基因选择的影响也被探索 [8], 结果显示, 非广延参数可以诱导系统发生相变, 有利于基因的选择. 与此同时, 文献 [9] 中研究了乘性的高斯白噪声驱使的时间延迟基因选择模型, 结果表明时间延迟是影响系统相变的一个重要参数, 有助于某类基因生物从混杂的种群中被选择出来. 以上研究均表明, 环境引起的波动对基因选择起着至关重要的作用. 然而, 研究大多关注高斯噪声对基因选择模型的影响, 忽略了实际生活中的噪声都是有界噪声, 即噪声不可能存在无穷大涨落. 因此有界噪声更符合真实随机涨落, 故在基因选择模型中引入有界噪声是非常必要的. 而且, 有必要考虑时间延迟对系统的作用, 这是由于任何系统要传输物质、能量、信息都需要系统做出有限的反应时间. 因此, 综合考虑有界噪声和时间延迟对基因选择过程的影响, 更加贴近现实意义下的基因选择系统.

3.2 有界噪声诱导下的随机分岔

随机涨落普遍存在于真实的自然动力系统中. 特别是, 生物体往往受到不同来源噪声的干扰. 从细胞水平讲, 细胞内的生化反应是随机事件, 并呈现固有的随机性. 这些随机涨落可能有扰乱或排序的作用. 然而, 以往的研究大多关注高斯噪声, 它存在无限的涨落, 可能会达到较大值, 与真实的物理量都是有界的这一事实相矛盾. 因此, 需要引入一种更加合理的噪声, 即有界噪声. 已经证明, 在物理学实验、生物学实验、工程神经网络以及感官系统中的噪声一般是有界噪声. 基于这种考虑, Wedig[10] 和 Dimentberg[11] 提出了一种通用模型来表达有界的随机过程, 即含有固定振幅、频率和服从维纳过程的随机相位表示的正弦函数的随机过程. 与此同时, 另外一种众所周知的正弦维纳噪声也被提出[12,13].

3.2.1 加性有界噪声诱导下的随机分岔

仅考虑内部环境的波动对基因选择系统的影响, 式 (2.2.5) 可写为

$$\dot{x} = \gamma - x + \mu x(1-x) + \xi(t), \tag{3.2.1}$$

式中, $\xi(t)$ 为加性有界噪声, 具有形式[13]

$$\xi(t) = D \sin\left(\sqrt{\frac{2}{\tau_1}} w_1(t)\right), \tag{3.2.2}$$

式中, $D(D \geqslant 0)$ 和 τ_1 分别为噪声 $\xi(t)$ 的强度和自关联时间; $w_1(t)$ 是标准的维纳过程. 运用维纳过程的性质和欧拉公式[14], 当 $t \geqslant s$ 时, 有

$$\langle \xi(t) \rangle = 0, \tag{3.2.3}$$

$$\langle \xi(t)\xi(s) \rangle = \frac{D^2}{2} \exp\left(-\frac{t-s}{\tau_1}\right) \left[1 - \exp\left(-\frac{4s}{\tau_1}\right)\right]. \tag{3.2.4}$$

用 Box-Muller 方法产生标准维纳过程的增量, 并用欧拉方法, 式 (3.2.1) 可写为

$$x(t+\Delta t) = x(t) + \{\gamma - x(t) + \mu x(t)[1-x(t)]\}\Delta t + \xi(t)\Delta t, \tag{3.2.5}$$

$$w_1(t) = w_1(t-\Delta t) + \sqrt{-2\Delta t \cdot \ln a} \cdot \cos(2\pi b). \tag{3.2.6}$$

式中, a 和 b 是独立地服从 $[0,1]$ 上均匀分布的随机数.

取初值 $x(0) \in (0, 0.1), w_1(0) = 0$, 每次实现是通过式 (3.2.5) 和式 (3.2.6) 离散化, 步长 $\Delta t = 0.01$, 运行 8×10^3 步来确保系统达到稳态. 对每个噪声参数, 稳态概率密度函数 $\rho_{st}(x)$ 是对相互独立的实现的统计结果. 下面给出数值模拟的结果和讨论.

图 3.2.1 是 $\rho_{st}(x)$ 作为 x 的函数, 随不同加性有界噪声强度变化的曲线, 每一条 $\rho_{st}(x)$ 曲线都关于直线 $x = \dfrac{1}{2}$ 对称. 当 D 取较小值时 (如 $D=0.01$), $\rho_{st}(x)$ 的曲线呈现单峰结构, 且这唯一的峰非常陡峭. 当 D 的值超过某一临界值时 (约 $D=0.02$), 曲线从单峰变成两峰. 随着噪声强度 D 的增加, 峰的高度逐渐降低, 两峰间的距离逐渐增大. 基于上面的分析, 可以得出较大的加性噪声强度有利于基因的分离, 即易于从单倍体种群中选择出基因 A 或 B 的一种. 同时必须指出, 当强度 D 足够大时 (约 $D > 0.5$), $\rho_{st}(x)$ 的曲线逐渐退化成直线时, 说明基因选择机制失效.

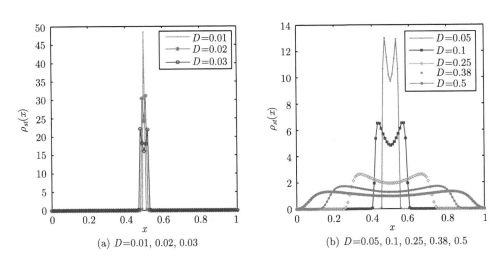

图 3.2.1 $\rho_{st}(x)$ 作为 x 的函数, 随不同加性有界噪声强度变化的曲线 $(\tau_1 = 1.2)$

图 3.2.2 呈现了 $\rho_{st}(x)$ 作为 x 的函数, 随不同加性有界噪声自相关时间的变化情况. 此图像表现出三个明显特点: 一是曲线呈对称结构; 二是曲线随着自相关时间 τ_1 的增大, 由单峰演变成双峰; 三是峰值随着相关时间 τ_1 的增大先下降再上升. 这说明较大的自相关时间更有利于基因选择.

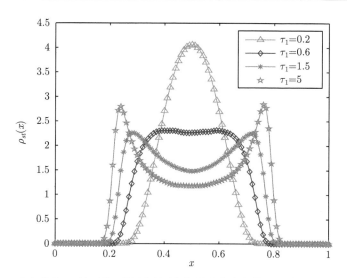

图 3.2.2　$\rho_{st}(x)$ 作为 x 的函数，随不同加性有界噪声自相关时间变化的曲线 $(D = 0.3)$

综上分析，适当加大加性有界噪声强度和较大的加性有界噪声自相关时间有利于基因的选择. 从生物学的角度上讲，适当的内部环境波动、种族竞争有利于选择出更加优良的基因生命体. 但内部动荡和竞争过于激烈，对基因的选择不利. 数值模拟结果与生物学分析结果相互吻合.

3.2.2　乘性有界噪声诱导下的随机分岔

若只考虑外部环境的涨落对基因选择系统的影响，则式 (2.2.5) 可写为

$$\dot{x} = \gamma - x(t) + \mu x(1-x) + x(1-x)\eta(t). \tag{3.2.7}$$

式中，$\eta(t)$ 为乘性有界噪声，具有形式

$$\eta(t) = Q\sin\left(\sqrt{\frac{2}{\tau_2}}w_2(t)\right). \tag{3.2.8}$$

式中，$Q(Q \geqslant 0)$ 和 τ_2 分别为噪声 $\eta(t)$ 的强度和自关联时间；$w_2(t)$ 是标准的维纳过程. 当 $t \geqslant s$，统计性质为

$$\langle \eta(t) \rangle = 0, \tag{3.2.9}$$

$$\langle \eta(t)\eta(s) \rangle = \frac{Q^2}{2}\exp\left(-\frac{t-s}{\tau_2}\right)\left[1 - \exp\left(-\frac{4s}{\tau_2}\right)\right]. \tag{3.2.10}$$

同样，用 Box-Muller 方法产生标准维纳过程的增量，并用欧拉方法，式 (3.2.7) 可写为

$$x(t+\Delta t) = x(t) + \{\gamma - x(t) + \mu x(t)[1-x(t)]\}\Delta t + x(t)[1-x(t)]\eta(t)\Delta t$$
$$+ \frac{1}{2}[1-2x(t)]x(t)[1-x(t)]\eta(t)^2\Delta t^2, \tag{3.2.11}$$

$$w_2(t) = w_2(t-\Delta t) + \sqrt{-2\Delta t \cdot \ln c} \cdot \cos(2\pi d). \tag{3.2.12}$$

式中，c 和 d 是独立地服从 [0,1] 上均匀分布的随机数。

取初值 $x(0) \in (0, 0.1), w_2(0) = 0$，每次实现是通过对式 (3.2.11) 及式 (3.2.12) 运行 8×10^3 步，步长 $\Delta t = 0.01$。稳态概率密度函数 $\rho_{st}(x)$ 是对相互独立的实现进行的统计结果。下面给出数值模拟的结果和讨论。

在图 3.2.3 中，分别讨论了 $\rho_{st}(x)$ 作为 x 的函数，随不同乘性有界噪声强度 Q 和自相关时间 τ_2 的变化情况。图 3.2.3(a) 和图 3.2.3(b) 呈现的变化趋势大体相同，随着 Q 和 τ_2 的增大，曲线 $\rho_{st}(x)$ 从单峰变成双峰，并且峰值先减小后增大。结果表明，乘性有界噪声强度和自相关时间都对基因的选择大有好处。从生物学角度来看，外部环境的波动有利于单倍体种群的基因选择，实现优胜劣汰。

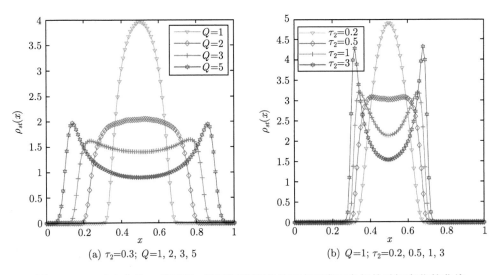

图 3.2.3 $\rho_{st}(x)$ 作为 x 的函数，随不同乘性有界噪声强度和自相关时间变化的曲线

3.2.3 互关联的有界噪声对系统动力学行为的影响

如果同时考虑内外环境对基因选择系统的影响, 式 (2.2.5) 可写为

$$\dot{x} = \gamma - x(t) + \mu x(1-x) + x(1-x)\eta(t) + \xi(t), \tag{3.2.13}$$

式中, $\xi(t)$, $\eta(t)$ 分别为内噪声和外噪声, 且分别具有式 (3.2.2) 和式 (3.2.8) 的形式. $w_1(t)$ 和 $w_2(t)$ 是两个相互关联的标准正弦维纳过程, 满足 $\langle w_1(t)w_2(t')\rangle = \langle w_1(t')w_2(t)\rangle = \kappa \cdot \min(t, t')$, 这里 $-1 \leqslant \kappa \leqslant 1$, $\min(t, t')$ 表示取 t 和 t' 中较小的一个. 利用标准维纳过程的性质和解耦方案, 可得公式 [14-16]

$$\langle \exp(aw_i(t) + bw_j(t'))\rangle = \exp\left[\frac{a^2 t}{2} + ab\kappa \min(t, t') + \frac{b^2 t'}{2}\right], \tag{3.2.14}$$

式中, $i, j = 1, 2$; 当 $i = j$ 时, $\kappa = 1$; a 和 b 是常数. 根据式 (3.2.14), 当 $t \geqslant s$, 可知 $\xi(t)$, $\eta(t)$ 具有如下性质

$$\langle \xi(t)\rangle = \langle \eta(t)\rangle = 0, \tag{3.2.15}$$

$$\langle \xi(t)\xi(s)\rangle = \frac{D^2}{2} \exp\left(-\frac{t-s}{\tau_1}\right)\left[1 - \exp\left(-\frac{4s}{\tau_1}\right)\right], \tag{3.2.16}$$

$$\langle \eta(t)\eta(s)\rangle = \frac{Q^2}{2} \exp\left(-\frac{t-s}{\tau_2}\right)\left[1 - \exp\left(-\frac{4s}{\tau_2}\right)\right], \tag{3.2.17}$$

$$\langle \xi(t)\eta(s)\rangle = \frac{DQ}{2} \exp\left(-\frac{t}{\tau_1} - \frac{s}{\tau_2} + \frac{2\kappa s}{\sqrt{\tau_1 \tau_2}}\right)\left[1 - \exp\left(-\frac{4\kappa s}{\sqrt{\tau_1 \tau_2}}\right)\right], \tag{3.2.18}$$

$$\langle \xi(s)\eta(t)\rangle = \frac{DQ}{2} \exp\left(-\frac{s}{\tau_1} - \frac{t}{\tau_2} + \frac{2\kappa s}{\sqrt{\tau_1 \tau_2}}\right)\left[1 - \exp\left(-\frac{4\kappa s}{\sqrt{\tau_1 \tau_2}}\right)\right]. \tag{3.2.19}$$

当 $\tau_1 = \tau_2 = \tau_3$ 时, 式 (3.2.18) 和式 (3.2.19) 可写成

$$\langle \xi(t)\eta(s)\rangle = \langle \xi(s)\eta(t)\rangle = \frac{\lambda DQ}{2} \exp\left(-\frac{t-s}{\tau_3}\right)\left[1 - \exp\left(-\frac{4s}{\tau_3}\right)\right], \tag{3.2.20}$$

式中,

$$\lambda = \exp\left[-\frac{2(1-\kappa)s}{\tau_3}\right] \cdot \frac{1 - \exp\left(-4\frac{\kappa s}{\tau_3}\right)}{1 - \exp\left(-4\frac{s}{\tau_3}\right)}. \tag{3.2.21}$$

式中, τ_3 是两噪声的关联时间, $\tau_3 \geqslant 0$; λ 是 κ 和 $\dfrac{s}{\tau_3}$ 的函数, $\lambda \in [-1, 1]$. 文献 [16]

已经研究了 λ 关于 κ 和 $\frac{s}{\tau_3}$ 的变化情况, 并可以将 λ 近似的处理为与 κ 和 $\frac{s}{\tau_3}$ 独立的变量. 不失一般性, λ 和 τ_3 可分别视为 $\xi(t)$ 和 $\eta(t)$ 两噪声间的关联强度和关联时间.

通常情况下, 可以利用随机等价原理做一个处理, 将两个关联的噪声转换成两个相互独立的噪声[17,18]. 为了简单起见, 取两噪声的关联时间相等, 即当 $\lambda \neq 0$ 时, $\tau_1=\tau_2=\tau_3=\tau$; 当 $\lambda = 0$ 时, $\tau_1=\tau_2=\tau$ 和 $\tau_3=0$. 互关联的两有界噪声可转换成如下两相互独立的噪声[16,19,20]

$$\xi(t) = D \sin\left(\sqrt{\frac{2}{\tau}}w_\alpha(t)\right), \tag{3.2.22}$$

$$\eta(t) = Q\lambda \sin\left(\sqrt{\frac{2}{\tau}}w_\alpha(t)\right) + Q\sqrt{1-\lambda^2}\sin\left(\sqrt{\frac{2}{\tau}}w_\beta(t)\right), \tag{3.2.23}$$

式中, $w_\alpha(t)$ 和 $w_\beta(t)$ 是相互独立地标准维纳过程. 经验证, 这一变换并不改变它们的统计性质. 利用式 (3.2.22) 和式 (3.2.23) 替换式 (3.2.13) 中的 $\xi(t)$ 和 $\eta(t)$, 用 Box-Muller 方法产生标准维纳过程的增量, 并用欧拉方法, 式 (3.2.13) 可写成如下形式

$$\begin{aligned}x(t+\Delta t) =& x(t) + \{\gamma - x(t) + \mu x(t)[1-x(t)]\}\Delta t + x(t)[1-x(t)]\eta(t)\Delta t \\ &+ \xi(t)\Delta t + \frac{1}{2}[1-2x(t)]\eta(t)\{x(t)[1-x(t)]\eta(t)+\xi(t)\}\Delta t^2,\end{aligned} \tag{3.2.24}$$

$$w_\alpha(t) = w_\alpha(t-\Delta t) + \sqrt{-2\Delta t \cdot \ln a} \cdot \cos(2\pi b), \tag{3.2.25}$$

$$w_\beta(t) = w_\beta(t-\Delta t) + \sqrt{-2\Delta t \cdot \ln c} \cdot \cos(2\pi d). \tag{3.2.26}$$

式中, a,b,c,d 是相互独立地服从 [0,1] 上均匀分布的随机数. 取初始 $x(0) \in (0,0.1)$, $w_\alpha(0) = w_\beta(0) = 0$, 每次实现是通过对式 (3.2.24)~式 (3.2.26) 运行 8×10^3 步, 步长 $\Delta t = 0.01$. 对相互独立的实现作集合平均, 得到稳态概率分布函数 $\rho_{st}(x)$. 下面给出数值模拟的结果和讨论.

图 3.2.4 是 $\rho_{st}(x)$ 作为 x 的函数, 随不同有界噪声关联时间 τ 变化的图像. 由于基因选择因子 $\mu = 0$, 曲线 $\rho_{st}(x)$ 对称的分布在 $x=0.5$ 两侧. 随着相关时间 τ 的增大, 稳态概率密度函数 $\rho_{st}(x)$ 从单峰变成双峰, 最后变成四峰结构. 并且中间的两峰的高度逐渐下降而两侧的两峰的高度逐渐上升; 左边峰的位置向 $x=0$ 移动而

右边锋的位置向 $x=1$ 移动, 这表明环境对基因 A 或 B 中的某一个选择的概率较高. 在这种情况下, 很容易从种群中选择出某一类型的单倍体, 从而可以忽略另一类型的单倍体数. 另外, 当相关时间比较大时, 噪声关联时间 τ 可以诱导一种新的随机分岔, 即稳态概率密度 $\rho_{st}(x)$ 从双峰到四峰的随机分岔.

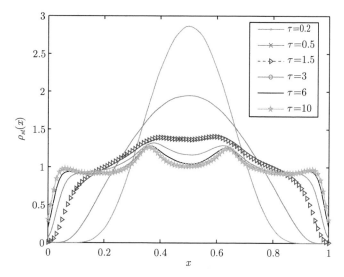

图 3.2.4　$\rho_{st}(x)$ 作为 x 的函数, 随不同有界噪声关联时间变化的图像

($D=0.4$, $Q=0.5$, $\lambda=0.3$)

图 3.2.5 呈现 $\rho_{st}(x)$ 作为 x 的函数, 随不同的噪声关联强度 λ 的变化情况. 图 3.2.5 显示随着 $|\lambda|$ 的增大, 对称的曲线 $\rho_{st}(x)$ 从单峰变成双峰结构. 当 $\lambda=0$ 时, 来自内部和外部的扰动是相互独立的, 此时曲线 $\rho_{st}(x)$ 只有一个峰值. 当 $\lambda>0$ 时, 两噪声是正相关, 从图 3.2.5(a) 得知, 此时存在临界值 $\lambda=0.25$, 当 λ 越过此临界值系统发生随机分岔. 当 $\lambda<0$ 时, 也就是说两噪声之间是负相关, 同样从图 3.2.5(b) 得知, 此时系统发生随机分岔的临界值是 $\lambda=-0.5$. 由此可得出结论: 增加内外噪声的关联强度可以促使某一种类型的单倍体从种群中分离出来.

图 3.2.6 中主要展示了加性有界噪声和乘性有界噪声对基因选择系统的协同效应. 首先, 在图 3.2.6 (a) 中, 选取乘性噪声强度 Q 为一常数, 即固定乘性噪声强度来探讨加性噪声强度的变化对系统的作用. 由 3.2.2 小节中的讨论知道, 当 $Q=1$ 时, 稳态概率密度函数 $\rho_{st}(x)$ 呈单峰结构, 这样选取的出发点在于虽然乘性噪声强度 Q 非零, 却未能左右系统性质状态的改变. 由图 3.2.6(a) 可以看出, 当加性噪声强

度 D 很小时, $\rho_{st}(x)$ 成双峰结构, 随着强度 D 增大, 峰的高度逐渐降低, 且双峰结构逐渐退化成单峰结构, 这一点恰恰与图 3.2.1 中的结论相反. 说明当加性噪声强度较小时, 乘性和加性有界噪声的协同作用有利于基因的分离; 当加性噪声强度较大时, 它们两者的协同作用会阻碍单倍体种群的基因分离. 同时需指出, 当强度 D 足够大 (约 $D > 0.5$) 时, 稳态概率密度函数 $\rho_{st}(x)$ 几乎演化成一条直线, 基因选择机制消失, 这一点与 3.2.1 小节中的结论相同. 在图 3.2.6 (b) 中, 取加性噪声强度 D

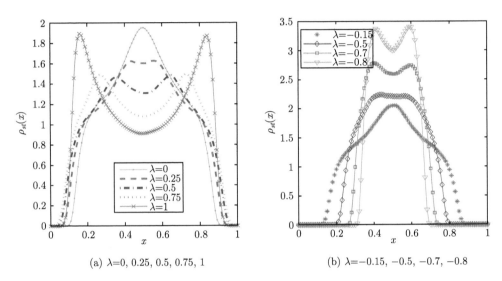

(a) λ=0, 0.25, 0.5, 0.75, 1   (b) λ=−0.15, −0.5, −0.7, −0.8

图 3.2.5　$\rho_{st}(x)$ 作为 x 的函数, 随不同噪声关联强度变化的图像 (D=0.3, Q=1.2, τ=1)

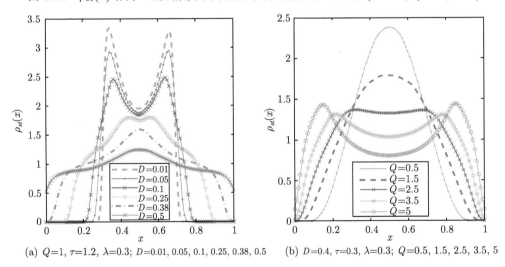

(a) Q=1, τ=1.2, λ=0.3; D=0.01, 0.05, 0.1, 0.25, 0.38, 0.5　　(b) D=0.4, τ=0.3, λ=0.3; Q=0.5, 1.5, 2.5, 3.5, 5

图 3.2.6　$\rho_{st}(x)$ 作为 x 的函数, 随不同有界噪声强度变化的曲线

为一常数,来探讨乘性噪声强度的变化对系统的作用. 与 3.2.2 小节中的结论相比较, 可以看出, 无论加性噪声强度 D 等于零与否, 稳态概率分布 $\rho_{st}(x)$ 随不同的噪声强度 Q 变化趋势大致一样; 对于相等的 Q 值, 乘性噪声强度 D 等于零时, 曲线 $\rho_{st}(x)$ 的峰值总会高些. 这一规律揭示了在该基因选择过程中, 乘性的有界噪声起着主导的作用.

3.3 时滞诱导下的随机分岔

时间延迟在自然界中是不可避免的, 含有时间延迟的物理系统是更加合理的. 从物理学的角度看, 时间延迟通常源于物质、能量、信息等的有限传递时间, 在随机动力系统中扮演着一个非常重要的角色. 同样, 基因选择过程中也不可避免地存在着时间延迟. 在本节依旧选用如下的基因选择模型

$$\dot{x} = \gamma - x + \mu x(1-x). \tag{3.3.1}$$

令 $m_t(x) = \gamma - x$, $h_t(x) = \mu x(1-x)$, 由模型的推演过程知道, 这两式分别表示基因的变异重组和继承. 由于周围环境的涨落、生化反应过程、物质信息的传递等原因, 其中一定存在时间延迟. 下面研究不同类型的延迟对基因选择系统动态行为的影响. 另外, 在下面的研究中, 如果无特别说明, 取 $\gamma = \frac{1}{2}$, $\mu = 0$.

3.3.1 基因重组中的延迟效应

首先, 假设基因的变异重组项 $m_t(x)$ 中存在时间延迟. 从生化反应的角度来看, 基因的变异重组需要消耗时间来合成氨基酸和重组新的蛋白质, 那么在这个过程中引入时间延迟是合理的. 假设在 $m_t(x)$ 中存在时滞 α (α 为常数), 可以得到 $m_t(x) = \gamma - x(t-\alpha)$. 从而, 式 (3.3.1) 可以写为

$$\dot{x} = \gamma - x(t-\alpha) + \mu x(t)(1-x(t)). \tag{3.3.2}$$

图 3.3.1 是 $x(t)$ 关于不同时滞 α 的样本轨迹图, 这里 $\gamma = \frac{1}{2}$, $\mu = 0.01$. 从图 3.3.1(a) 得知, 当时滞 $\alpha=1.5$ 时, 样本经过短暂的震荡后收敛于稳定态, 即 $x_0=0.5$. 图 3.3.1(b) 显示, 当 $\alpha=1.57$ 时, 样本出现周期震荡, 并且振幅在 0.2 与 0.8 之间摆动. 图 3.3.1(c) 显示, 当 $\alpha=1.6$ 时, 样本随着时间 t 的增大逐渐发散.

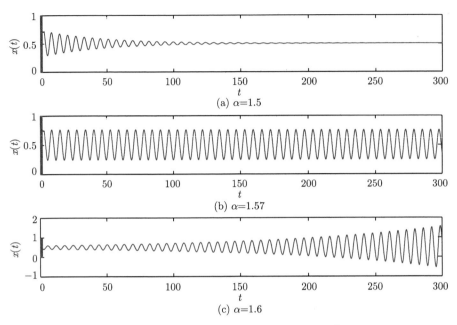

图 3.3.1 $x(t)$ 关于不同时滞 α 的样本轨迹图 ($\gamma = \dfrac{1}{2}$, $\mu=0.01$)

3.3.2 基因遗传再生中的延迟效应

同样, 基因的遗传继承过程也不可能瞬间完成. 假设在 $h_t(x)$ 中存在时滞 β, 可以得到 $h_t(x) = \mu x(t-\beta)(1-x(t-\beta))$. 从而式 (3.3.1) 可进一步写为

$$\dot{x} = \gamma - x(t) + \mu x(t-\beta)(1-x(t-\beta)). \tag{3.3.3}$$

图 3.3.2 是 $x(t)$ 关于不同时滞 β 的样本轨迹图, 同样 $\gamma=\dfrac{1}{2}$, $\mu=0.01$. 从图 3.3.2 (a)~(c) 可以看出, 时滞 β 的值越大, 样本轨迹的暂态过程越长. 然而, 它们都有一个共同点, 即样本经过足够长时间的演化后最终会趋于稳定态 $x_0=0.5$.

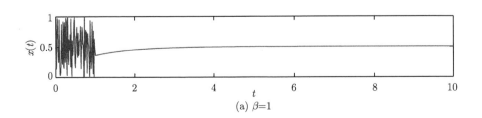

3.3 时滞诱导下的随机分岔

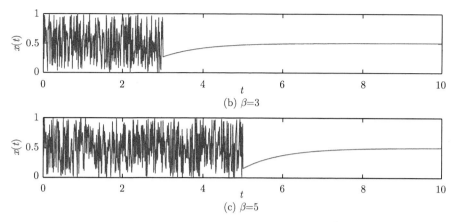

图 3.3.2 $x(t)$ 关于不同时滞 β 的样本轨迹图 ($\gamma = \frac{1}{2}$, $\mu=0.01$)

3.3.3 两种不同类型的时滞对系统动力学行为的影响

综合上述两种情况,同时考虑到变异重组和遗传再生这两个过程中都存在时间延迟,即 $m_t(x) = \gamma - x(t-\alpha)$, $h_t(x) = \mu x(t-\beta)(1-x(t-\beta))$,则式 (3.3.1) 可写为

$$\dot{x} = \gamma - x(t-\alpha) + \mu x(t-\beta)(1-x(t-\beta)). \tag{3.3.4}$$

为了方便起见, 设 $\alpha=\beta=\theta$, 即所谓的全局时滞. 则式 (3.3.4) 可写为

$$\dot{x} = \gamma - x(t-\theta) + \mu x(t-\theta)(1-x(t-\theta)). \tag{3.3.5}$$

由 3.3.1 小节和 3.3.2 小节的研究可知, 两种不同类型的时滞对系统的演化起着不同的作用. 图 3.3.3 是 $x(t)$ 关于不同全局时滞 θ 的样本轨迹图, 同样 $\gamma = \frac{1}{2}$, $\mu=0.01$. 从图 3.3.3 (a)~(c) 可以看出, 全局时滞并未改变样本的最终轨迹, 系统经过一段时间的波动后最终趋于稳定态.

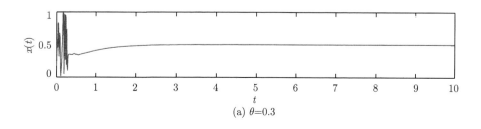

(a) $\theta=0.3$

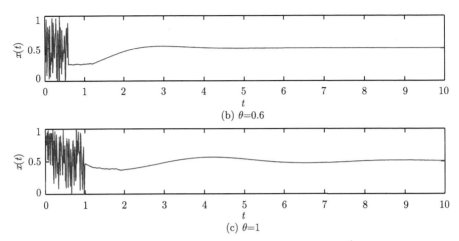

图 3.3.3 $x(t)$ 关于不同全局时滞 θ 的样本轨迹图 ($\gamma = \dfrac{1}{2}$, $\mu=0.01$)

3.3.4 时滞和噪声对系统的共同作用

为了能够更加真实地模拟现实中的单倍体种群基因选择的过程, 不仅需要考虑变异重组和遗传继承过程中都存在的时间延迟, 还要考虑内外环境的涨落. 假设环境的干扰使基因的变异率 γ 和基因选择因子 μ 受到波动, 从而使 $\gamma \to \gamma + \xi(t)$ 和 $\mu \to \mu + \eta(t)$. 则式 (3.3.1) 可写成

$$\dot{x} = \gamma - x(t-\alpha) + \mu x(t-\beta)(1-x(t-\beta))$$

$$+ x(t-\beta)(1-x(t-\beta))\eta(t) + \xi(t). \tag{3.3.6}$$

式中, $\xi(t)$ 和 $\eta(t)$ 是正弦维纳有界噪声, 它们分别具有形式

$$\xi(t) = D\sin\left(\sqrt{\dfrac{2}{\tau_1}}w_1(t)\right), \tag{3.3.7}$$

$$\eta(t) = Q\sin\left(\sqrt{\dfrac{2}{\tau_2}}w_2(t)\right), \tag{3.3.8}$$

式中, τ_1 和 τ_2 分别是 $\xi(t)$ 和 $\eta(t)$ 的自相关时间; D 是噪声 $\xi(t)$ 的强度 ($D \geqslant 0$); Q 是噪声 $\eta(t)$ 的强度度 ($Q \geqslant 0$); $w_1(t)$ 和 $w_2(t)$ 是相互独立的标准维纳过程. 利用维纳过程的性质和欧拉公式, 当 $t \geqslant s$, $\xi(t)$ 和 $\eta(t)$ 两噪声具有统计性质

$$\langle \xi(t) \rangle = \langle \eta(t) \rangle = 0, \tag{3.3.9}$$

$$\langle \xi(t)\xi(s)\rangle = \frac{D^2}{2} \exp\left(-\frac{t-s}{\tau_1}\right)\left[1-\exp\left(-\frac{4s}{\tau_1}\right)\right], \qquad (3.3.10)$$

$$\langle \eta(t)\eta(s)\rangle = \frac{Q^2}{2} \exp\left(-\frac{t-s}{\tau_2}\right)\left[1-\exp\left(-\frac{4s}{\tau_2}\right)\right], \qquad (3.3.11)$$

$$\langle \xi(t)\eta(s)\rangle = \langle \eta(t)\xi(s)\rangle = 0. \qquad (3.3.12)$$

用 Box-Muller 方法产生标准维纳过程的增量, 并用欧拉方法, 式 (3.3.6) 可写为

$$\begin{aligned}
x(t+\Delta t) = &x(t) + \left\{\gamma - x\left(t-\frac{\alpha}{\Delta t}\right) + \mu x\left(t-\frac{\beta}{\Delta t}\right)\left[1-x\left(t-\frac{\beta}{\Delta t}\right)\right]\right\}\Delta t \\
&+ Qx\left(t-\frac{\beta}{\Delta t}\right)\left[1-x\left(t-\frac{\beta}{\Delta t}\right)\right]X_2(t)\Delta t + DX_1(t)\Delta t \\
&+ \frac{1}{2}\left\{Q\left[1-2x\left(t-\frac{\beta}{\Delta t}\right)\right]X_2(t)\right\} \\
&\times \left\{Qx\left(t-\frac{\beta}{\Delta t}\right)\left[1-x\left(t-\frac{\beta}{\Delta t}\right)\right]X_2(t) + DX_1(t)\right\}\Delta t^2. \quad (3.3.13)
\end{aligned}$$

式中,

$$X_1(t) = \sin\left[\sqrt{\frac{2}{\tau_1}}w_1(t)\right], \qquad (3.3.14)$$

$$X_2(t) = \sin\left[\sqrt{\frac{2}{\tau_1}}w_2(t)\right]. \qquad (3.3.15)$$

其中,

$$w_1(t) = w_1(t-\Delta t) + \sqrt{-2\Delta t \cdot \ln a} \cdot \cos(2\pi b), \qquad (3.3.16)$$

$$w_2(t) = w_2(t-\Delta t) + \sqrt{-2\Delta t \cdot \ln c} \cdot \cos(2\pi d). \qquad (3.3.17)$$

取初始 $x(t\leqslant 0)\in(0,1), w_1(t\leqslant 0)=w_2(t\leqslant 0)=0$, 每次实现是通过对式 (3.3.13)~式 (3.3.17) 运行 8×10^3 步, 步长 $\Delta t=0.01$. 对相互独立的实现作集合平均, 得到稳态概率分布函数 $\rho_{st}(x)$. 下面给出数值模拟的结果和讨论.

在图 3.3.4 (a) 和图 3.3.4(b) 中, 分别显示了加性和乘性的正弦维纳噪声强度对系统稳态概率密度函数 $\rho_{st}(x)$ 的影响. 从图 3.3.4 (a) 可以看出, 当 D 较小时, 曲线 $\rho_{st}(x)$ 呈双峰结构, 随着 D 的增加, 两峰的高度逐渐下降, 两峰间的距离逐渐拉近.

当强度 D 超过某一临界值时 $(D>0.5)$, 曲线 $\rho_{st}(x)$ 从双峰变成单峰. 这表明, 当 D 的值相对较小时, 加性噪声有利于基因的分离; 当 D 的值相对较大时, 加性噪声不利于从单倍体种群中分离出基因 A 或基因 B. 对比图 3.3.4 (a) 和图 3.3.4(b) 发现, 稳态概率分布函数 $\rho_{st}(x)$ 的变化趋势是截然相反的. 从图 3.3.4 (a) 可以看出, 当 Q 取较小值时, 曲线 $\rho_{st}(x)$ 呈单峰结构, 说明外部环境的较小波动对基因选择几乎不起作用, 此时单倍体种群中基因 A 和基因 B 的生命体是等概率出现的. 随着乘性噪声 Q 的增大, 函数 $\rho_{st}(x)$ 的峰的高度逐渐下降, 最后单峰结构消失并出现双峰结构. 继续增加乘性噪声 Q 的值, 双峰的峰的高度开始上升, 且两峰间的距离逐渐变大. 左边的峰向边界 $x=0$ 靠近, 右边的峰向边界 $x=1$ 靠近, 表明外部环境的波动给基因 A 或 B 单倍体从种群中分离出来提供了良好的条件. 基于以上分析, 可以得出结论: 加性噪声和乘性噪声在基因选择过程中起的作用相反.

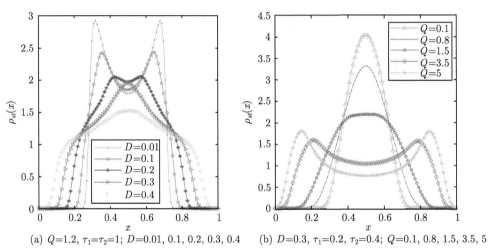

(a) $Q=1.2$, $\tau_1=\tau_2=1$; $D=0.01, 0.1, 0.2, 0.3, 0.4$ (b) $D=0.3$, $\tau_1=0.2$, $\tau_2=0.4$; $Q=0.1, 0.8, 1.5, 3.5, 5$

图 3.3.4　$\rho_{st}(x)$ 作为 x 的函数, 随加性和乘性正弦维呐噪声强度变化的曲线

($\alpha=0.01$, $\beta=0.01$)

图 3.3.5 是 $\rho_{st}(x)$ 作为 x 的函数, 分别关于不同的噪声自关联时间 τ_1 和 τ_2 的变化情况. 显然概率分布函数 $\rho_{st}(x)$ 关于 $x=0.5$ 是对称的, 在图 3.3.5 (a) 和图 3.3.5(b) 中呈现出相同的变化趋势. 随着加性噪声自关联时间 τ_1 的增加, 单峰的 $\rho_{st}(x)$ 变成双峰结构; 随着乘性噪声自关联时间 τ_2 的增加, 单峰的 $\rho_{st}(x)$ 也变成双峰结构, 系统发生了相变. 尽管图 3.3.5 (b) 发生相变的临界值比图 3.3.5(a) 大, 但可以发现, 加性噪声的自相关时间和乘性噪声的自相关时间在基因选择过程中起到了类似的作用.

3.3 时滞诱导下的随机分岔

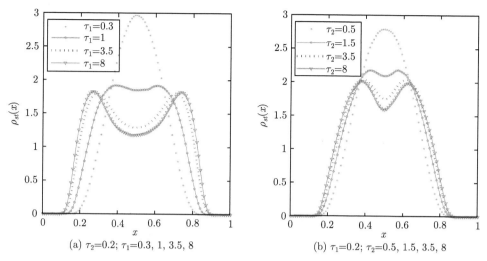

(a) $\tau_2=0.2$; $\tau_1=0.3, 1, 3.5, 8$ (b) $\tau_1=0.2$; $\tau_2=0.5, 1.5, 3.5, 8$

图 3.3.5 $\rho_{st}(x)$ 作为 x 的函数, 随不同噪声自关联时间变化的曲线

($\alpha=0.01$, $\beta=0.01$, $D=0.3$, $Q=1$)

图 3.3.6 呈现了不同的局部时间延迟对稳态概率密度函数 $\rho_{st}(x)$ 的影响. 从图 3.3.6 (a) 可以看出, 当基因重组中的时间延迟 $\alpha=0.01$ 时, 曲线 $\rho_{st}(x)$ 呈单峰结构, 并关于 $x=0.5$ 对称. 当 $x=0.5$ 时, $\rho_{st}(x)$ 取最大值, 即基因 A 或 B 生命体的单倍体被选择延续下来是等概率的. 随着时间延迟 α 的增大, 单峰逐渐消失, 最后变成双峰. 然而, 在图 3.3.6 (b) 中, 曲线 $\rho_{st}(x)$ 的变化趋势恰好与图 3.3.6 (a) 的变化趋势相反. 当基因遗传中的时间延迟 $\beta=0.01$ 时, 稳态概率分布函数 $\rho_{st}(x)$ 是一条对称

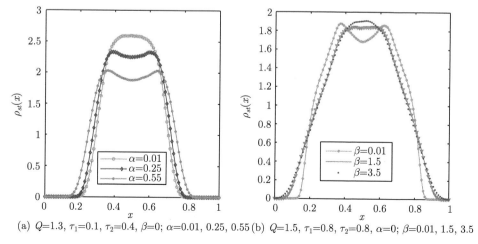

(a) $Q=1.3$, $\tau_1=0.1$, $\tau_2=0.4$, $\beta=0$; $\alpha=0.01, 0.25, 0.55$ (b) $Q=1.5$, $\tau_1=0.8$, $\tau_2=0.8$, $\alpha=0$; $\beta=0.01, 1.5, 3.5$

图 3.3.6 $\rho_{st}(x)$ 作为 x 的函数, 随不同局部时滞变化的曲线 ($D=0.2$)

的双峰曲线. 在 $\beta=1.5$ 附近, $\rho_{st}(x)$ 变成单峰, 相变现象发生, 表明两种不同类型的时间延迟均可以诱导基因选择系统发生相变行为. 但是, 局部时间延迟 β 和 α 对基因选择动态行为的影响是截然相反的. 从生物学的观点来看, 较大的时间延迟 α 有利于基因 A 或 B 的生命体被选择出来, 而较小的时间延迟 β 有利于基因基因 A 或 B 的生命体从种群中分离出来.

如果在整个基因选择过程中, 局部时间延迟 α 等于 β(即 $\alpha=\beta=\theta$), 即为全局时间延迟. 在图 3.3.7 中, 讨论了全局时间延迟对稳态概率分布函数 $\rho_{st}(x)$ 的影响. 显然, 随着 θ 的变化, 曲线 $\rho_{st}(x)$ 总是一条抛物线状, 有且只有一个峰值, 表明在整个基因选择过程中不存在相变机制, 同时说明全局时间延迟不可能从单倍体种群中选择出某一类型的生命体. 此结论与 3.3.3 小节的结果一致.

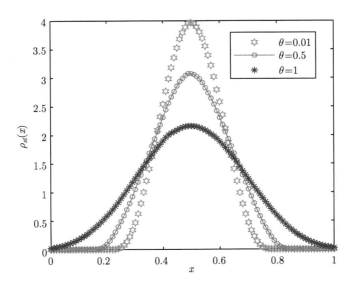

图 3.3.7 $\rho_{st}(x)$ 作为 x 的函数, 随不同全局时滞变化的曲线 ($D=0.2$, $Q=0.8$, $\tau_1=0.3$, $\tau_2=0.3$; $\alpha=\beta=\theta=0.01$, 0.5, 1)

3.4 小 结

本章首先从实际物理背景出发, 模拟基因在表达过程中受到内外环境的干扰, 合理地引入了内外噪声. 其次根据真实生化反应存在时间延迟, 建立更加符合真实的物理背景的随机时间延迟基因选择模型, 研究互相关联的加性有界噪声和乘性有界噪声对系统的协同作用. 再次, 利用数值模拟, 探讨各噪声参数对系统稳态概率密度函数 $\rho_{st}(x)$ 的作用. 结果表明, 内外噪声都可以诱导系统发生随机分岔; 相对于加性噪声, 乘性噪声在基因选择过程中起着主导地位; 内外噪声间的强关联更有利于某一类型基因单倍体从种群中选拔出来; 噪声间的互相关时间可以诱导一种新的随机分岔现象. 最后, 研究有界噪声驱使下的时间延迟基因选择系统的动力学行为. 根据基因选择系统的构成原理, 合理地引入不同的时间延迟[21-23]. 结果发现, 基因重组变异中的时间延迟与遗传再生中的时间延迟, 在基因选择过程中的作用相反. 但当系统引入全局时间延迟时, 系统并未发生随机分岔现象. 综上, 时间延迟和噪声的相互作用在基因选择过程中起着非常重要的作用.

参 考 文 献

[1] 胡岗. 随机力与非线性系统 [M]. 上海: 上海科技教育出版社, 1994.

[2] Horsthemke W, Lefever R. Noise-Induced Transitions: Theory and Applications in Physics, Chemistry and Biology[M]. Berlin: Springer, 1984.

[3] Ai B Q, Chen W, Wang X J, et al. Noise in genotype selection model[J]. Communications in Theoretical Physics, 2003, 39: 765.

[4] Zhang L, Cao L. Effect of correlated noises in a genetic mode[J]. Chinese Physics Letters, 2010, 27: 060504.

[5] Zhang X M, Ai B Q. Genotype selection model with two time-correlated white noises[J]. European Physical Journal B, 2010, 73: 433.

[6] Wang C J, Mei D C. Transitions in a genotype selection model driven by coloured noises[J]. Chinese Physics B, 2008, 17: 479.

[7] Castro F, Sanchez A D, Wio H S. Reentrance phenomena in noise induced transitions[J]. Physical Review Letters, 1995, 75: 1691.

[8] Wio H S, Toral R. Effect of non-Gaussian noise sources in a noise-induced transition[J]. Physica D, 2004, 193: 161.

[9] Wang C J. Time-delay effect of a stochastic geneotype selection model[J]. Acta Physica Sinica, 2012, 5: 050501.

[10] Wedig W V. Aanalysis and simulation of nonlinear stochastic system[A]//Reithmeier E. Nonlinear Dynamics in Engineering Systems[M]. Berlin: Springer, 1990.

[11] Dimentberg M F. Statistical Dynamics of Nonlinear and Time Varying Systems[M]. New York: Wiley, 1988.

[12] d'Onofrio A. Bounded Noises in Physics, Biology, and Engineering[M]. New York: Springer, 2013.

[13] Bobryk R V, Chrzeszczyk A. Transition induced by bounded noise[J]. Physica A, 2005, 358: 263.

[14] Yeh J. Stochastic Processes and the Wiener Integral[M]. New York: M Dekker, 1973.

[15] Risken H. The Fokker-Planck Equation[M]. Berlin: Springer, 1989.

[16] Guo W, Du L C, Mei D C. Transitions induced by time delays and cross-correlated sine-Wiener noises in a tumor-immune system interplay[J]. Physica A, 2012, 391: 1270.

[17] Zhu S Q. Steady-state analysis of a single-mode laser with correlations between additive and multiplicative noise[J]. Physical Review A, 1993, 47: 2405.

[18] Wu D J, Cao L, Ke S Z. Bistable kinetic model driven by correlated noises: Steady-state analysis[J]. Physical Review E, 1994, 50: 2496.

[19] Bobryk R V. Stochastic equations of the Langevin type under a weakly dependent perturbation[J]. Journal of Statistical Physics, 1993, 70: 1045.

[20] d'Onofrio A. Bounded-noise-induced transitions in a tumor-immune system interplay[J]. Physical Review E, 2010, 81: 021923.

[21] Yang H, Ning L J. Phase transitions induced by time-delay and different noises[J]. Nonlinear Dynamics, 2017, 88: 2427.

[22] Liu P, Ning L J. Transitions induced by cross-correlated bounded noises and time delay in a genotype selection model[J]. Physica A, 2016, 441: 32.

[23] Ning L J, Liu P. The effect of sine-Wiener noises on transition in a genotype selection model with time delays[J]. The European Physical Journal B, 2016, 89: 201.

第4章 噪声与时滞调节下 BVDP 系统的随机分岔

4.1 引　　言

随机涨落在真实的动力系统中是客观存在的,因此在随机系统中可以观察到很多由噪声诱导的十分有趣的动力学现象,如共振、随机分岔、首次穿越等. 其中,随机分岔作为噪声激励下的系统动力学响应行为之一,逐渐成为生物化学、物理学、生物学等相关领域的热点. 它通常是以稳态概率密度函数 (SPDF) 的定性转换为标志,如 SPDF 由单峰到双峰的转变. 研究表明,噪声的相关统计量可以成为调节系统分岔的参数. 因此,可以将噪声的强度等统计性质作为调节系统分岔的手段. 而且,时间延迟现象由于信号传输时间、系统的传输速率与记忆容量等,在真实的自然系统中是普遍存在的,时滞随机非线性动力系统的研究也更加具有价值. 双节律范德波尔 (BVDP) 系统在细胞节律、酶促反应、激光、心脏动力学等领域的广泛应用引起了国内外学者的关注. 本章根据实际的研究背景,利用非线性动力学的相关知识,在基因选择系统中合理引入噪声与时滞,为进一步探究受到外界扰动的 BVDP 系统产生的极具丰富的动力学行为奠定基础.

4.2 时滞与白噪声调节的 BVDP 系统的随机分岔

研究表明,双节律振子在一些物理和工程系统中扮演着重要的角色,但在某些领域,单节律振子的研究更加具有实用价值. 因此,如何将双节律振子转换成单节律振子是值得思考的问题. Biswas 等 [1] 提出共轭自反馈控制策略并分别从理论与实践两方面论证了这种策略的可行性,可以有效消除 BVDP 系统双节律进而产生单节律振子. 文献 [2] 提出带有时滞反馈的动力系统并借用能量平均法在数值方面对 BVDP 系统的双节律行为进行调控,并得出结论:改变时滞可以调节双节律振子. 近些年,噪声激励下的非线性系统的响应行为也引起了国内外学者的普遍关注,如在噪声环境下,系统会出现相关共振、首次穿越以及随机分岔等[3-19]动力学行为. 探索随机非线性系统在何种参数条件下发生分岔, 非常具有实际应用价值. 文献 [20]~[23] 探讨了高斯白噪声激励下 BVDP 系统的随机分岔与共振问题, 证实了噪声强度可以被看作系统的分岔参数, 进而文献 [25] 和 [26] 利用系统参数对于分岔行为的影响, 将理论应用于物理激光领域. 目前, 关于噪声与时滞自控制反馈对于 BVDP 系统的分岔调节的研究还较少, 且时滞和噪声又是实际系统不可避免的, 下面探索受到噪声和时滞共同激励下的 BVDP 系统的随机分岔.

4.2.1 模型介绍

考虑如下带有非线性高阶多项式函数的随机 BVDP 系统

$$\ddot{x} - \mu(1 - x^2 + \alpha x^4 - \beta x^6)\dot{x} + x = K(\dot{x}(t-\tau) - \dot{x}(t)) + \xi(t). \qquad (4.2.1)$$

式中, $\dot{x}$ 是关于时间 t 的导数; 参数 μ、α、β 是非线性项的系数, 且 $\mu>0$, $\alpha>0$, $\beta>0$; K 是时滞自控制反馈的强度; τ 为时滞 ($\tau>0$). 值得指出的是, 这个方程近些年来常被用于描述物理、脑动力、生物化学等领域的一些动力学情况. $\xi(t)$ 是噪声强度为 D 的高斯白噪声, 则均值相关函数为

$$\langle \xi(t) \rangle = 0, \langle \xi(t)\xi(t+\tau) \rangle = D\delta(\tau). \qquad (4.2.2)$$

4.2.2 分析方法

式 (4.2.1) 在平凡解附近的运动可近似看作周期运动, 因此利用广义谐和函数与随机平均法从理论上分析系统的分岔问题.

对系统做如下变换

$$\begin{cases} x(t) = A(t)\cos\theta(t), \\ \dot{x}(t) = -A(t)\sin\theta(t). \end{cases} \qquad (4.2.3)$$

式中, $A(t)$、$\theta(t)$ 是关于时间 t 的随机过程. 故当时滞 τ 很小时, 利用式 (4.2.3), 得到表达式

$$\dot{x}(t-\tau) = x(t)\sin\tau + \dot{x}(t)\cos\tau. \qquad (4.2.4)$$

将式 (4.2.4) 代入式 (4.2.1), 则有

$$\ddot{x} - \mu(c - x^2 + \alpha x^4 - \beta x^6)\dot{x} + \omega^2 x = \xi(t). \qquad (4.2.5)$$

式中,
$$\begin{cases} c = 1 + \dfrac{K(\cos\tau - 1)}{\mu}, \\ \omega = (1 - K\sin\tau)^{\frac{1}{2}}. \end{cases} \quad (4.2.6)$$

为了得到与式 (4.2.5) 对应的 FPK 方程和 SPDF, 利用随机平均方法, 假设噪声强度 D 较小时, 对式 (4.2.5) 做如下变换

$$x(t) = a(t)\cos\phi(t), \quad (4.2.7)$$

$$\dot{x}(t) = -a(t)\omega\sin\phi(t), \quad (4.2.8)$$

$$\phi(t) = \omega t + \varphi(t). \quad (4.2.9)$$

对式 (4.2.8) 关于时间 t 求导, 则有

$$\ddot{x} = -\dot{a}(t)\omega\sin\phi(t) - a(t)\omega\cos\phi(t)(\omega + \dot{\varphi}(t)). \quad (4.2.10)$$

联立式 (4.2.5)、式 (4.2.7)、式 (4.2.8) 与式 (4.2.10), 可得

$$\begin{aligned}&\dot{a}(t)\sin\phi(t) + a(t)\cos\phi(t)\dot{\varphi}(t) \\ &= \mu a\sin\phi(c - a^2\cos^2\phi + \alpha a^4\cos^4\phi - \beta a^6\cos^6\phi) - \dfrac{\xi(t)}{\omega}.\end{aligned} \quad (4.2.11)$$

联立式 (4.2.10) 和式 (4.2.11), 得到关于 $\dot{a}(t)$ 和 $\dot{\varphi}(t)$ 的微分方程组, 故原动力系统关于幅值 $a(t)$ 和相位 $\varphi(t)$ 的随机微分方程为

$$\begin{cases} \dot{a}(t) = M_1(a,\varphi) + P_1(a,\varphi)\xi(t), \\ \dot{\varphi}(t) = M_2(a,\varphi) + P_2(a,\varphi)\xi(t). \end{cases} \quad (4.2.12)$$

式中,
$$\begin{cases} M_1(a,\varphi) = \mu a\sin^2\phi(c - a^2\cos^2\phi + \alpha a^4\cos^4\phi - \beta a^6\cos^6\phi), \\ P_1(a,\varphi) = -\dfrac{\sin\phi}{\omega}, \\ M_2(a,\varphi) = \mu\cos\phi\sin\phi(c - a^2\cos^2\phi + \alpha a^4\cos^4\phi - \beta a^6\cos^6\phi), \\ P_2(a,\varphi) = -\dfrac{\cos\phi}{a\omega}. \end{cases} \quad (4.2.13)$$

由式 (4.2.13) 进一步可得 Stratonovich 型随机微分方程, 考虑 Wong-Zakai 修正项并进行平均, 得到

$$\begin{cases} \mathrm{d}a = A(a)\mathrm{d}t + B(a)\mathrm{d}B_1(t), \\ \mathrm{d}\varphi = A(\varphi)\mathrm{d}t + B(\varphi)\mathrm{d}B_2(t). \end{cases} \quad (4.2.14)$$

式中, 漂移项和扩散项为

$$\begin{cases} A(a) = \left\langle M_1 + D\dfrac{\partial G_1}{\partial A}G_1 + D\dfrac{\partial G_1}{\partial \varphi}G_2 \right\rangle_\Theta, \\ B^2(a) = \langle 2DG_1G_1 \rangle_\Theta, \end{cases} \quad (4.2.15)$$

$$\begin{cases} A(\varphi) = \left\langle M_2 + D\dfrac{\partial G_2}{\partial \varphi}G_2 + D\dfrac{\partial G_2}{\partial a}G_1 \right\rangle_\Theta, \\ B^2(\varphi) = \langle 2DG_2G_2 \rangle_\Theta. \end{cases} \quad (4.2.16)$$

式中, $\langle\ \rangle_\Theta$ 是关于 Θ 在 $[0, 2\pi]$ 上的平均.

平均后求得漂移和扩散系数分别为

$$\begin{cases} A(a) = -\dfrac{\mu a}{128}(5\beta a^6 - 8\alpha a^4 + 16a^2 - 64c) + \dfrac{0}{4a\omega^2}, \\ B^2(a) = \dfrac{D}{2\omega^2}. \end{cases} \quad (4.2.17)$$

其对应的朗之万方程为

$$\begin{cases} \mathrm{d}a = A(a)\mathrm{d}t + B(a)\mathrm{d}B_1(t), \\ \mathrm{d}\varphi = \sqrt{\dfrac{D}{2}} \cdot \dfrac{1}{a\omega}. \end{cases} \quad (4.2.18)$$

式中, $B_1(t)$ 与 $B_2(t)$ 均为独立的单位维纳过程. 从式 (4.2.18) 中可以看出, 幅值不依赖于相位, 即幅值是关于时间的齐次扩散过程, 故满足的 FPK 方程为

$$\dfrac{\partial p(a,t)}{\partial t} = -\dfrac{\partial}{\partial a}[A(a)p(a,t)] + \dfrac{1}{2}\dfrac{\partial^2}{\partial a^2}[B^2(a)p(a,t)]. \quad (4.2.19)$$

FPK 方程关于 a 的边界条件为: 当 $a = 0$ 时 p 为有限值以及当 $a \to \infty$ 时, p、$\partial p/\partial a \to 0$. 求解该 FPK 方程得到原系统幅值的 SPDF, 即

4.2 时滞与白噪声调节的 BVDP 系统的随机分岔

$$p(a) = \frac{C}{B^2(a)} \exp\left[\int_0^a \frac{2A(s)}{B^2(s)} ds\right], \tag{4.2.20}$$

进一步化简可得

$$P_s(a) = Na \exp\left(-\frac{5\beta\mu a^8}{512B^2} + \frac{\mu\alpha a^6}{48B^2} - \frac{\mu a^4}{16B^2} + \frac{c\mu a^2}{2B^2}\right). \tag{4.2.21}$$

式中, N 是归一化常数. 令 $\dfrac{\partial P_s(a)}{\partial a} = 0$, 得到系统的幅值方程为

$$5\beta\mu a^7 - 8\mu\alpha a^5 + 16\mu a^3 - 64c\mu a - \frac{64D}{2a\omega^2} = 0. \tag{4.2.22}$$

考虑到 a 是极限环的幅值, 故由式 (4.2.22) 可知, 通过调节参数 D、K、τ 的取值, 可以调节幅值方程 (4.2.22) 根的个数 (一个或者三个), 即系统在参数作用下极限环出现的个数, 可以看到 SPDF 将会呈现单峰或者是双峰. 系统状态会在单节律和双节律这两种情形之间发生转换, 证明了此 BVDP 系统分岔调节策略的有效性.

4.2.3 分岔分析

1. 确定性分岔

当式 (4.2.1) 不受时滞与噪声影响, 即此时系统不受分岔调节器 $K(\dot{x}(t-\tau) - \dot{x}(t))$ 与高斯白噪声控制时, $K = 0, \tau = 0, D = 0$, 则式 (4.2.22) 可简化为下列表达式

$$5\beta a^6 - 8\alpha a^4 + 16a^2 - 64 = 0. \tag{4.2.23}$$

由幅值方程式 (4.2.23) 知, 系统极限环的个数与系统本身的参数 α、β 有关. 故由皮尔卡丹判别法, 当方程有三个不相等的正根时, 满足下列判别式

$$\begin{cases} \left[\dfrac{q}{27p}\left(\dfrac{2q^2}{p^2} - \dfrac{9}{4p}\right) - \dfrac{1}{p}\right]^2 < \dfrac{4}{27}\left(\dfrac{4q^2 - 3p}{12p^2}\right)^3, \\ q = -\dfrac{\alpha}{8}, \\ p = \dfrac{5\beta}{64}. \end{cases} \tag{4.2.24}$$

从式 (4.2.24) 可以得出, 在图 4.2.1 所示的 (α, β) 平面内将会出现一个或三个极限环的参数区域. 在图 4.2.1 中, L_1 和 L_2 所围的深色区域表示出现三个极限环的参数取值范围 (两个稳定极限环与一个不稳极限环), 即双节律行为出现的区域; 相应地, 其余区域表示一个极限环出现的参数区域.

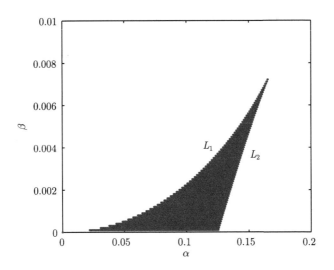

图 4.2.1 单节律与双节律出现的参数区域 ($\mu = 0.001$)

2. 时滞对分岔的影响

当式 (4.2.1) 不受白噪声影响, 即此时系统只受调节器 $K(\dot{x}(t-\tau) - \dot{x}(t))$ 控制时, $D = 0$, 则式 (4.2.22) 可简化为

$$5\beta a^6 - 8\alpha a^4 + 16a^2 - 64\left[1 + \frac{K(\cos\tau - 1)}{\mu}\right] = 0. \qquad (4.2.25)$$

式 (4.2.25) 暗示着时滞 τ 和反馈强度 K 可以被用来调节系统极限环的数量. 此方程中极限环的数量将会决定双节律振子的出现, 根据式 (4.2.25), 下面分别从数值与理论两方面预测方程根的分布情况.

在图 4.2.2 中, 可以清晰地看到时滞 τ 与反馈强度 K 的变化在某种程度上对系统极限环的数量起到调节作用, 即诱导系统发生了分岔, 故在此情形下, 时滞 τ 与时滞自控制反馈强度 K 均可以被认为是系统的分岔参数.

4.2 时滞与白噪声调节的 BVDP 系统的随机分岔

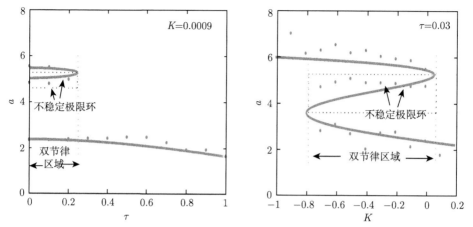

图 4.2.2 时滞自控制反馈控制的双节律区域

$\mu=0.001$, $\alpha=0.114$, $\beta=0.003$; 点线是数值解, 实线是分析结果;
被点线包围的矩形区域表示的是不稳极限环

接下来, 分别探讨时滞 τ 与反馈强度 K 对 BVDP 系统双节律行为的作用. 根据式 (4.2.1) 讨论时滞自控制反馈 $K(\dot{x}(t-\tau)-\dot{x}(t))$ 对系统分岔的影响, 同时对此系统进行 Monte Carlo 模拟从而验证由理论幅值方程得到双节律行为区域及单节律行为区域的可靠性.

图 4.2.3 分别给出了系统的调控参数时滞 τ 变化时, 系统对应的时间序列图及相图, 这里选择两个不同的初始条件, 其中点线始于 $A(2.6,0)$, 实线始于 $B(5.0,0)$. 图中相关参数取值如下: (a)~(b) $\tau=0.01$, (c)~(d) $\tau=0.22$, (e)~(f) $\tau=0.36$, (g)~(h) $\tau=0.8$. 从图 4.2.3 中可以看出, 时滞 τ 可以有效地调控系统极限环的个数, 即可以诱导系统发生分岔, 从而证明了提出的调节控制手段的有效性.

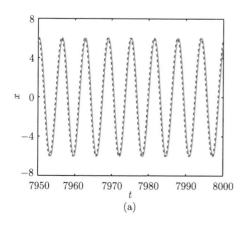

(a)

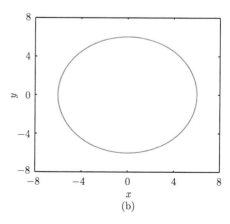

(b)

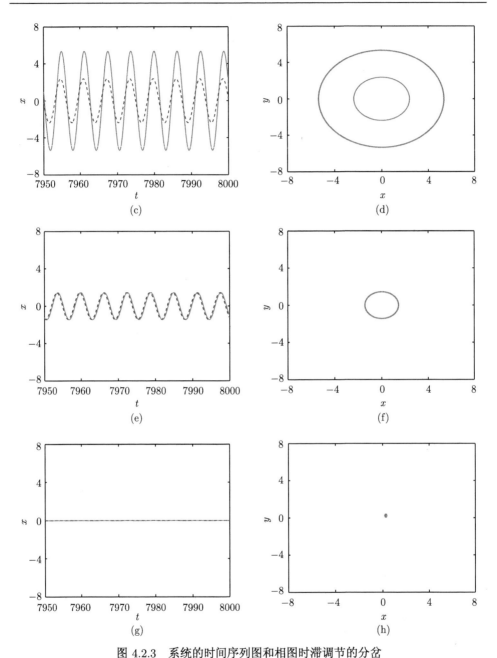

图 4.2.3 系统的时间序列图和相图时滞调节的分岔

$\mu=0.001$, $\alpha=0.114$, $\beta=0.003$ 和 $K=0.01$; 初始条件分别为: 点线始于 $A(2.6,0)$, 实线始于 $B(5.0,0)$; (a)~(b) $\tau=0.01$; (c)~(d) $\tau=0.22$; (e)~(f) $\tau=0.36$; (g)~(h) $\tau=0.8$

4.2 时滞与白噪声调节的 BVDP 系统的随机分岔

可以发现, 当时滞取 $\tau = 0.01$ 时, 从图 4.2.3(a)~(b) 可知无论是从 A 点出发还是从 B 点出发, 系统经过一段时间演化之后, 均会到达大幅值极限环. 若增加时滞为 $\tau = 0.22$, 可以从图 4.2.3(c)~(d) 发现, 起始于 A 的大幅值极限环随着 τ 的增大最终趋于小幅值极限环, 而起始于 B 点的极限环此时并没有发生变化, 仍旧停留在大幅值极限环. 进一步增加 τ 为 0.36, 此时无论起始于哪个初始点, 最终系统的稳态均会落在小幅值极限环上. 持续增加 τ 直到 $\tau = 0.8$, 系统的极限环消失, 同时在坐标原点处有焦点产生. 在这个过程中可以看到, 较小的时滞 τ 会更加有助于系统较大幅值极限环的产生.

3. 反馈强度对分岔的影响

图 4.2.4 给出了反馈强度 K 变化时, 系统对应的时间序列图及相图, 这里同样选择两个不同的初始条件, 其中点线起始于 $A(2.6, 0)$, 实线始于 $B(5.0, 0)$. 图中相关参数取值如下: (a)~(b) $\tau = 0.01$, $K = 0.039$, (c)~(d) $\tau = 0.22$, $K = 0.012$, (e)~(f) $\tau = 0.36$, $K = 0.024$, (g)~(h) $\tau = 0.8$, $K = -0.001$. 观察图 4.2.4 可知, 实验数据更加全面, 即考虑了反馈强度 K 对于系统分岔的影响. 这在以往相关的文献中是没有讨论过的, 事实也证明反馈强度 K 对系统的动力学行为可以产生深远的影响. 在这个 BVDP 系统中, 反馈强度 K 的变化将会引起系统极限环数量的变化, 即可以诱导系统发生分岔行为. 同时对比图 4.2.3, 考虑时滞自控制反馈 $K(\dot{x}(t-\tau) - \dot{x}(t))$ 中的参数 (τ, K) 对系统动力学行为的综合影响, 可以验证所提出的控制策略的有效性与正确性.

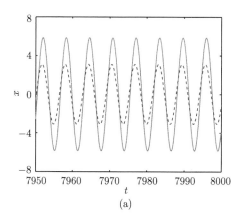

(a)

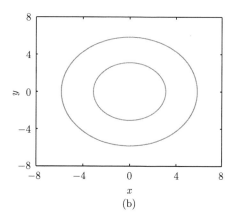

(b)

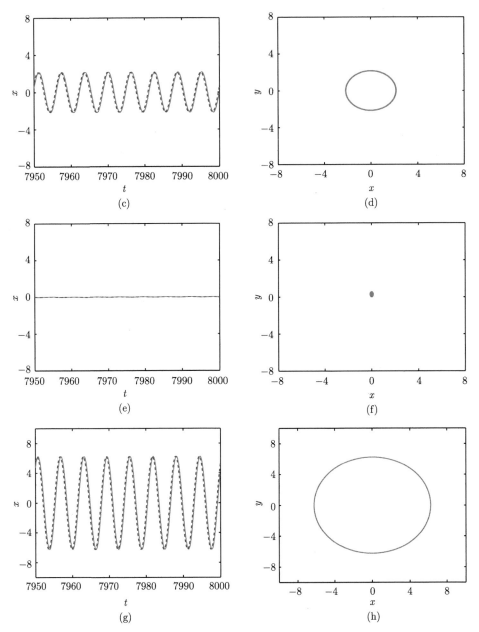

图 4.2.4 系统的时间序列图和相图 (反馈强度调节的分岔)

(a)~(b) $\tau = 0.01$, $K = 0.039$; (c)~(d) $\tau = 0.22$, $K = 0.012$;

(e)~(f) $\tau = 0.36$, $K = 0.024$; (g)~(h) $\tau = 0.8$, $K = -0.001$. 其余参数同图 4.2.3

比较图 4.2.3(a)~(b) 与图 4.2.4(a)~(b)、图 4.2.3(c)~(d) 与图 4.2.4(c)~(d)、图 4.2.3(e)~(f) 与图 4.2.4(e)~(f)、图 4.2.3(g)~(h) 与图 4.2.4(g)~(h) 可以得到, 当取适当的时滞 τ 时, 反馈强度 K 可以引起系统极限环的个数发生改变, 即诱导系统发生了分岔行为. 同时, 得出一个更加令人感兴趣的结论: 反馈强度 K 的数值越小, 系统出现较大幅值极限环的概率越大. 这个结论较之前相关的研究结果是比较新颖的.

综上, 通过随机平均法分析系统模型可以得出有关系统极限环的幅值方程, 进而预测双节律行为发生的区域, 同时通过调节策略对 BVDP 系统的分岔进行调节, 并借以数值模拟方法对原系统进行仿真, 可以验证控制策略是有效的. 这种策略可以让系统的稳态在双节律、单节律或焦点之间实行转换, 即发生分岔. 因此, 鉴于其在生物化学、脑动力学、物理学等相关领域的科学研究的实际需求, 所提出的这种调节机制具有重要的应用价值.

4. 随机分岔

下面探索由时滞自控制反馈和白噪声调节的 BVDP 系统的双节律行为. 为了有效选取调节系统分岔的参数, 利用幅值方程式 (4.2.22) 在平面区域内展示双节律可能出现的区域, 如图 4.2.5(a)~(c) 所示. 相关参数取值如下: (a) $K = 0.08$, $\tau = 0.3\pi$; (b) $D = 0.002$, $\tau = 0.3\pi$; (c) $K = 0.16$, $D = 0.001$. 其他参数为: $\mu = 0.001$, $\alpha = 0.114$, $\beta = 0.003$. 从图 4.2.5(a)~(c) 可以看出, 当参数 D、K、τ 变化时, 系统的双节律区域将会发生改变, 即这些参数可以被看作是分岔参数, 因此利用时滞自控制反馈与白噪声调节 BVDP 系统的分岔行为在理论上是可行的. 这里主要依据系统幅值的 SPDF 曲线峰的个数或位置是否发生改变来分析系统是否发生分岔. 图 4.2.5(d)~(f) 给出了系统幅值 a 的 SPDF 的曲线走势图, 参数取值如下: (d) $\tau = 0.1$, $D = 0.001$、0.002, $K = 0.001$; (e) $\tau = 0.1$, $D = 0.002$, $K = -0.001$、-0.026; (f) $\tau = 0.12$、0.8, $D = 0.002$, $K = 0.001$. 其他参数为: $\mu = 0.001$, $\alpha = 0.114$, $\beta = 0.003$. 其中, 实线代表解析解, 点线是由 Monte Carlo 方法仿真得来的数值解. 从图 4.2.5(a)~(c) 可知: 解析解和数值解基本相吻合, 说明理论方法的有效性.

考虑实际的动力系统, 借助于环境扰动等真实情况将会使模型更加合理. 图 4.2.5(d) 给出了对于不同噪声强度 D 对应的稳态概率密度函数 $P_s(a)$. 显然, $P_s(a)$ 的图形形状依赖于强度 D, 并且 $P_s(a)$ 在 D 不断增大的过程中经历了从单峰到双峰的转变, 即系统在噪声强度 D 改变时发生了随机分岔. 这表明系统的分岔行为

可以通过 D 调节, 且噪声强度 D 越大, 大幅值极限环出现的概率越大.

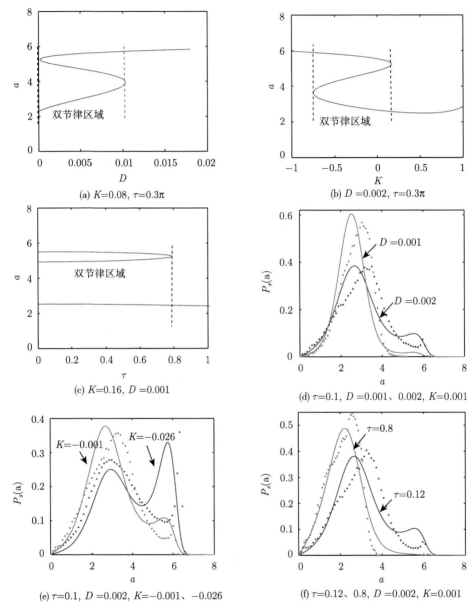

图 4.2.5 随机 BVDP 系统中的双节律区域与随机分岔

$\mu = 0.001, \alpha = 0.114, \beta = 0.003$; 实线代表解析解, 点线代表数值解

图 4.2.5(e) 揭示了双节律系统的一个特点: 在原点附近有两个极限环. 当反馈强度 K 增大时, 系统取得小幅值极限环的概率变大, 而取得大幅值极限环的概率逐渐变小. 直到反馈强度 K 超过某个临界值时, 系统小幅值极限环的高度超过系统大幅值极限环的高度, 这是反馈强度 K 变化而导致 $P_s(a)$ 发生的改变. 结果显示, 当反馈强度 $K<0$ 时, 往往使系统更快的稳定下来; K 越小, 系统大幅值极限环的概率越大, 这一点与之前讨论的系统不受噪声影响时反馈强度 K 对系统极限环幅值的影响是一致的.

不同时滞 τ 下 $P_s(a)$ 的数值模拟结果与理论解如图 4.2.5(f) 所示. 随着 τ 的增加, $P_s(a)$ 的形状出现从双峰到单峰的转变: $\tau=0.12$ 时双峰中的最低峰消失转变成 $\tau=0.8$ 时的单峰分布, 即此时系统存在一个稳定的极限环. 比较前面时滞 τ 对系统极限环幅值的影响可以发现, 较大的时滞 τ 更能促成系统较小幅值极限环的出现. 同时对比前面结论, 发现高斯白噪声的加入, 并没有使系统的内极限环消失, 这与文献 [26] 所得结论一致.

4.3 时滞与色噪声调节的 BVDP 系统的随机分岔

真实的噪声或多或少会存在一定的关联时间, 白关联的噪声实际上是不存在的, 即真实的噪声是有"色"的. 为了深入了解 BVDP 系统对于近乎真实的外界扰动力的响应分岔行为, 这里考虑高斯色噪声激励的模型. 近年来, 高斯色噪声激励下的非线性系统的分岔行为引起了广大学者浓厚的兴趣. 文献 [21]~[28] 探讨了高斯色噪声与周期力驱动下的 BVDP 系统的随机分岔、弛豫时间等动力学问题, 表明高斯色噪声的噪声强度、相关时间等均可看作调节系统分岔行为的参数, 并且将相关的分析理论运用到物理、生物化学等研究领域.

4.3.1 模型介绍

考虑如下受到高斯色噪声与时滞自控制反馈的随机 BVDP 系统运动方程

$$\ddot{x}-\mu(1-x^2+\alpha x^4-\beta x^6)\dot{x}+x=K(\dot{x}(t-\tau_1)-\dot{x}(t))+\eta(t). \tag{4.3.1}$$

式中, $\dot{x}$ 是关于时间 t 的导数; μ、α、β 是系统非线性项的系数, 且 $\mu>0$, $\alpha>0$, $\beta>0$; K 是时滞自控制反馈的强度; τ_1 为时滞 ($\tau_1>0$); $\eta(t)$ 是噪声强度为 D 的高斯色噪

声. 设 τ_2 为其相关时间, 噪声均值和自相关函数 $R(\tau)$ 分别为

$$\langle \eta(t) \rangle = 0, \quad R(\tau) = \langle \eta(t)\,\eta(t-\tau) \rangle = \frac{D}{\tau_2} \exp\left(-\frac{|\tau|}{\tau_2}\right). \tag{4.3.2}$$

4.3.2 分析方法

式 (4.3.1) 在其平凡解 (0,0) 附近的运动可被看作近似的周期运动, 对系统状态变量作如下变换

$$\begin{cases} x(t) = A(t)\cos\theta(t), \\ \dot{x}(t) = -A(t)\sin\theta(t). \end{cases} \tag{4.3.3}$$

式中, $A(t)$、$\theta(t)$ 是关于时间 t 的随机过程. 当时滞 τ_1 很小时, 通过式 (4.3.3), 可得表达式

$$\dot{x}(t-\tau_1) = x(t)\sin\tau_1 + \dot{x}(t)\cos\tau_1. \tag{4.3.4}$$

将式 (4.3.4) 代入式 (4.3.1), 得式 (4.3.1) 的等效近似表达式

$$\ddot{x} - \mu(c - x^2 + \alpha x^4 - \beta x^6)\dot{x} + \omega^2 x = \eta(t). \tag{4.3.5}$$

式中,

$$c = 1 + \frac{K(\cos\tau_1 - 1)}{\mu}, \quad \omega = (1 - K\sin\tau_1)^{\frac{1}{2}}. \tag{4.3.6}$$

为了得到式 (4.3.5) 对应的 FPK 方程和 SPDF, 利用随机平均方法, 假设噪声强度 D 较小, 对式 (4.3.5) 做如下变换

$$x(t) = a(t)\cos\phi(t), \tag{4.3.7}$$

$$\dot{x}(t) = -a(t)\omega\sin\phi(t), \tag{4.3.8}$$

$$\phi(t) = \omega t + \varphi(t). \tag{4.3.9}$$

对式 (4.3.8) 关于时间 t 求导, 得到

$$\ddot{x} = -\dot{a}(t)\omega\sin\phi(t) - a(t)\omega\cos\phi(t)(\omega + \dot{\varphi}(t)). \tag{4.3.10}$$

联立式 (4.3.5)、式 (4.3.7)、式 (4.3.8) 与式 (4.3.10), 得到

$$\begin{aligned}
&\dot{a}(t)\sin\phi(t) + a(t)\cos\phi(t)\dot{\varphi}(t) \\
&= \mu a \sin\phi (c - a^2\cos^2\phi + \alpha a^4\cos^4\phi - \beta a^6\cos^6\phi) - \frac{\eta(t)}{\omega}.
\end{aligned} \tag{4.3.11}$$

4.3 时滞与色噪声调节的 BVDP 系统的随机分岔

联立式 (4.3.10) 和式 (4.3.11), 得到下列微分方程组

$$\begin{cases} \dot{a}(t) = M_1(a,\varphi) + N_1(a,\varphi)\eta(t), \\ \dot{\varphi}(t) = M_2(a,\varphi) + N_2(a,\varphi)\eta(t). \end{cases} \quad (4.3.12)$$

式中,

$$\begin{cases} M_1(a,\varphi) = \mu a \sin^2\phi(c - a^2\cos^2\phi + \alpha a^4\cos^4\phi - \beta a^6\cos^6\phi), \\ N_1(a,\varphi) = -\dfrac{\sin\phi}{\omega}, \\ M_2(a,\varphi) = \mu\cos\phi\sin\phi(c - a^2\cos^2\phi + \alpha a^4\cos^4\phi - \beta a^6\cos^6\phi), \\ N_2(a,\varphi) = -\dfrac{\cos\phi}{a\omega}. \end{cases} \quad (4.3.13)$$

对式 (4.3.13) 考虑修正项并进行平均, 进而得到微分方程

$$\begin{cases} \mathrm{d}a = m(a)\mathrm{d}t + \sigma(a)\mathrm{d}B_1(t), \\ \mathrm{d}\varphi = m(\varphi)\mathrm{d}t + \sigma(\varphi)\mathrm{d}B_2(t). \end{cases} \quad (4.3.14)$$

式中, 漂移项和扩散项为

$$\begin{cases} m(a) = \left\langle M_1 + \displaystyle\int_{-\infty}^{0} \dfrac{\partial G_1}{\partial A} G_1(t+\tau)R(\tau)\mathrm{d}\tau + \int_{-\infty}^{0} \dfrac{\partial G_1}{\partial \varphi} G_2(t+\tau)R(\tau)\mathrm{d}\tau \right\rangle_{\varTheta}, \\ \sigma^2(a) = \left\langle \displaystyle\int_{-\infty}^{+\infty} G_1 G_1(t+\tau)R(\tau)\mathrm{d}\tau \right\rangle_{\varTheta}, \end{cases}$$

$$(4.3.15)$$

$$\begin{cases} m(\varphi) = \left\langle M_2 + \displaystyle\int_{-\infty}^{0} \dfrac{\partial G_2}{\partial \varphi} G_2(t+\tau)R(\tau)\mathrm{d}\tau + \int_{-\infty}^{0} \dfrac{\partial G_2}{\partial a} G_1(t+\tau)R(\tau)\mathrm{d}\tau \right\rangle_{\varTheta}, \\ \sigma^2(\varphi) = \left\langle \displaystyle\int_{-\infty}^{+\infty} G_2 G_2(t+\tau)R(\tau)\mathrm{d}\tau \right\rangle_{\varTheta}. \end{cases}$$

$$(4.3.16)$$

式中, $\langle\ \rangle_{\varTheta}$ 是关于 $\varTheta$ 在 $[0,2\pi]$ 上的平均.

计算得

$$\begin{cases} m(a) = -\dfrac{\mu a}{128}(5\beta a^6 - 8\alpha a^4 + 16a^2 - 64c) + \dfrac{D}{2a\omega^2(1+\omega^2\tau_2^2)}, \\ \sigma^2(a) = \dfrac{D}{\omega^2(1+\omega^2\tau_2^2)}, \\ m(\varphi) = 0, \\ \sigma^2(\varphi) = \dfrac{D}{a^2\omega^2(1+\omega^2\tau_2^2)}. \end{cases} \quad (4.3.17)$$

式中, $B_1(t)$ 与 $B_2(t)$ 为独立的单位维纳过程. 从式 (4.3.14) 及式 (4.3.17) 知, 幅值 $a(t)$ 不依赖于相位 $\varphi(t)$, 即 $a(t)$ 是关于时间的齐次扩散过程, 其对应的 FPK 方程可表示为

$$\frac{\partial p(a,t)}{\partial t} = -\frac{\partial}{\partial a}[m(a)p(a,t)] + \frac{1}{2}\frac{\partial^2}{\partial a^2}[\sigma^2(a)p(a,t)], \quad (4.3.18)$$

式中, 边界条件与前面类似.

计算得 SPDF 为

$$P_s(a) = \frac{N}{\sigma^2(a)}\exp\left(-\frac{5\beta\mu a^8}{512\sigma^2(a)} + \frac{\mu\alpha a^6}{48\sigma^2(a)} - \frac{\mu a^4}{16\sigma^2(a)} + \frac{c\mu a^2}{2\sigma^2(a)} + \ln a\right), \quad (4.3.19)$$

式中, N 是归一化常数. 令 $\dfrac{\partial P_s(a)}{\partial a} = 0$, 则幅值方程为

$$5\beta\mu a^7 - 8\mu\alpha a^5 + 16\mu a^3 - 64c\mu a - \frac{64D}{a\omega^2(1+\omega^2\tau_2^2)} = 0. \quad (4.3.20)$$

通过调节 D、K、τ_1、τ_2 可以控制幅值方程式 (4.3.20) 根的数量, 即在高斯色噪声与时滞自控制反馈的共同作用下 BVDP 系统极限环出现的个数. 可以观察到, SPDF 将在单峰和双峰这两种形状之间转变, 且系统状态在单节律和双节律这两种稳态之间发生了转换.

4.3.3 随机分岔分析

下面探索时滞自控制反馈和高斯色噪声共同作用下的 BVDP 系统的双节律行为. 利用幅值方程在参数平面内展示出双节律可能出现的区域, 如图 4.3.1(a)~(d) 所示. 相关参数取值为:(a) $K = 0.001$, $\tau_1 = 0.3, \tau_2 = 0.3$; (b) $D = 0.002$, $\tau_1 = 0.3\pi$, $\tau_2 = 0.1$;(c) $K = 0.19$, $D = 0.001, \tau_2 = 0.1$; (d)$K = 0.1, D = 0.001, \tau_1 = 0.3$. 其他参数为: $\mu = 0.001$, $\alpha = 0.114$, $\beta = 0.003$. 在图 4.3.1(a)~(d) 中可以得出, 当 D、K、τ_1、τ_2 发生变化时, 双节律区域会发生改变, 即这些参数可以被看作系统的分岔参数, 故

4.3 时滞与色噪声调节的 BVDP 系统的随机分岔

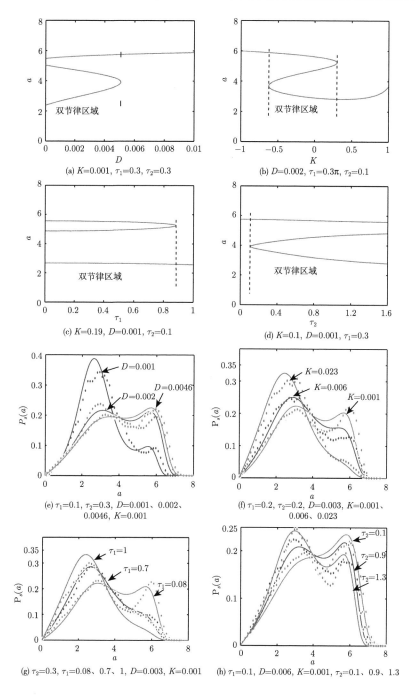

图 4.3.1 色噪声下 BVDP 系统中的双节律区域与随机分岔

$\mu = 0.001, \alpha = 0.114, \beta = 0.003$; 实线为解析解，点线为数值解

利用时滞自控制反馈与高斯色噪声调控 BVDP 系统的分岔行为在理论上是可行的. 下面对通过数值模拟与理论分析得到的 SPDF 进行对比, 同样主要依据系统幅值的 SPDF 曲线峰的个数等是否发生变化来探讨 BVDP 系统是否发生随机分岔.

图 4.3.1(e)~(h) 表示系统幅值 a 的 SPDF 曲线图, 参数取值如下: (e) $\tau_1 = 0.1$, $\tau_2 = 0.3$, $D = 0.001$、0.002、0.0046, $K = 0.001$; (f) $\tau_1 = 0.2$, $\tau_2 = 0.2$, $D = 0.003$, $K = 0.001$、0.006、0.023; (g) $\tau_2 = 0.3$, $\tau_1 = 0.08$、0.7、1, $D = 0.003$, $K = 0.001$; (h) $\tau_1 = 0.1, D = 0.006, K = 0.001, \tau_2 = 0.1$、$0.9$、$1.3$. 其他参数为: $\mu = 0.001$, $\alpha = 0.114$, $\beta = 0.003$. 从图 4.3.1(e)~(h) 可以看出分析解和数值解基本吻合, 即采用的理论近似方法是合理的.

图 4.3.1(e) 给出了随不同噪声强度 D 下 a 的 $P_s(a)$. 从图中可以看出, $P_s(a)$ 的形状依赖于参数 D. 显然, $P_s(a)$ 在噪声强度 D 不断增大的过程中, 系统小幅值极限环对应的概率密度变小, 而系统大幅值极限环的概率密度逐渐变大, 直到 D 超过某个临界值时, 系统小幅值极限环的概率密度低于系统大幅值极限环的概率密度, 即噪声强度 D 改变时, 发生了随机分岔. 这表明 BVDP 模型的分岔行为可以通过调节 D 改变, 且 D 越大, 系统取外层极限环的概率越大.

图 4.3.1(f)~(g) 表明, 当 K, τ_1 增大时, 稳态停留在内层极限环的概率变大, 进而稳态停留在外层极限环的概率逐渐变低, 直到变量 K 和 τ_1 超过某个临界值时, 稳态停留在内层极限环的概率超过系统稳态停留在外层极限环的概率, 最后 SPDF 呈现单峰分布. 这种 K, τ_1 的改变致使 $P_s(a)$ 发生定性的变化即为随机分岔. 观察可知, 当 K 和 τ_1 越小时, 系统稳态停留在外层极限环的概率越大, 这一点与高斯色噪声强度的作用效果恰好相反.

色噪声相关时间 τ_2 对于 $P_s(a)$ 的作用效果如图 4.3.1(h) 所示. 随着 τ_2 的增加, $P_s(a)$ 的曲线形状展示出可以逆转的从双峰到双峰分布的转变. 这里色噪声相关时间 τ_2 对于外层极限环的影响效果与 K, τ_1 的作用效果相同, 与噪声强度 D 的作用效果相反.

4.4 小　　结

本章主要利用随机平均法研究高斯噪声与时滞作用下的非线性 BVDP 系统的分岔行为. 首先, 介绍了 BVDP 系统及其确定情况下的分岔行为. 其次, 利用变换及随机平均法得到了系统幅值 a 和相位 φ 的随机微分方程组, 建立了相应的伊藤随机微分方程对应的 FPK 方程. 最后, 通过求解 FPK 方程得到了系统幅值的 SPDF, 并对系统参数对分岔行为的影响作了讨论分析. 研究发现, 增大噪声强度、减小时滞自控制反馈参数中的时滞和反馈强度以及减小相关时间均会使系统稳态停留在外层极限环的概率变大. 数值仿真得到的概率密度和理论方法得到的结果基本吻合, 验证了随机平均方法的有效性. 本章的研究结果有助于通过适当调制系统参数来获得理想的极限环.

参 考 文 献

[1] Biswas D, Banerjee T, Kurths J. Control of birhythmicity through conjugate self-feedback: theory and experiment[J]. Physical Review E, 2016, 94: 042226.

[2] Ghosh P, Sen S, Riaz S S, et al. Controlling birhythmicity in a self-sustained oscillator by time-delayed feedback[J]. Physical Review E, 2011, 83: 036205.

[3] 刘秉正, 彭建华. 非线性动力学 [M]. 北京: 高等教育出版社, 2004.

[4] 胡海岩. 应用非线性动力学 [M]. 北京: 航空工业出版社, 2000.

[5] Fu J, Sun Z K, Xiao Y Z, et al. Bifurcations induced in a bistable oscillator via joint noises and time delay[J]. International Journal of Bifurcation and Chaos, 2016, 26: 1650102.

[6] Houlihan J, Goulding D, Busch T, et al. Experimental investigation of a bistable system in the presence of noise and delay[J]. Physical Review Letters, 2004, 92(5): 050601.

[7] Gu R C, Xu Y, Hao M L, et al. Stochastic bifurcations in Duffing-van der Pol oscillator with Lévy stable noise[J]. Acta Physica Sinica, 2011, 6: 060513.

[8] Wu Z Q, Hao Y. Stochastic P-bifurcations in tri-stable van der Pol-Duffing oscillator with multiplicative colored noise[J]. Acta Physica Sinica, 2015, 64(6): 060501.

[9] Hao Y, Wu Z Q. Stochastic P-bifurcation of tri-stable van der Pol-Duffing oscillator[J]. Chinese Journal of Theoretical and Applied Mechanics, 2013, 45: 257-264.

[10] Sun Z K, Fu J, Xiao Y Z, et al. Delay-induced stochastic bifurcations in a bistable system under white noise[J]. Chaos, 2015, 25: 083102.

[11] Wu Z Q, Hao Y. Three-peak P-bifurcation in stochastically excited van der Pol-Duffing oscillator[J]. Scientia Sinica Physica, Mechanica, Astronomica, 2013, 43(4): 524-529.

[12] Stocks, N G, Mannella R, McClintock P V E. Influence of random fluctuations on delayed bifurcations. II. The cases of white and colored additive and multiplicative noise[J]. Physical Review A, 1990, 42(6): 3356.

[13] Zakharova A, Kurths J, Vadivasova T, et al. Analysing dynamical behavior of cellular networks via stochastic bifurcations[J]. Plos one, 2011, 6(5): e19696.

[14] Xu Y, Gu R C, Zhang H Q, et al. Stochastic bifurcations in a bistable Duffing-van der Pol oscillator with colored noise[J]. Physical Review E, 2011, 83: 056215.

[15] Kumar P, Narayanan S, Gupta S. Stochastic bifurcations in a vibro-impact Duffing-van der Pol oscillator[J]. Nonlinear Dynamics, 2016, 85: 439.

[16] Zakharova A, Vadivasova T, Anishchenko V, et al. Stochastic bifurcations and Coherencelike resonance in a self-sustained bistable noisy oscillator[J]. Physical Review E, 2010, 81: 011106.

[17] Kumar P, Narayanan S, Gupta S. Investigations on the bifurcation of a noisy Duffing-van der Pol oscillator[J]. Probabilistic Engineering Mechanics, 2016, 45: 70-86.

[18] Yang Y G, Xu W, Sun Y H, et al. Stochastic response of van der Pol oscillator with two kinds of fractional derivatives under Gaussian white noise excitation[J]. Chinese Physics B, 2016, 25(2): 020201.

[19] Zhu W Q, Wu Q T, Lu M Q. Jump and bifurcation of Duffing oscillator under narrow-band excitation[J]. Acta Mechanica Sinica, 1994, 10: 73-81.

[20] Chamgoué A C, Yamapi R, Woafo P. Dynamics of a biological system with time-delayed noise[J]. European Physical Journal Plus, 2012, 127: 1-19.

[21] Chamgoué A C, Yamapi R, Woafo P. Bifurcations in a birhythmic biological system with time-delayed noise[J]. Nonlinear Dynamic, 2013, 73: 2157-2173.

[22] Yamapi R, Filatrella G, Aziz-Alaoui M A, et al. Effective fokker-planck equation for birhythmic modified van der Pol oscillator[J]. Chaos, 2012, 22: 043114.

[23] Yamapi R, Chamgoué A, Filatrella G, et al. Coherence and stochastic resonance in a birhythmic van der Pol system[J]. European Physical Journal B, 2017, 90: 153.

[24] Pisarchik A N, Kuntsevich B F. Control of multistability in a directly modulated diode laser[J]. IEEE Journal of Quantum Electronics, 2002, 38: 1594-1598.

[25] Pisarchik A N, Barmenkov Y, Kir'yanov A V. Experimental demonstration of attractor annihilation in a multistable fiber laser[J]. Physical Review E, 2003, 68: 066211.

[26] Ma Z D, Ning L J. Bifurcation regulations governed by delay self-control feedback in a stochastic birhythmic system[J]. International Journal of Bifurcation and Chaos, 2017, 27(13): 1750202.

[27] Yonkeu R M, Yamapi R, Filatrella G, et al. Effects of a periodic drive and correlated noise on birhythmic van der Pol systems[J]. Physica A, 2017, 466: 552-569.

[28] Yonkeu R M, Yamapi R, Filatrella G, et al. Stochastic bifurcations induced by correlated noise in a birhythmic van der Pol system[J]. Commun Nonlinear Sci Numer Simulat, 2016, 33: 70-84.

第 5 章 噪声激励下分数阶非线性系统的稳态响应和随机分岔

5.1 引　言

随着分数阶导数的广泛应用, 出现了各种分数阶非线性模型, 对其动力学行为的相关研究也受到广泛关注. 经过学者们不懈的努力, 在该方向取得了丰硕的成果. Yang 等[1] 应用非光滑转化方法和随机平均法讨论了分数阶随机非线性碰撞系统的随机分岔, 详细研究了分数阶 van der Pol 碰撞系统, 发现改变分数阶的阶数和系数都能引起该系统的随机 P 分岔. Shen 等[2] 利用平均方法探索了带有两种分数阶导数项的 van der Pol 系统的近似理论解, 发现分数阶导数能改变系统的阻尼影响, 使得分数阶系统的收敛速度不同于传统的整数阶系统. Chen 等[3] 应用随机平均法研究了谐和噪声和白噪声共同激励下含有分数阶阻尼项的 Duffing 振子的随机跳跃和分岔, 发现改变分数阶的阶数能使该系统发生随机分岔现象.

除了随机平均法, 还存在其他的一些有效方法. 例如, 文献 [4] 利用广义谐波平衡技术, 讨论了高斯白噪声激励下一系列含有 Caputo 型分数阶导数的自激系统的随机响应. 增量谐波平衡法被用来分析分数阶非线性振子的动力学特征[5], 应用该方法详细研究了分数阶 Duffing 和 Mathieu-Duffing 系统的幅频曲线, 并与随机平均法和数值模拟方法得到的结果进行比较, 验证了该方法的有效性和精确性. Xu 等[6] 基于 Lindstedt-Poincare (LP) 和多尺度方法提出一种新的方法研究窄带噪声激励下含有黏弹性项的分数阶系统的响应, 发现增大分数阶的阶数时幅值也会增大但分岔点消失了. Yang 等[7] 应用频域方法分析了带有泊松噪声的分数阶拟线性系统的响应. 陈林聪等结合随机平均法和首通时间的扩散过程理论分析了含有分数阶阻尼项的多自由度拟可积哈密顿系统的首次穿越损坏[8]. 能量包络随机平均法考虑了带有刚度硬化的分数阶 Duffing 振子的稳态响应[9], 结果表明增大分数阶的阶数能够减弱该系统的稳态响应. 本章主要考虑高斯白噪声激励下分数阶 Duffing-van der Pol 系统的稳态响应和分数阶 van der Pol 振子的分岔现象.

5.2 噪声激励下分数阶 Duffing-van der Pol 系统的稳态响应

5.2.1 模型介绍

Duffing-van der Pol 系统是非常具有代表性的强非线性模型, 引发众多学者们在多个方面对该系统进行分析研究. 文献 [10] 和 [11] 讨论了宽带噪声激励下分数阶 Duffing-van der Pol 系统的稳态响应和可靠性. Leung 等 [12] 研究了该系统中含有分数阶导数和时滞时的周期性分岔. 文献 [13] 考虑了该系统在参数激励下的混沌运动.

考虑如下的运动方程

$$\ddot{X} + (\delta_1 + \delta_2 X^2)\dot{X} + \chi D^\alpha X(t) + \omega^2 X + \mu X^3 = \xi(t). \tag{5.2.1}$$

式中, δ_1 是线性阻尼的系数; δ_2 是非线性阻尼的系数; ω 是无阻尼系统的自然频率; μ 是非线性的强度; 记 $g(x) = \omega^2 x + \mu x^3$, 为强非线性函数, 代表恢复力. $D^\alpha X(t)$ 表示 Riemann-Liouville(RL) 型分数阶导数; χ 表示分数阶导数项的系数; $\xi(t)$ 表示噪声强度为 D 的高斯白噪声.

5.2.2 分析方法

根据广义谐和函数, 式 (5.2.1) 在相平面 $(X, \dot{X})$ 上原点 $(0,0)$ 附近的运动可以近似为周期运动, 可以对原系统做如下变换

$$X(t) = A(t)\cos\Theta(t), \tag{5.2.2}$$

$$\dot{X}(t) = -A(t)\nu(A,\Theta)\sin\Theta(t). \tag{5.2.3}$$

式中, $\cos\Theta(t)$ 和 $\sin\Theta(t)$ 为广义谐和函数; $\nu(A,\Theta)$ 和 $\Theta(t)$ 分别表示系统的瞬时频率和瞬时相位.

$$\Theta(t) = \Psi(t) + \Gamma(t), \tag{5.2.4}$$

$$\nu(A,\Theta) = \frac{\mathrm{d}\Psi}{\mathrm{d}t} = \sqrt{\frac{2[U(A) - U(A\cos\Theta)]}{A^2\sin^2\Theta}}$$

$$= [(\omega^2 + 3\mu A^2/4)(1 + \lambda\cos2\Theta)]^{1/2}. \tag{5.2.5}$$

其中,

$$\lambda = \mu A^2/(4\omega^2 + 3\mu A^2), \tag{5.2.6}$$

$$U(X) = \int_0^X g(u)\mathrm{d}u = \frac{1}{2}\omega^2 X^2 + \frac{1}{4}\mu X^4. \tag{5.2.7}$$

式中, $U(X)$ 是原系统的势函数.

现把 $\nu(A,\Theta)$ 展开成傅里叶级数, 有如下表示形式

$$\nu(A,\Theta) = \sum_{r=0}^{\infty} b_{2r}(A)\cos(2r\Theta), \tag{5.2.8}$$

$$b_{2r}(A) = \frac{1}{2\pi}\int_0^{2\pi} \nu(A,\Theta)\cos(2r\Theta)\,\mathrm{d}\Theta. \tag{5.2.9}$$

式 (5.2.8) 关于 Θ 在 $[0,2\pi]$ 上积分可得到近似平均频率, 即

$$\begin{aligned} \varphi(A) &= \frac{1}{2\pi}\int_0^{2\pi} \nu(A,\Theta)\,\mathrm{d}\Theta \\ &= (\omega^2 + 3\mu A)^{1/2}(1 - \lambda^2/16) \\ &= b_0(A). \end{aligned} \tag{5.2.10}$$

把式 (5.2.10) 代入式 (5.2.4), 可以得到 Θ 的近似表达式

$$\Theta(t) \approx \varphi(A)t + \Gamma(t). \tag{5.2.11}$$

相对于过程 $\Theta(t)$ 来说, $A(t)$ 和 $\Gamma(t)$ 是关于时间 t 的慢变过程. $\Theta(t)$ 是关于时间 t 的快变随机过程, 可由关系式 (5.2.11) 得近似表达式

$$\Theta(t-\tau) \approx \Theta(t) - \varphi(A)\tau. \tag{5.2.12}$$

这里称式 (5.2.2) 和式 (5.2.3) 是从平面 $(X,\dot{X})$ 到平面 (A,Γ) 的广义 van der Pol 变换.

首先, 对式 (5.2.2) 关于时间 t 求导, 得到

$$\dot{X}(t) = \dot{A}(t)\cos\Theta(t) - A(t)\sin\Theta(t)\nu - A(t)\sin\Theta(t)\dot{\Gamma}(t). \tag{5.2.13}$$

联立式 (5.2.13) 与式 (5.2.3), 得到

$$\cos\Theta(t)\dot{A}(t) - A(t)\sin\Theta(t)\dot{\Gamma}(t) = 0. \tag{5.2.14}$$

再由式 (5.2.3) 关于时间 t 求一次导, 有以下表达式

5.2 噪声激励下分数阶 Duffing-van der Pol 系统的稳态响应

$$\ddot{X}(t) = \frac{g(A\cos\Theta)\cos\Theta - g(A)}{\nu A(t)\sin\Theta(t)}\dot{A}(t) - \frac{g(A\cos\Theta)}{\nu}\dot{\Gamma}(t) - g(x). \quad (5.2.15)$$

联立式 (5.2.15) 与式 (5.2.1),有

$$[g(A) - g(A\cos\Theta)\cos\Theta]\dot{A}(t) + [A(t)g(A\cos\Theta)\sin\Theta]\dot{\Gamma}(t)$$
$$= (\delta_1 + \delta_2 X^2)\dot{X} + \chi D^\alpha X(t) + \omega^2 X + \mu X^3 - \xi(t). \quad (5.2.16)$$

联立式 (5.2.14) 和式 (5.2.16),可以得到关于 $\dot{A}(t)$ 和相位 $\dot{\Gamma}(t)$ 的方程组,求解得到原系统关于幅值 $A(t)$ 和相位 $\Gamma(t)$ 的随机微分方程,即

$$\begin{cases} \dfrac{dA}{dt} = M_{11}(A, \Gamma) + M_{12}(A, \Gamma) + G_1(A, \Gamma)\xi(t), \\ \dfrac{d\Gamma}{dt} = M_{21}(A, \Gamma) + M_{22}(A, \Gamma) + G_2(A, \Gamma)\xi(t). \end{cases} \quad (5.2.17)$$

并且,

$$\begin{cases} M_{11} = \dfrac{A\nu(A,\Theta)\sin\Theta}{g(A)}\chi D^\alpha(A\cos\Theta), \\ M_{12} = -\dfrac{(\delta_1 + \delta_2 A^2\cos^2\Theta)A^2\nu^2(A,\Theta)\sin^2\Theta}{g(A)}, \\ G_1 = -\dfrac{A\nu(A,\Theta)\sin\Theta}{g(A)}, \\ M_{21} = \dfrac{\nu(A,\Theta)\cos\Theta}{g(A)}\chi D^\alpha(A\cos\Theta), \\ M_{22} = -\dfrac{(\delta_1 + \delta_2 A^2\cos^2\Theta)A\nu^2(A,\Theta)\sin\Theta\cos\Theta}{g(A)}, \\ G_2 = -\dfrac{\nu(A,\Theta)\cos\Theta}{g(A)}. \end{cases} \quad (5.2.18)$$

由关系式 (5.2.17) 可得到 Stratonovich 随机微分方程,加上 Wong-Zakai 修正项[14] 并平均后可求出对应的伊藤平均微分方程,即

$$dA = m(A)dt + \sigma(A)dB(t). \quad (5.2.19)$$

式中,漂移项和扩散项分别为

$$\begin{cases} m(A) = \left\langle M_{11} + M_{12} + D\dfrac{\partial G_1}{\partial A}G_1 + D\dfrac{\partial G_1}{\partial \Gamma}G_2 \right\rangle_\Theta, \\ \sigma^2(A) = \langle 2DG_1 G_1 \rangle_\Theta. \end{cases} \quad (5.2.20)$$

式中,$\langle\ \rangle_\Theta$ 是关于 Θ 在区间 $[0, 2\pi]$ 上的平均.

考虑近似关系式 (5.2.12), 含有分数阶导数项的 $\langle M_{11}\rangle_\Theta$ 可进一步化简为

$$\langle M_{11}\rangle_\Theta = \frac{\chi}{g(A)} \lim_{T\to\infty} \frac{1}{T} \int_0^T D^\alpha(A\cos\Theta) A\nu(A,\Theta)\sin\Theta \mathrm{d}t$$

$$\approx \frac{-\chi}{g(A)\Gamma(1-\alpha)} \lim_{T\to\infty} \frac{1}{T} \int_0^T Ag(A\cos\Theta) \qquad (5.2.21)$$

$$\times \left[\cos\Theta \int_0^t \frac{\cos(\varphi\tau)}{\tau^\alpha}\mathrm{d}\tau + \sin\Theta \int_0^t \frac{\sin(\varphi\tau)}{\tau^\alpha}\mathrm{d}\tau\right]\mathrm{d}t.$$

为进一步化简 $\langle M_{11}\rangle_\Theta$, 引入等式

$$\begin{cases} \displaystyle\lim_{t\to\infty} \int_0^t \frac{\cos(\varphi\tau)}{\tau^q}\mathrm{d}\tau = \varphi^{q-1}\Gamma(1-q)\sin\frac{q\pi}{2}, \\ \displaystyle\lim_{t\to\infty} \int_0^t \frac{\sin(\varphi\tau)}{\tau^q}\mathrm{d}\tau = \varphi^{q-1}\Gamma(1-q)\cos\frac{q\pi}{2}. \end{cases} \qquad (5.2.22)$$

将式 (5.2.22) 代入式 (5.2.21), 得到

$$\langle M_{11}\rangle_\Theta = -\frac{\chi\sin(\alpha\pi/2)(\omega^2 A + 3\mu A^3/4)}{2(\omega^2+\mu A^2)\varphi^{1-\alpha}}. \qquad (5.2.23)$$

求得平均漂移系数和扩散系数分别为

$$m(A) = -\frac{\chi\sin(\alpha\pi/2)(\omega^2 A + 3\mu A^3/4)}{2(\omega^2+\mu A^2)\varphi^{1-\alpha}} - \frac{\delta_1}{g(A)}\left(\frac{1}{2}\omega^2 A^2 + \frac{5}{16}\mu A^4\right)$$

$$-\frac{\delta_2}{g(A)}\left(\frac{1}{8}\omega^2 A^4 + \frac{3}{32}\mu A^6\right) + D\frac{8\omega^4 + 3\omega^2\mu A^2 + \mu^2 A^4}{16(\omega^2+\mu A^2)^3 A}, \qquad (5.2.24)$$

$$\sigma^2(A) = D\frac{\omega^2 + 5\mu A^2/8}{(\omega^2+\mu A^2)^2}. \qquad (5.2.25)$$

建立与式 (5.2.19) 对应的 FPK 方程

$$\frac{\partial p}{\partial t} = -\frac{\partial}{\partial A}[m(A)p] + \frac{1}{2}\frac{\partial^2}{\partial A^2}[\sigma^2(A)p]. \qquad (5.2.26)$$

式中, FPK 方程关于 A 的边界条件为当 $A = 0$ 时 p 为有限值以及当 $A \to \infty$ 时, $p \to 0, \partial p/\partial A \to 0$. 依据这些边界条件求解 FPK 方程式 (5.2.26), 得到式 (5.2.1) 幅值的稳态概率密度为

$$p(A) = \frac{\mathcal{C}}{\sigma^2(A)} \exp\left[\int_0^A \frac{2m(s)}{\sigma^2(s)} \mathrm{d}s\right], \tag{5.2.27}$$

式中, $\mathcal{C}$ 表示归一化常数; $m(s)$ 和 $\sigma^2(s)$ 的表达式由式 (5.2.24) 和式 (5.2.25) 给出.

总能 H 的稳态概率密度为

$$p(H) = P(A)\left|\frac{\mathrm{d}A}{\mathrm{d}H}\right| = \left.\frac{p(A)}{g(A)}\right|_{A=U^{-1}(H)}. \tag{5.2.28}$$

式中, $A = U^{-1}(H)$ 表示 $H = U(A)$ 的反函数; H 表示系统的总能.

X 和 $\dot{X}$ 的联合稳态概率密度函数为

$$p(X,\dot{X}) = \left.\frac{p(H)}{T(H)}\right|_{H=\dot{X}^2/2+U(X)}, \tag{5.2.29}$$

式中,

$$T(H) = \left.\frac{2\pi}{\varphi(A)}\right|_{A=U^{-1}(H)}. \tag{5.2.30}$$

于是, 可得到关于 X 和 $\dot{X}$ 的边缘概率分布

$$p(X) = \int_{-\infty}^{+\infty} p(X,\dot{X}) \mathrm{d}\dot{X}, \tag{5.2.31}$$

$$p(\dot{X}) = \int_{-\infty}^{+\infty} p(X,\dot{X}) \mathrm{d}X. \tag{5.2.32}$$

5.2.3 参数分析

下面根据稳态概率密度函数 $p(A)$、$p(X)$、$p(\dot{X})$ 的解析表达式讨论系统参数或噪声强度对系统稳态响应的影响, 并对原系统进行 Monte Carlo 数值模拟, 证明理论方法是可靠的 [15].

图 5.2.1(a)~(c) 依次给出了幅值 A、速度 $\dot{X}(Y = \dot{X})$、位移 X 的稳态概率密度曲线, 其中实线是由随机平均法得到的近似结果, 点线是 Monte Carlo 数值模拟结果. 图中参数取值如下: $\alpha = 0.7$, $\chi = 4$, $\omega = 2$, $\mu = 1.6$, $D = 0.06$, $\delta_1 = 0.05$, $\delta_2 = -0.05$. 从图 5.2.1 可以看出, 近似理论解与原系统的数值模拟结果的曲线相吻合, 表明随机平均法能够有效地分析式 (5.2.1) 的动力学行为.

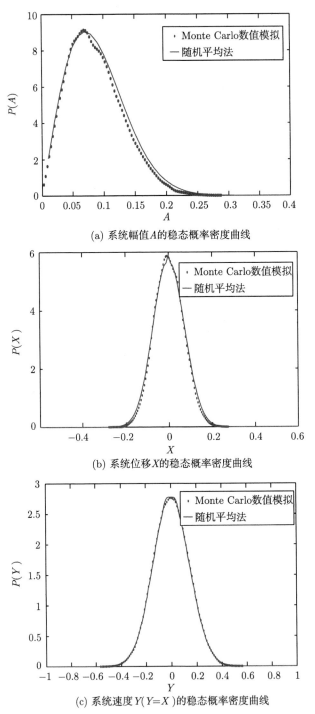

图 5.2.1 系统的稳态概率密度曲线 (Duffing-van der Pol 系统)

图 5.2.2 展示了不同分数阶 α 下的幅值 A、位移 X 和速度 Y 的稳态概率密度曲线. 参数取值如下: $\chi = 3$, $\omega = 2$, $\mu = 1.5$, $D = 0.06$, $\delta_1 = 0.05$, $\delta_2 = -0.05$. 其中,实线是由随机平均法得到的近似结果, 点线表示对原系统的 Monte Carlo 数值模拟结果. 稳态概率密度曲线的峰值越高表明在此处取值的概率越大. 图 5.2.2 说明, 随着阶数 α 逐渐增大, 幅值 A、位移 X 和速度 Y 的稳态概率密度曲线的峰逐渐增高, 而且对于幅值 A 来说, 其概率密度曲线峰值的位置逐渐向左移, 即分数阶的阶数 α 越大系统在小振幅处取值的概率越大. 由此能够得到以下结论: 增大 α 可以减弱该系统的稳态响应.

图 5.2.2 中的结论也可由图 5.2.3 得到证实. 由图 5.2.3 可以看出, 当增大 α 时,位移的时间历程图逐渐变窄, 系统的稳态响应随着 α 增大而减弱. 参数取值如下:

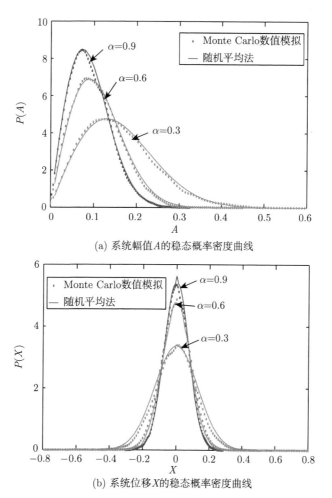

(a) 系统幅值 A 的稳态概率密度曲线

(b) 系统位移 X 的稳态概率密度曲线

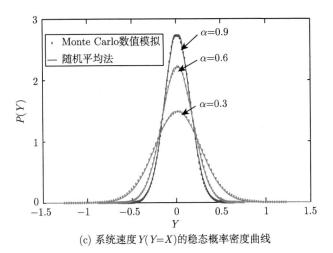

(c) 系统速度 $Y(Y=\dot X)$ 的稳态概率密度曲线

图 5.2.2　系统稳态概率密度随分数阶的阶数 α 变化曲线

$\chi=3, \omega=2, \mu=1.5, D=0.06, \delta_1=0.05, \delta_2=-0.05$.

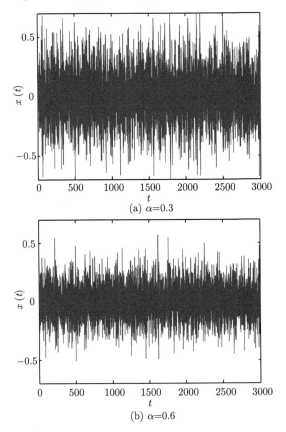

(a) $\alpha=0.3$

(b) $\alpha=0.6$

5.2 噪声激励下分数阶 Duffing-van der Pol 系统的稳态响应

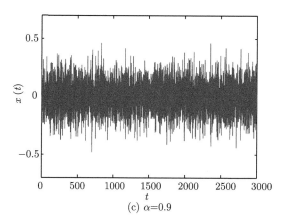

(c) α=0.9

图 5.2.3 系统位移的时间历程图 (Duffing-van der Pol 系统)

也可以从另外一个角度来分析 α 对系统稳态响应的影响, 图 5.2.4 给出了不同分数阶 α 的联合稳态概率密度曲面. 参数取值如下: $\chi=3, \omega=2, \mu=1.5, D=0.06$, $\delta_1=0.05, \delta_2=-0.05$. 图 5.2.4 说明, 随着 α 的增大, 联合稳态概率密度由粗矮状逐渐变细、增高. 概率密度越高, 表明在该处取值的概率越大, 因此 α 增大时系统的位移和幅值会逐渐减小, 即系统的稳态响应逐渐减弱.

图 5.2.5 画出了不同分数阶系数 χ 下的幅值稳态概率密度曲线. 参数取值如下: $\alpha=0.9, \omega=0.8, \mu=4, D=0.04, \delta_1=0.05, \delta_1=-0.05$. 其中, 实线表示由随机平均法求解出的近似理论结果, 点线表示对原系统的 Monte Carlo 数值模拟结果. 观察图 5.2.5 可以看出, 随着 χ 的增大, 概率密度曲线的峰值增大并且峰值的位置逐渐左移, 因此可得增大 χ 同样可以减弱系统的稳态响应.

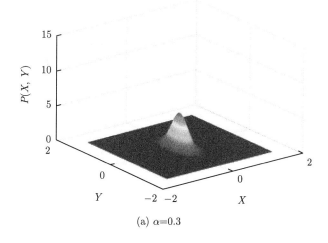

(a) α=0.3

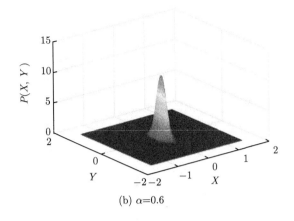

(b) $\alpha=0.6$

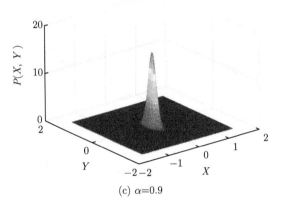

(c) $\alpha=0.9$

图 5.2.4 系统位移 X 和速度 $Y(Y=\dot{X})$ 的联合稳态概率密度曲面

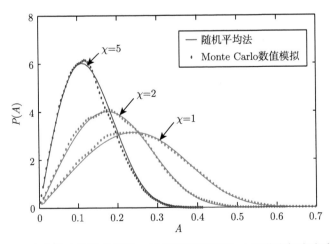

图 5.2.5 当分数阶导数项系数 χ 取不同值时幅值 A 的稳态概率密度曲线

图 5.2.6 给出了不同自然频率 ω 影响下的稳态概率密度曲线. 参数取值如下: $\alpha = 0.6, \mu = 1.5, \chi = 1.2, D = 0.06, \delta_1 = 0.05, \delta_2 = -0.05$. 其中, 实线是由随机平均法得到的近似结果, 点线是由对原系统的 Monte Carlo 数值模拟出来的. 从图 5.2.6 中可以看出, 当增大 ω 时, 幅值的稳态概率密度曲线峰值增大并且峰值的位置向左移动, 说明增大 ω 可以减弱系统的稳态响应.

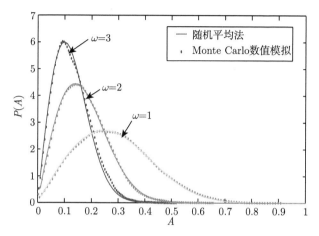

图 5.2.6 当自然频率 ω 取不同值时幅值 A 的稳态概率密度曲线

在实际系统中噪声对系统的影响是不可忽视的. 图 5.2.7 给出了不同噪声强度 D 影响下的稳态概率密度曲线. 其中, 实线是由随机平均法得到的近似结果, 点线是 Monte Carlo 数值模拟结果. 参数取值如下: $\alpha = 0.6, \mu = 1.2, \chi = 1.2, \delta_1 = 0.05, \delta_2 = -0.05$. 观察图 5.2.7(a) 可以看出, 增大噪声强度 D, 幅值 A 的稳态概率密度曲线的

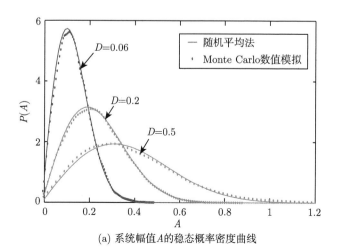

(a) 系统幅值 A 的稳态概率密度曲线

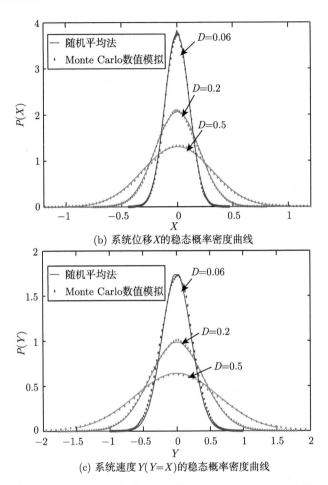

(b) 系统位移 X 的稳态概率密度曲线

(c) 系统速度 $Y(Y=\dot X)$ 的稳态概率密度曲线

图 5.2.7　系统的稳态概率密度随噪声强度 D 变化的曲线

峰值逐渐减小, 并且峰值的位置逐渐向右移, 说明增大噪声强度 D 能够增强系统的稳态响应, 这与图 5.2.7(b) 和图 5.2.7(c) 的结论一致.

5.3　噪声激励下分数阶 van der Pol 系统的随机分岔

5.3.1　模型介绍

文献 [16] 和 [17] 分别考虑了受迫振动、主参数共振响应和分岔. van der Pol 系统来自于电路振荡实验, 是自激振动中典型的例子. 对于该系统在随机激励作用下的复杂动力学行为的研究具有重要的意义.

5.3 噪声激励下分数阶 van der Pol 系统的随机分岔

1. van der Pol 系统

考虑如下 van der Pol 系统的运动方程

$$\ddot{X} + \chi D^\alpha X(t) + (-\beta_1 + \beta_2 X^2)\dot{X} + \omega_0^2 X = \xi(t) \tag{5.3.1}$$

式中，β_1 是该系统的线性阻尼系数；β_2 是非线性阻尼系数；ω_0 是系统的自然频率；$D^\alpha X(t)$ 是 RL 分数阶导数；$\alpha(0 < \alpha < 1)$ 是分数阶的阶数；χ 是分数阶的强度系数；$\xi(t)$ 是噪声强度为 D 的高斯白噪声.

系统的广义势函数 $U(X)$ 为

$$U(X) = \int_0^X \omega_0^2 u du \tag{5.3.2}$$

2. 确定性系统分岔

首先考虑当系统不受噪声干扰时分数阶的阶数 α 是否会引起分岔. 对原系统进行 Monte Carlo 数值模拟，得到位移 $X(t)$ 的时间历程图、速度 $Y(t)$ 和位移 $X(t)$ 的相图. 当改变阶数 α 时，系统相图中极限环和吸引子的个数的改变或者极限环与吸引子的互换，都能说明系统发生了相变，进而说明系统发生了分岔. 当然，还可以从稳态概率密度曲线以及位移的时间历程图上分析系统是否发生分岔.

图 5.3.1 展示了 α 取不同值时位移的时间历程图. 参数取值如下：$\omega_0 = 1.5$，$\chi = 0.05, \beta_1 = 0.05, \beta_2 = 0.05$. 从图 5.3.1 中可以看出，当 $\alpha = 0.1$ 时，位移 X 的时间历程图随着时间 t 一直在两点之间来回振荡，并且振荡的幅度几乎没有发生明显的变化；当 $\alpha = 0.4$ 时，位移 X 的时间历程图虽然也在两点之间来回振荡，但是振荡

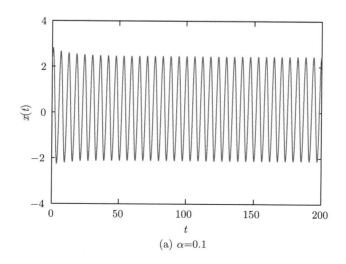

(a) α=0.1

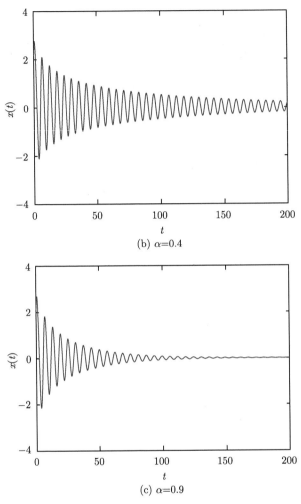

图 5.3.1 系统位移的时间历程图 (van der Pol 系统)

的幅度随着时间 t 的增大明显变小; 当 $\alpha = 0.9$ 时, 位移 X 的时间历程图开始时在两点之间来回振荡, 但其振荡幅度逐渐减小至 0. 说明当阶数 α 逐渐增大时, 系统发生了相变, 这一点也可以由系统的相图 5.3.2 得到证实.

图 5.3.2 给出了当分数阶 α 取不同值时系统位移 X 和速度 Y 的相图, 且参数取值和图 5.3.1 的参数取值相同. 从图 5.3.2 可以看出, 当阶数 $\alpha = 0.1$ 时, 相图中只有一个极限环, 且极限环的幅值较大; 当阶数 $\alpha = 0.4$ 时, 极限环的幅值变小, 但是仍然没有出现其他吸引子; 当阶数 $\alpha = 0.9$ 时, 相图中只有一个稳定的焦点而没有极限环. 说明随着阶数 α 的增大, 相图中极限环的幅值逐渐减小并最终变为稳定

的焦点, 即随着阶数 α 的增大极限环最终消失, 出现一个焦点. 这个结论和图 5.3.1 的结论相符合, 同样说明增大阶数 α 系统发生相变分岔.

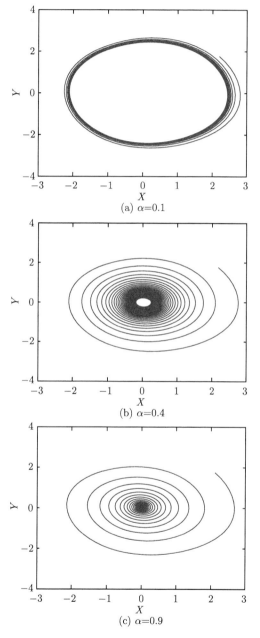

图 5.3.2 分数阶 α 取不同值时系统位移和速度的相图

5.3.2 分析方法

式 (5.3.1) 在原点附近的运动轨迹可以近似为周期运动, 仍作如下的广义 van der Pol 变换

$$X(t) = A(t)\cos\Theta(t), \tag{5.3.3}$$

$$\dot{X}(t) = -A(t)\nu(A,\Theta)\sin\Theta(t), \tag{5.3.4}$$

式中,

$$\Theta(t) = \Psi(t) + \Gamma(t), \tag{5.3.5}$$

$$\nu(A,\Theta) = \frac{\mathrm{d}\Psi(t)}{\mathrm{d}t} = \sqrt{\frac{2[U(A) - U(A\cos\Theta)]}{A^2\sin^2\Theta}}. \tag{5.3.6}$$

把式 (5.3.2) 代入式 (5.3.6) 中化简可得

$$\nu(A,\Theta) = \frac{\mathrm{d}\Psi(t)}{\mathrm{d}t} = \omega_0. \tag{5.3.7}$$

此时广义 van der Pol 变换可以简化为

$$X(t) = A(t)\cos\Theta(t), \tag{5.3.8}$$

$$\dot{X}(t) = -A(t)\omega_0\sin\Theta(t). \tag{5.3.9}$$

对式 (5.3.8) 关于时间 t 求导得

$$\dot{X}(t) = \dot{A}(t)\cos\Theta(t) - A(t)\sin\Theta(t)\omega_0 - A(t)\sin\Theta(t)\dot{\Gamma}(t). \tag{5.3.10}$$

联立式 (5.3.9) 和式 (5.3.10) 并化简得

$$\dot{A}(t)\cos\Theta(t) - A(t)\sin\Theta(t)\dot{\Gamma}(t) = 0. \tag{5.3.11}$$

再对式 (5.3.9) 关于 t 求导, 得

$$\ddot{X}(t) = -\omega_0\sin\Theta(t)\dot{A}(t) - \omega_0^2 A(t)\cos\Theta\Theta(t) - \omega_0 A(t)\cos\Theta(t)\dot{\Gamma}(t). \tag{5.3.12}$$

由式 (5.3.1) 变形可得

$$\ddot{X}(t) = -\chi D^\alpha X(t) - [-\beta_1 + \beta_2 A^2(t)\cos^2\Theta(t)](A(t)\omega_0\sin\Theta(t)) - \omega_0 A(t)\cos\Theta(t) + \xi(t). \tag{5.3.13}$$

联立式 (5.3.13) 和式 (5.3.12) 并化简得

$$\omega_0 \sin \Theta(t) \dot{A}(t) + \omega_0 A(t) \cos \Theta(t) \dot{\Gamma}(t)$$
$$= \chi D^\alpha X(t) - [-\beta_1 + \beta_2 A^2(t) \cos^2 \Theta(t)](A(t)\omega_0 \sin \Theta(t)) - \xi(t). \quad (5.3.14)$$

由式 (5.3.14) 和式 (5.3.11) 得到以下随机微分方程

$$\frac{\mathrm{d}A}{\mathrm{d}t} = N_{11} + N_{12} D^\alpha X(t) + Q_1 \xi(t), \quad (5.3.15)$$

$$\frac{\mathrm{d}\Gamma}{\mathrm{d}t} = N_{21} + N_{22} D^\alpha X(t) + Q_2 \xi(t). \quad (5.3.16)$$

并且,

$$\begin{cases} N_{11} = -[-\beta_1 + \beta_2 A^2 \cos^2 \Theta(t)] A(t) \sin^2 \Theta(t), \\ N_{12} = \dfrac{\chi \sin \Theta(t)}{\omega_0}, \\ Q_1 = -\dfrac{\sin \Theta(t)}{\omega_0}, \\ N_{21} = -[-\beta_1 + \beta_2 A^2 \cos^2 \Theta(t)] \sin \Theta(t) \cos \Theta(t), \\ N_{22} = \dfrac{\chi \cos \Theta(t)}{\omega_0 A(t)}, \\ Q_2 = -\dfrac{\sin \Theta(t)}{\omega_0}. \end{cases} \quad (5.3.17)$$

由式 (5.3.17) 可得到 Stratonovich 随机微分方程, 加上 Wong-Zakai 修正项并平均, 得到对应的伊藤平均微分方程

$$\mathrm{d}A = n(A)\mathrm{d}t + \eta(A)\mathrm{d}B(t). \quad (5.3.18)$$

式中, 漂移项和扩散项为

$$\begin{cases} n(A) = \left\langle N_{11} + N_{12} + D\dfrac{\partial Q_1}{\partial A} Q_1 + D\dfrac{\partial Q_1}{\partial \Gamma} Q_2 \right\rangle_\Theta, \\ \eta^2(A) = \langle 2D Q_1 Q_2 \rangle_\Theta. \end{cases} \quad (5.3.19)$$

应用式 (5.2.22) 可以求出 $n(A)$ 和 $\eta^2(A)$ 的具体表达式分别为

$$n(A) = -\frac{\chi A}{2\omega_0^{1-\alpha}} \sin \frac{\alpha \pi}{2} + \frac{\beta_1}{2} A - \frac{\beta_2}{8} A^3 + \frac{D}{2\omega_0^2 A}, \quad (5.3.20)$$

$$\eta^2(A) = \frac{D}{\omega_0^2}. \quad (5.3.21)$$

建立对应的 FPK 方程

$$\frac{\partial p}{\partial t} = -\frac{\partial}{\partial A}[n(A)p] + \frac{1}{2}\frac{\partial^2}{\partial A^2}[\eta^2(A)p]. \tag{5.3.22}$$

其中, 边界条件与 5.2 节中所用系统的边界条件相同, 在此边界条件下求解该 FPK 方程式 (5.3.22), 能够得到原系统幅值的稳态概率密度函数, 即

$$p(A) = \frac{C_0\omega_0^2 A}{D}\exp\left(-\frac{\beta_1\omega_0^{1+\alpha}\sin\frac{\alpha\pi}{2}}{2D}A^2 + \frac{\omega_0^2\beta_1}{2D}A^2 - \frac{\omega_0^2\beta_2}{16D}A^4\right). \tag{5.3.23}$$

于是, 可以得到位移 X 和速度 Y 的联合稳态概率密度

$$p(x,y) = \frac{C_1\omega_0}{2\pi D}\exp\left[-\frac{\chi\omega_0^{1+\alpha}\sin\frac{\alpha\pi}{2}}{2D}\left(x^2 + \frac{y^2}{\omega_0^2}\right)\right.$$

$$\left. + \frac{\omega_0^2\beta_1}{2D}\left(x^2 + \frac{y^2}{\omega_0^2}\right) - \frac{\omega_0^2\beta_2}{16D}\left(x^2 + \frac{y^2}{\omega_0^2}\right)^2\right]. \tag{5.3.24}$$

5.3.3 随机分岔分析

下面依据系统幅值的稳态概率密度曲线峰的个数或位置是否发生变化, 分析系统的随机分岔和稳态响应. 首先图 5.3.3 给出了系统幅值 A、位移 X、速度 $Y(Y = \dot{X})$ 的稳态概率密度, 其中实线表示由随机平均方法得到的近似结果, 点线是由 Monte Carlo 数值模拟出来的. 参数取值如下: $\alpha = 0.8$, $\chi = 0.15$, $\beta_1 = 0.05$, $\beta_2 = 0.05$, $\omega_0 = 1$, $D = 0.001$. 从图 5.3.3 可以看出, 实线和点线基本相吻合, 说明了随机平均方法的有效性.

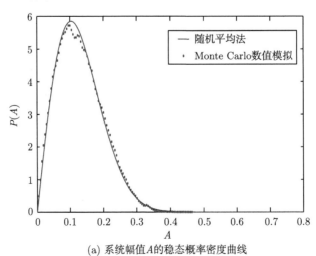

(a) 系统幅值 A 的稳态概率密度曲线

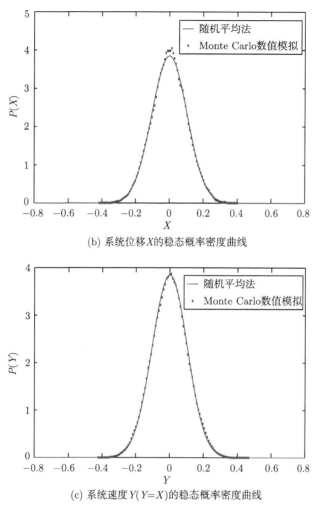

(b) 系统位移 X 的稳态概率密度曲线

(c) 系统速度 Y (Y=X) 的稳态概率密度曲线

图 5.3.3 系统的稳态概率密度曲线 (van der Pol 系统)

图 5.3.4 给出了取不同分数阶阶数 α 时幅值 A 的稳态概率密度曲线. 参数取值如下: $\chi=0.15$, $\beta_1=0.05$, $\beta_2=0.05$, $\omega_0=1.5$, $D=0.001$. 由图 5.3.4 可以看出, 当增大阶数 α 时, 稳态概率密度曲线的峰值位置大幅度地向左移动, 并且峰值的高度也降低了很多. 说明当减小 α 时, 可以明显地改变系统的响应, 且减小阶数 α 可以减弱系统的响应.

图 5.3.5 展示了不同分数阶阶数 α 下位移 X 的稳态概率密度曲线. 参数取值如下: $\chi=0.15$, $\beta_1=0.05$, $\beta_2=0.05$, $\omega_0=1.5$, $D=0.001$. 由图 5.3.5 可以看出, 当阶数 α 由 0.75 逐渐增大到 0.90 时, 稳态概率密度的曲线峰值个数逐渐减少, 由双

峰变成了单峰结构, 这说明系统发生了随机分岔.

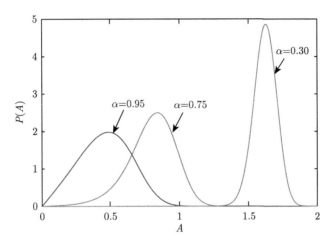

图 5.3.4　当分数阶的阶数 α 取不同值时幅值 A 的稳态概率密度曲线

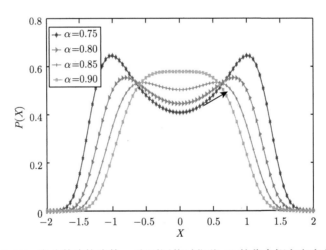

图 5.3.5　当分数阶的阶数 α 取不同值时位移 X 的稳态概率密度曲线

图 5.3.6 画出了当分数阶的阶数 α 取不同值时位移 X 和速度 Y 的稳态联合概率密度曲面. 参数取值如下: $\chi = 0.15$, $\beta_1 = 0.05$, $\beta_2 = 0.05$, $\omega_0 = 1.5$, $D = 0.001$. 由图 5.3.6 可以看出, 当阶数 α 由 0.7 逐渐增大到 0.98 时, 稳态联合概率密度的曲面的形状发生了明显的变化: 当 α 取值为 0.7 时, 曲面是中间凹陷的; 随着阶数 α 逐渐增大, 曲面中间的凹陷变得越来越浅; 当 α 取值为 0.98 时, 曲面中间的凹陷变成了突出的单峰. 这些变化说明原系统产生了随机分岔, 与图 5.3.5 的结论一致.

5.3 噪声激励下分数阶 van der Pol 系统的随机分岔

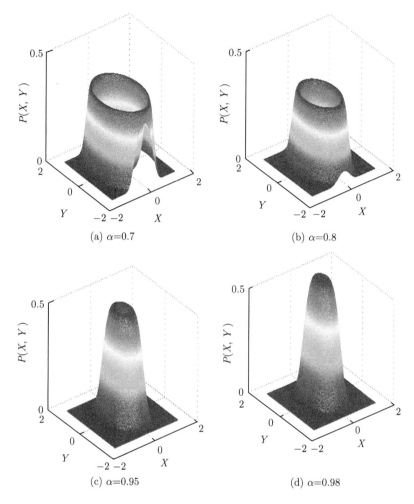

图 5.3.6 当分数阶的阶数 α 取不同值时位移 X 和速度 Y 的稳态联合概率密度曲面

这里尝试从信息熵的角度阐述参数对系统稳定性的影响. 信息熵是一个重要的物理量, 最初是由 Shannon 提出关于信息理论的一个衡量系统无序性的度量, 后来演化到热力学系统以及随机动力系统, 可以用来度量系统状态稳定性的强弱. 这里求出的是稳态概率密度函数, 与时间 t 没有关系, 根据所求出的 $P(A)$ 考虑分数阶的阶数 α 取不同值时熵值的变化.

定义信息熵为
$$S_\alpha = -\int P(A,\alpha)\ln P(A,\alpha)\mathrm{d}A. \qquad (5.3.25)$$

由式 (5.3.24) 得到图 5.3.7, 可以观察到系统的熵值随着分数阶的阶数 α 的增大而增大,说明系统的稳定性越来越差.对比图 5.3.4 可以发现,随着 α 的增大响应逐渐减弱,稳态概率密度曲线底部逐渐变宽,表示系统幅值的分散程度越来越大,系统的不稳定性增强,这与文献 [18] 的结论一致.

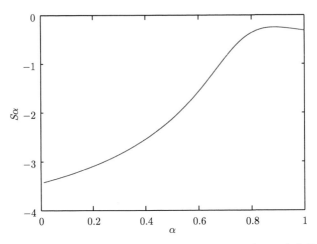

图 5.3.7　当分数阶的阶数 α 取不同值时系统的信息熵 S_α 变化的曲线

5.4　小　　结

由于在实际系统中存在记忆因子,使得用传统的整数阶模型进行模拟是不精确的,甚至是错误的.因此,研究含有分数阶导数项的系统有着非常重要的现实意义和理论价值.本章运用随机平均法研究含有分数阶导数项的随机非线性系统的稳态响应和系统分岔问题.在实际研究中存在众多的非线性系统,这里选取两种具有代表性的非线性系统: Duffing-van der Pol 系统和 van der Pol 系统.一是由于这两种典型的非线性系统有具体的物理背景;二是由于对这两种系统的研究也相对成熟一些.通过高斯白噪声激励的分数阶 Duffing-van der Pol 系统可以发现:增大分数阶的阶数 α、系数 χ 和自然频率 ω 都会明显地减弱系统的响应;相反,如果增大噪声强度 D,则能够明显地增强系统的响应.数值模拟得到的概率密度点线和理论方法得到的曲线基本一致,说明随机平均方法的有效性.通过研究高斯白噪声激励的分数阶 van der Pol 系统的随机分岔,可以发现:在一定参数条件下增大阶数 α 时,相图由一个极限环逐渐演变为一个点,即系统发生随机分岔.从位移的时间历程图分析可以发现:增大阶数 α 时,位移时间历程图振荡的幅度逐渐减小至 0,该结论与从相图角度分析结果一致. 接着着重研究了该系统的随机 P 分岔, 结果表明在一定参数条件下, 增大分数阶阶数 α 可以诱使稳态概率密度曲线峰的个数由两个演变为一个, 即系统发生随机分岔. 同时, 从信息熵角度分析 α 对系统稳定性的影响.

参 考 文 献

[1] Yang Y G, Xu W, Sun Y H, et al. Stochastic bifurcations in the nonlinear vibroimpact system with fractional derivative under random excitation[J]. Commun Nonlinear Sci Numer Simulat, 2017, 42 : 62-72.

[2] Shen Y, Yang S, Sui C. Analysis on limit cycle of fractional-order van der Pol oscillator[J]. Chaos Solitons and Fractals, 2014, 67(10): 94-102.

[3] Chen L C , Zhu W Q. Stochastic jump and bifurcation of Duffing oscillator with fractional derivative damping under combined harmonic and white noise excitations[J]. International Journal of Non-linear Mechanics, 2011, 46(10): 1324-1329.

[4] Yang Y G, Xu W, Gu X D, et al. Stochastic response of a class of self-excited systems with Caputo-type fractional derivative driven by Gaussian white noise[J]. Chaos Solitons and Fractals, 2015, 77: 190-204.

[5] Shen Y J, Wen S F , Li X H, et al. Dynamical analysis of fractional-order nonlinear oscillator by incremental harmonic balance method[J]. Nonlinear Dynamics, 2016, 85(3): 1457-1467.

[6] Xu Y, Li Y, Liu D. Response of fractional oscillators with viscoelastic term under random excitation[J]. Journal of Computational and nonlinear Dynamics, 2014, 9(3): 031015.

[7] Yang Y G, Xu W, Yang G D, et al. Response analysis of a class of quasi-linear systems with fractional derivative excited by Poisson white noise[J]. Chaos, 2016, 26(8): 083102

[8] Chen L C, Zhuang Q Q, Zhu W Q . First passage failure of MDOF quasi-integrable Hamiltonian systems with fractional derivative damping[J]. Acta Mechanica, 2011, 222(3): 245-260.

[9] Chen L C , Wang W H , Li Z S , et al. Stationary response of Duffing oscillator with hardening stiffness and fractional derivative[J]. International Journal of Non-linear Mechanics 2013, 48: 44-50.

[10] Chen L C, Li H F, Li Z S, et al. Stationary response of Duffing-van del Pol oscillator with fractional derivative under wide-band noise excitations[J]. Scientia Sinica Physica Mechanica and Astronomica, 2013, 43(5): 670.

[11] Chen L C , Li H F, Mei Z, et al. Relibility of van der Pol-Duffing oscillator with

fractional derivative under wide-band noise excitations[J]. Journal of Southwest Jiaotong University, 2014, 49(1): 45-51.

[12] Leung A Y T, Yang H X, Zhu P. Periodic bifurcation of Duffing-van der Pol oscillators having fractional derivatives and time delay[J]. Commun Nonlinear Sci Numer Simulat, 2014, 19(4): 1142-1155.

[13] Zhou L, Chen F. Chaotic Motions of the Duffing-van der Pol oscillator with external and parametric excitations[J]. Shock and Vibrationis, 2014, 2014(5): 1-5.

[14] Eugene W, Moshe Z. On the relation between ordinary and stochastic differential equations[J]. International Journal of Engineering Science, 1965, 3(2): 213-229.

[15] Diethelm K, Ford N J, Freed A D, et al. Algorithms for the fractional calculus: A selection of numerical methods[J]. Computer Methods in Applied Mechanics and Engineering, 2005, 194(6-8): 743-773.

[16] 李韶华, 张雪锋, 杨绍普. 多频激励下 van der Pol 系统主参数–组合共振 [J]. 振动、测试与诊断, 2003, 23(3): 188-191.

[17] Lu O S, To C W S. Principal resonance of a nonlinear system with two-frequency parametric and self-excitations[J]. Nonlinear Dynamics, 1991, 2(6): 419-444.

[18] Ma Y Y, Ning L J. Stochastic P-bifurcation of fractional derivative van der Pol system excited by Gaussian white noise[J]. Indian Journal of Physics, 2019, 93(1): 61-66.

第6章 噪声激励下 FHN 神经元系统的随机共振及相关动力学

6.1 引言

噪声可以对可兴奋性细胞的信息传递及探知发挥一定的积极作用[1-18], 在神经动力系统中扮演着非常重要的角色. 当噪声作用于神经系统时, 会对大脑神经元的信息传输特性产生影响, 如噪声诱导相变[19-23]. 噪声能增强系统稳定性以及随机共振等[24-35], 特别是由噪声引起的随机共振现象可以用来揭开和解释一些复杂的生物现象. 越来越多的研究者对神经系统的复杂性及其在嘈杂环境中传输信号的高效性产生了兴趣, 并进行了一系列的研究[36-50]. 研究发现, 存在于老鼠和小龙虾感官系统中的噪声源可能是非高斯的[51,52]. 目前被广泛应用的非高斯噪声有两种形式, 一种是基于 Curado 统计理论建立的噪声模型[53,54], 另一种是由 Borland 建立的一种特殊形式的非高斯噪声[55,56]. 由于前者的噪声形式处理起来比较复杂, 很少被应用于非线性体系进行研究. 这里采用另外一种特殊形式的非高斯噪声, 探讨在非高斯噪声激励下神经元系统的随机分岔及随机共振.

6.2 非高斯和高斯噪声共同激励下的 FHN 神经元系统

下面针对一个乘性周期信号以及两噪声共同激励下的 FHN 神经元系统, 根据路径积分法[41,42,57]、最速下降法[4] 和两态模型理论[58], 推导出系统的稳态概率密度函数、平均首通时间 (MFPT) 和信噪比 (SNR) 的表达式, 并讨论噪声强度、偏离参数等系统参数对其的影响.

6.2.1 FHN 神经元系统的稳态概率密度

研究如下的 FHN 神经元模型[59]

$$\dot{v} = v(a-v)(v-1) - bv + \xi(t). \tag{6.2.1}$$

确定性方程的势函数如下

$$U(v) = \frac{1}{4}v^4 - \frac{a+1}{3}v^3 + \frac{a+b}{2}v^2. \tag{6.2.2}$$

式中, v 表示快变的膜电压; a 反映系统的快变程度; b 为正常数, 反映慢变量对系统的影响. 当参数满足 $b < \frac{(a-1)^2}{2}$ 时, 势函数 $U(v)$ 有两个稳定点: $v_1 = 0$, 表示细胞的神经元处于静息态; $v_2 = \frac{a+1+\sqrt{(a-1)^2-4b}}{2}$, 表示细胞的神经元处于激发态并且 $u(v)$ 有一个不稳定点 $v_u = \frac{a+1-\sqrt{(a-1)^2-4b}}{2}$. 势函数如图 6.2.1 所示.

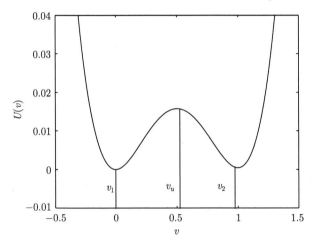

图 6.2.1 $U(v)$ 随 v 变化的曲线 ($a = 0.5, b = 0.01$)

然而在实际过程中, 系统可能受外界环境的影响, 如温度、离子强度等. 同时, 在膜电压 v 从激发态趋于静息态的过程中, 还可能受到内在热波动等因素的干扰. 考虑以上两个因素, FHN 模型可写成以下形式

$$\frac{dv}{dt} = v(a-v)(v-1) - bv + vA\cos(\omega t) + v\eta(t) + \xi(t). \tag{6.2.3}$$

式中, A 和 ω 分别表示乘性周期信号的振幅和频率; $\eta(t)$ 是非高斯白噪声; $\xi(t)$ 是高斯白噪声, 它的统计性质为 $\langle \xi(t) \rangle = 0, \langle \xi(t)\xi(t') \rangle = 2Q\delta(t-t')$. 非高斯白噪声 $\eta(t)$ 可近似为强度 D_{eff}, 关联时间为 τ_{eff} 的高斯色噪声 [56]. 利用统一色噪声近似 [4], 式 (6.2.3) 可改写为

$$\frac{\partial \rho(v,t)}{\partial t} = -\frac{\partial}{\partial v}[A(v)\rho(v,t)] + \frac{\partial^2}{\partial v^2}[B(v)\rho(v,t)], \tag{6.2.4}$$

6.2 非高斯和高斯噪声共同激励下的 FHN 神经元系统

并且,

$$B(v) = \left[\frac{g(v)}{c(v)}\right]^2,$$

$$A(v) = \frac{f(v)}{c(v)} + \sqrt{B(v)}\left(\sqrt{B(v)}\right)',$$

$$f(v) = v(a-v)(v-1) - bv + vA\cos(\omega t),$$

$$g(v) = \sqrt{v^2 D_{\text{eff}} + Q},$$

$$c(v) = 1 - \tau_{\text{eff}}[-2v^2 + (a+1)v].$$

可得到 FHN 神经元系统的近似定态概率密度函数 $\rho_{st}(v)$ 为

$$\rho_{st}(v) = \frac{N}{\sqrt{B(v)}} e^{-\frac{V_1(v)}{D_{\text{eff}}}}. \tag{6.2.5}$$

式中,N 为归一化常数;广义势函数 $V_1(v)$ 的表达式为

$$\begin{aligned}V_1(v) =& -\int \frac{1}{v^2 + \frac{Q}{D_{\text{eff}}}}[v(a-v)(v-1) - bv + vA\cos(\omega t)][1 - \tau_{\text{eff}}(-2v^2 + (a+1)v)]\mathrm{d}v \\=& \frac{k_1}{2}v^4 - \frac{k_2}{3}v^3 + (k_3 - k_1 h)v^2 + (k_2 h - k_4)v + (k_1 h^2 - k_3 h + k_5)\ln\left(v^2 + \frac{Q}{D_{\text{eff}}}\right) \\&+ \sqrt{h}(k_4 - k_2 h)\arctan\left(\sqrt{\frac{D_{\text{eff}}}{Q}}v\right) + \left[-k_1 v^2 + \frac{k_2}{3}v + \left(k_1 h - \frac{1}{2}\right)\ln\left(v^2 + \frac{Q}{D_{\text{eff}}}\right)\right. \\&\left. - \frac{k_3}{3}\sqrt{h}\arctan\sqrt{\frac{D_{\text{eff}}}{Q}}v\right]A\cos(\omega t),\end{aligned}$$

式中,$k_1 = \tau_{\text{eff}}$;$k_2 = 3(a+1)\tau_{\text{eff}}$;$k_3 = \frac{1}{2}[1 + (a+1)^2\tau_{\text{eff}} + 2\tau_{\text{eff}}(a+b)]$;$k_4 = (a+1)[(a+b)\tau_1 + 1]$;$k_5 = \frac{1}{2}(a+b)$;$h = \frac{Q}{D_{\text{eff}}}$.

图 6.2.2 给出了在其他参数固定的情况下,稳态概率密度函数 $\rho_{st}(v)$ 随偏离参数 q 变化的曲线. 从图 6.2.2 可以看出,FHN 神经元系统基本处于稳态 v_1 附近,且随着偏离参数 q 的增大,$\rho_{st}(v)$ 的峰值降低但始终保持单峰结构不变,即偏离参数 q 不能诱导 FHN 神经元系统发生相变. 图 6.2.3 给出了在其他参数固定的情况下,稳态概率密度函数 $\rho_{st}(v)$ 随乘性噪声的自关联时间 τ 的变化情况. 从图 6.2.3 可以看出,当自关联时间 τ 取 0.1 时,系统基本处于稳态 v_1 附近,$\rho_{st}(v)$ 呈单峰结构.

随着 τ 继续增大, 在稳态 v_2 附近出现了另一个峰, 即此时 $\rho_{st}(v)$ 由单峰结构变成了双峰结构且两个峰的峰值增大, 这意味着自关联时间 τ 可以诱导 FHN 神经元系统发生相变.

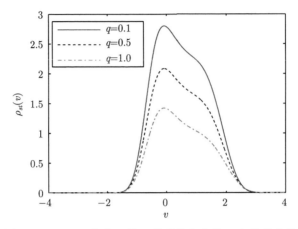

图 6.2.2 $\rho_{st}(v)$ 作为 v 的函数随偏离参数 q 变化的曲线

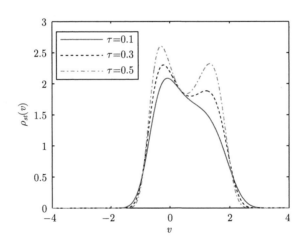

图 6.2.3 $\rho_{st}(v)$ 作为 v 的函数随乘性噪声的自关联时间 τ 变化的曲线

图 6.2.4 给出了在其他参数固定的情况下, 稳态概率密度函数 $\rho_{st}(v)$ 随加性噪声强度 Q 变化的曲线. 在图 6.2.4 中, 当加性噪声强度 Q 较小时, FHN 神经元系统基本处于稳态 $v_1 = 0$. 但随着 Q 的增大, FHN 神经元系统处于两个稳态 v_1 和 v_2 的概率接近, 这意味着此时通道是敞开的, 有利于静息态和激发态的信息传递, 即加性噪声强度 Q 可以诱导 FHN 神经元系统发生相变. 在图 6.2.5 中, 又进一步

研究了乘性噪声强度 D 对稳态概率密度函数 $\rho_{st}(v)$ 的影响. 从图 6.2.5 可以看出, 当乘性噪声强度 D 较小时, 曲线呈现一个双峰结构. 随着 D 的增大, 双峰的峰值在减小的同时, 右峰会逐渐消失, 说明乘性噪声强度 D 也可以诱导 FHN 神经元系统发生相变.

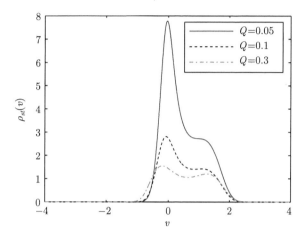

图 6.2.4 $\rho_{st}(v)$ 作为 v 的函数随加性噪声强度 Q 变化的曲线

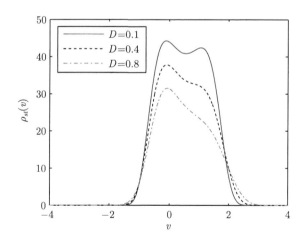

图 6.2.5 $\rho_{st}(v)$ 作为 v 的函数随乘性噪声强度 D 变化的曲线

6.2.2 FHN 神经元系统的平均首通时间

当加性噪声强度 Q 和乘性噪声强度 D 远小于势垒 $\Delta U(v)$ 时, 利用平均首通时间 MFPT 的定义和最速下降法 [4], 可以得到两个不同方向的 MFPT 的表达式为

$$T_+(v_1 \to v_2) = \frac{2\pi}{\sqrt{|U''(v_1)U''(v_u)|}} \exp\left[\frac{V_1(v_u) - V_1(v_1)}{D_{\text{eff}}}\right], \quad (6.2.6)$$

$$T_-(v_2 \to v_1) = \frac{2\pi}{\sqrt{|U''(v_2)U''(v_u)|}} \exp\left[\frac{V_1(v_u) - V_1(v_2)}{D_{\text{eff}}}\right], \quad (6.2.7)$$

图 6.2.6 给出了乘性噪声的自关联时间 τ 取不同值时, $T_+(v_1 \to v_2)$ 随乘性噪声强度 D 变化的曲线. 由图 6.2.6 可以看出, 随着乘性噪声强度 D 的增大, $T_+(v_1 \to v_2)$ 减小. 同时, 与乘性噪声强度 D 对 $T_+(v_1 \to v_2)$ 的作用相似, $T_+(v_1 \to v_2)$ 也随自关联时间 τ 的增大而减小. 这说明自关联时间 τ 和乘性噪声强度 D 都具有从 v_1 到 v_2 加速变化的作用.

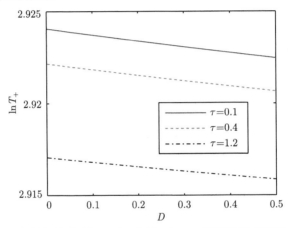

图 6.2.6 乘性噪声的自关联时间 τ 取不同值时, T_+ 随乘性噪声强度 D 变化的曲线

图 6.2.7 给出了乘性噪声的自关联时间 τ 取不同值时, $T_-(v_2 \to v_1)$ 随乘性

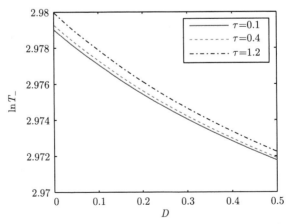

图 6.2.7 乘性噪声的自关联时间 τ 取不同值时, T_- 随乘性噪声强度 D 变化的曲线

噪声强度 D 变化的曲线. 由图 6.2.7 可以看出, $T_-(v_2 \to v_1)$ 随乘性噪声强度 D 的增大而减小, 随自关联时间 τ 的增大而增大. 由此可见乘性噪声强度 D 和自关联时间 τ 对 $T_-(v_2 \to v_1)$ 的影响完全相反, D 加速了 v_2 到 v_1 的相变, 但 τ 抑制 v_2 到 v_1 的相变. 比较图 6.2.6 和图 6.2.7 可以发现, 乘性噪声强度 D 对 FHN 神经元系统两个方向的相变都产生加速作用. 乘性噪声的自关联时间 τ 加速从 v_1 到 v_2 的相变, 但抑制了从 v_2 到 v_1 的相变.

图 6.2.8 给出了偏离参数 q 取不同值时, $T_+(v_1 \to v_2)$ 随加性噪声强度 Q 变化的曲线. 由图 6.2.8 知, 当偏离参数 q 固定不变时, $T_+(v_1 \to v_2)$ 随着加性噪声强度 Q 的增大而减小. 当加性噪声强度 Q 取值较小时, $T_+(v_1 \to v_2)$ 下降的速率比较大, 然而当 Q 继续增大时, 曲线会变得平缓. 当固定 Q 时, 随着偏离参数 q 的增大, $T_+(v_1 \to v_2)$ 基本保持不变. 图 6.2.9 给出了偏离参数 q 取不同值时, $T_-(v_2 \to v_1)$ 随加性噪声强度 Q 变化的曲线. 从图 6.2.9 可以看出, 固定偏离参数 q, $T_-(v_2 \to v_1)$ 随着加性噪声强度 Q 的增大而迅速减小. 而当固定加性噪声强度 Q 时, $T_-(v_2 \to v_1)$ 随着偏离参数 q 而稍微减小. 比较图 6.2.8 和图 6.2.9 可以发现, 加性噪声强度 Q 对 FHN 神经元系统两个方向的相变都产生加速作用, 而偏离参数 q 对两个方向的相变影响不大.

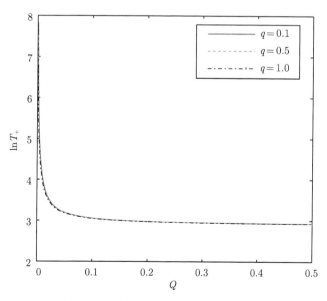

图 6.2.8 偏离参数 q 取不同值时, T_+ 随加性噪声强度 Q 变化的曲线

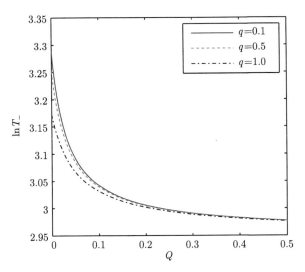

图 6.2.9 偏离参数 q 取不同值时，T_- 随加性噪声强度 Q 变化的曲线

6.2.3 FHN 神经元系统中的随机共振

为了根据输出信号功率谱得到信噪比 SNR 的表达式，需要计算出转移率. 这里利用绝热近似，粒子由 v_1 所在的势阱跃迁到 v_2 所在的势阱的跃迁率以及相应的逆跃迁率的表达式分别为

$$W_{v_1 \to v_2} = W_1 = \frac{\sqrt{|U''(v_u)U''(v_1)|}}{2\pi} \exp\left[\frac{V_1(v_1,t) - V_1(v_u,t)}{D_{\text{eff}}}\right], \qquad (6.2.8)$$

$$W_{v_2 \to v_1} = W_2 = \frac{\sqrt{|U''(v_u)U''(v_2)|}}{2\pi} \exp\left[\frac{V_1(v_2,t) - V_1(v_u,t)}{D_{\text{eff}}}\right]. \qquad (6.2.9)$$

考虑由一个离散随机动力变量 v 描述的系统，在这个系统中，v 有两个可能取到的值：v_1 和 v_2，且取到这两个值的概率用 n_1 和 n_2 表示. 这样的概率满足条件：$n_1 + n_2 = 1$. 控制概率 n_1（或类似的 $n_2 = 1 - n_1$）的演化主方程为

$$\frac{\mathrm{d}n_1}{\mathrm{d}t} = -\frac{\mathrm{d}n_2}{\mathrm{d}t} = W_2(t)n_2(t) - W_1(t)n_1(t) = W_2(t) - [W_2(t) + W_1(t)]n_1(t), \qquad (6.2.10)$$

式中，W_1 和 W_2 分别是 v_1 和 v_2 的转移率. 因为假设信号的幅度足够小，所以可以将 W_1 和 W_2 展开到 A 的一阶

$$W_1(t) = \mu_1 - \beta_1 A \cos(\omega t), W_2(t) = \mu_2 - \beta_2 A \cos(\omega t). \qquad (6.2.11)$$

6.2 非高斯和高斯噪声共同激励下的 FHN 神经元系统

式中,$\mu_1 = W_1|_{A\cos(\omega t)=0}$;$\mu_2 = W_2|_{A\cos(\omega t)=0}$;$\beta_1 = -\dfrac{\mathrm{d}W_1}{\mathrm{d}A\cos(\omega t)}\bigg|_{A\cos(\omega t)=0}$;$\beta_2 = -\dfrac{\mathrm{d}W_2}{\mathrm{d}A\cos(\omega t)}\bigg|_{A\cos(\omega t)=0}$. 信噪比 SNR 的表达式为

$$\mathrm{SNR} = \frac{A^2\pi(\beta_2\mu 1 + \beta_1\mu_2)^2}{4\mu_1\mu_2(\mu_1+\mu_2)}. \qquad (6.2.12)$$

图 6.2.10 和图 6.2.11 分别给出了在其他参数不变的情况下,信噪比 SNR 作为乘性噪声强度 D 和加性噪声强度 Q 的函数随偏离参数 q 变化的曲线. 从图 6.2.10 中可以很明显地看到 SNR 曲线出现了单峰结构,即系统观察到了随机共振现象,说明此时细胞的信息过程被噪声放大和优化. 并且随着偏离参数 q 的增加,共振峰的宽度在变窄,其位置向左移动,但信噪比 SNR 的最大值始终保持不变. 对比图 6.2.11 与图 6.2.10 可以发现,随着偏离参数 q 的增加,共振峰的位置保持不变,SNR 的最大值却在减小,说明偏离参数 q 的增大会减弱系统的随机共振效应. Zhang 等[60] 研究了在一个加性周期信号和非高斯噪声激励下 FHN 神经元系统的随机共振效应,结果发现增大偏离参数 q 能增强随机共振效应. 与之相比较,可以发现偏离参数 q 在乘性信号与加性信号两种不同的情况下起着相反的作用.

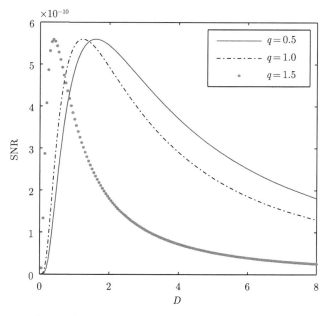

图 6.2.10 信噪比作为乘性噪声强度 D 的函数随偏离参数 q 变化的曲线

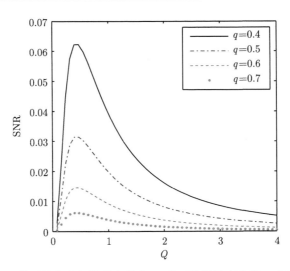

图 6.2.11　信噪比作为加性噪声强度 Q 的函数随偏离参数 q 变化的曲线

图 6.2.12 给出了在其他参数固定不变的情况下, 信噪比 SNR 作为乘性噪声强度 D 的函数随非高斯噪声 $\eta(t)$ 的自关联时间 τ 变化的曲线. 从图 6.2.12 可以看到, SNR 的最大值随着自关联时间 τ 的增大而减小. 也就是说, 非高斯噪声 $\eta(t)$ 的自关联时间 τ 的增大能减弱系统的随机共振效应. 图 6.2.13 是信噪比 SNR 作为加性噪声强度 Q 的函数随不同的自关联时间 τ 变化的曲线, 图 6.2.14 是图 6.2.13 虚框中图形的放大图. 在图 6.2.13 中, 曲线出现了双峰结构, 这两个峰值分别处在

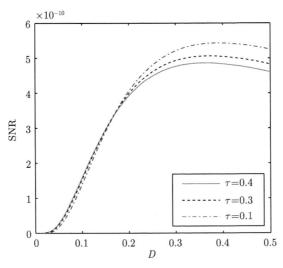

图 6.2.12　信噪比作为乘性噪声强度 D 的函数随自关联时间 τ 变化的曲线

[0.001, 0.04] 和 [0.4, 0.6] 这两个区域中, FHN 神经元系统出现了双重随机共振. 这种由噪声关联时间引起的共振效应在乘性信号诱导下的肿瘤增长系统中同样也被发现[53]. 从图 6.2.13 和图 6.2.14 中还可以发现, 信噪比曲线左边的峰值小于右边的峰值, 并且随着 τ 的增加, 左边的峰值保持不变同时右边的峰值越来越大. 与加性信号的情况[61]相比, 可以看到由于乘性信号的出现, 噪声自关联时间对于 FHN 神经元系统随机共振效应的影响出现了一个新的特征.

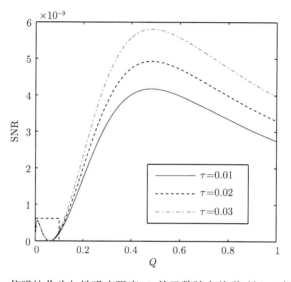

图 6.2.13　信噪比作为加性噪声强度 Q 的函数随自关联时间 τ 变化的曲线

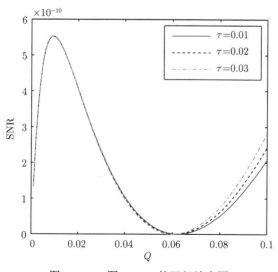

图 6.2.14　图 6.2.13 的局部放大图

为了进一步观察乘性噪声强度 D 和加性噪声强度 Q 对 FHN 神经元系统随机共振的影响,在图 6.2.15 和图 6.2.16 中给出了 SNR 作为自关联时间 τ 的函数,分别随不同的乘性、加性噪声强度变化的情况. 从图 6.2.15 可以发现,乘性噪声强度对系统的随机共振现象产生了临界效应,即乘性噪声强度 D 存在一个临界值 $D=0.15$. 在这个临界值以下, 曲线的峰值随着 D 的增大而减小, 这意味着此时 D 的增大减弱了随机共振效应. 然而超过了这个临界值, D 的增大会增强随机共振效应.

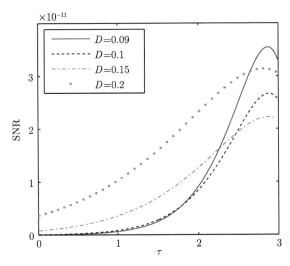

图 6.2.15 信噪比作为自关联时间 τ 的函数随乘性噪声强度 D 变化的曲线

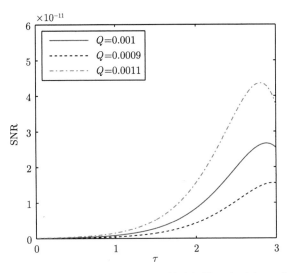

图 6.2.16 信噪比作为自关联时间 τ 的函数随加性噪声强度 Q 变化的曲线

从图 6.2.16 中发现, 加性噪声强度 Q 的增大能增强系统的随机共振效应.

本节主要探索了在一个乘性周期信号下, 不相关的非高斯噪声和高斯白噪声共同激励的一维 FHN 神经元系统的相变和随机共振. 并且, 运用路径积分法、统一色噪声近似、最速下降法和两态模型理论, 得到了系统的稳态概率密度函数, 两个方向的 MFPT 及 SNR 的表达式, 并分析了偏离参数 q、乘性噪声强度 D、加性噪声强度 Q 和自关联时间 τ 对它们的影响. 研究发现: ① 系统随着乘性噪声强度 D、加性噪声强度 Q 和自关联时间 τ 变化, 可以诱导发生随机分岔, 而偏离参数 q 不能诱导随机分岔. ② 平均首通时间 $T_+(v_1 \to v_2)$ 随乘性噪声强度 D 以及自关联时间 τ 的增大而减小; $T_-(v_2 \to v_1)$ 随 D 的增大而减小, 但随着 τ 的增大而增大. $T_+(v_1 \to v_2)$ 和 $T_-(v_2 \to v_1)$ 均随加性噪声强度 Q 的增大而减小, 但偏离参数 q 对两个方向的 MFPT 影响不大. ③ 噪声参数在不同的取值条件下, FHN 神经元系统出现随机共振和双重随机共振现象. 此外, 非高斯噪声和乘性信号的加入使得系统出现了丰富多样的现象, 且有利于增强神经元系统的信号响应.

6.3 关联的非高斯噪声和高斯白噪声共同激励下的 FHN 神经元系统

本节探讨在乘性周期信号下, 两个关联噪声共同激励的 FHN 神经元系统的相变和随机共振. 根据路径积分法和两态模型理论, 推导系统的稳态概率密度函数、MFPT 和 SNR 的表达式, 并讨论关联系数、噪声强度、偏离参数等系统参数对其的影响.

6.3.1 FHN 神经元系统的稳态概率密度

考虑以下 FHN 神经元模型

$$\frac{dv}{dt} = v(a-v)(v-1) - bv + vA\cos(\omega t) + v\eta(t) + \xi(t). \tag{6.3.1}$$

式中, A 和 ω 分别表示乘性周期信号的振幅和频率; $\eta(t)$ 是非高斯噪声, 其统计性质见文献 [56]; $\xi(t)$ 是高斯白噪声, 具有如下统计性质

$$\langle \xi(t) \rangle = 0, \langle \xi(t)\xi(t') \rangle = 2Q\delta(t-t'), \langle \xi(t)\varepsilon(t') \rangle = 2\lambda\sqrt{DQ}\delta(t-t'). \tag{6.3.2}$$

式中, Q 是加性噪声 $\xi(t)$ 的强度; D 是与非高斯噪声相联系的高斯白噪声 $\varepsilon(t)$ 的强度; λ 是加性噪声和乘性噪声之间的关联系数. 利用路径积分法, 非高斯噪声 $\eta(t)$

可近似看成一个关联时间为 τ_{eff}, 噪声强度为 D_{eff} 的高斯色噪声. 利用统一色噪声近似 [4], 式 (6.3.1) 对应的 FPK 可写为

$$\frac{\partial \rho(v,t)}{\partial t} = -\frac{\partial}{\partial v}[A(v)\rho(v,t)] + \frac{\partial^2}{\partial v^2}[B(v)\rho(v,t)]. \tag{6.3.3}$$

因此, 可得到 FHN 神经元系统的近似稳态概率密度函数 $\rho_{st}(v)$ 为

$$\rho_{st}(v) = \frac{N}{\sqrt{B(v)}} e^{-\frac{V_2(v)}{D_{\text{eff}}}}. \tag{6.3.4}$$

式中, N 为归一化常数; $V_2(v)$ 为广义势函数.

$$V_2(v) = -\int \frac{1}{v^2 + 2\lambda\sqrt{\frac{Q}{D_{\text{eff}}}}v + \frac{Q}{D_{\text{eff}}}}[v(a-v)(v-1) - bv$$

$$+ vA\cos(\omega t)][1 - \tau_{\text{eff}}(-2v^2 + (a+1)v)]dv$$

$$= A_1 v^4 - A_2 v^3 + A_3 v^2 + A_4 v + A_5 \ln((m+v)^2 + n)$$

$$+ A_6 \arctan\left(\frac{m+v}{\sqrt{n}}\right) - \left[B_1 v^2 - B_2 v + B_3 \ln((m+v)^2\right.$$

$$\left. + n) + B_4 \arctan\left(\frac{m+v}{\sqrt{n}}\right)\right] A\cos(\omega t).$$

$$B(v) = \left[\frac{g(v)}{c(v)}\right]^2,$$

$$A(v) = \frac{f(v)}{c(v)} + \sqrt{B(v)}\left(\sqrt{B(v)}\right)',$$

$A_3 = \dfrac{k_3 - (n - 3m^2)k_1}{2} + 3mk_2, A_4 = 4mk_1(n - m^2) + 3k_2(n - 3m^2) - 2mk_3 - k_4,$

$A_5 = \dfrac{k_1(5m^4 - 10m^2 n + n^2) + k_3(3m^2 - n) + k_5}{2} - 6k_2 m(n - m^2) + k_4,$

$A_6 = \dfrac{-k_1 m(m^4 - 10m^2 n + 5n^2) - 3k_2(m^4 - 6m^2 n + n^2)}{\sqrt{n}}$

$\qquad + \dfrac{k_3 m(3n - m^4) + k_4(n - m^2) - k_5 m}{\sqrt{n}},$

$B_1 = \dfrac{k_1}{2},\ B_2 = 2mk_1 + k_2,\ B_3 = \dfrac{k_1(3m^2 - n) + 1}{2} + k_2,$

6.3 关联的非高斯噪声和高斯白噪声共同激励下的 FHN 神经元系统

$$B_4 = \frac{k_1 m(3n-m^2) + k_2(n-m^2) - m}{\sqrt{n}}.$$

其中,

$$f(v) = v(a-v)(v-1) - bv + vA\cos(\omega t),$$
$$g(v) = \sqrt{v^2 D_{\text{eff}} + 2\lambda\sqrt{D_{\text{eff}}Q}v + Q},$$
$$c(v) = 1 - \tau_{\text{eff}}[-2v^2 + (a+1)v].$$

$$m = \lambda\sqrt{d}, n = d(1-\lambda^2), k_1 = 2\tau_{\text{eff}}, k_2 = \tau_{\text{eff}}c_1,$$
$$k_3 = 1 + \tau_{\text{eff}}c_1^2 + 2\tau_{\text{eff}}c_2, k_4 = c_1 + \tau_{\text{eff}}c_1c_2, k5 = c_2, A_1 = \frac{k_1}{4}, A_2 = \frac{2mk_1}{3} + k_2.$$

而

$$d = \frac{Q}{D_{\text{eff}}}, c_1 = a+1, c_2 = a+b.$$

图 6.3.1 给出了当其他参数固定不变时,稳态概率密度函数 $\rho_{st}(v)$ 随两噪声间的关联系数 λ 变化的曲线. 如图 6.3.1 所示,当 λ 取负值 ($\lambda = -0.6$) 时,曲线在 $v = 1.5$ 附近区域会出现单峰结构,说明快变的膜电压在 $v = 1.5$ 时的概率较大. 然而,随着关联系数 λ 逐渐变大,$\rho_{st}(v)$ 由单峰结构变为双峰结构,此时 $\rho_{st}(v)$ 的两个峰出现在零点及 1.5 附近,这恰巧与 FHN 神经元系统中势函数 $U(v)$ 的两个稳定不动点的位置是一致的. 随着关联系数 λ 继续变大,曲线的右峰消失,又从双峰

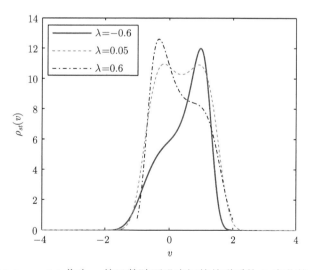

图 6.3.1 $\rho_{st}(v)$ 作为 v 的函数随两噪声间的关联系数 λ 变化的曲线

结构变为单峰结构. 说明关联系数 λ 能够引起 FHN 神经元系统由单峰变为双峰, 再变为单峰, 即随着关联系数 λ 变大, 系统发生了两次相变.

图 6.3.2 给出了在其他参数固定不变的情况下, 稳态概率密度函数 $\rho_{st}(v)$ 随偏离参数 q 变化的曲线. 在图 6.3.2 中, 随着偏离参数 q 的增大, $\rho_{st}(v)$ 保持单峰结构不变, 即偏离参数 q 不能诱导 FHN 神经元系统发生相变. 图 6.3.3 给出了稳态概率分布函数 $\rho_{st}(v)$ 作为 v 的函数, 随乘性噪声的自关联时间 τ 取不同值的变化情况. 从图 6.3.3 可以看出, 当自关联时间 τ 较小时, 曲线在 $v=0$ 附近会出现单峰结构, 即此时系统基本处于稳态 v_1. 随着自关联时间 τ 继续增大, 在 $v=0$ 附近的峰值逐渐减小. 与此同时, 在 $v=1.5$ 附近会出现一个新的峰. 也就是说, 自关联时间能引起系统从单峰结构变为双峰结构, 即乘性噪声的自关联时间 τ 可以诱导随机分岔. 另外, 从图 6.3.3 还能发现, 随着 τ 继续增大, 两个峰的峰值都在下降但峰值高度几乎保持一致, 即此时 FHN 神经元系统处于稳态 v_1 和 v_2 的概率接近相等. 说明此时通道是敞开的, 有利于 FHN 神经元系统静息态与激发态的信息传递.

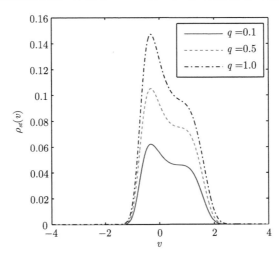

图 6.3.2 $\rho_{st}(v)$ 作为 v 的函数随偏离参数 q 变化的曲线 (关联的非高斯噪声和高斯白噪声共同激励下)

在图 6.3.4 中, 研究了在其他参数固定不变的情况下, 加性噪声强度 Q 对稳态概率分布函数 $\rho_{st}(v)$ 的影响. 从图 6.3.4 中可以看到, 随着加性噪声强度 Q 的增大, $\rho_{st}(v)$ 由单峰结构变成了双峰结构, 即加性噪声强度 Q 能诱导系统发生随机分岔. 图 6.3.5 给出了稳态概率分布函数 $\rho_{st}(v)$ 随乘性噪声强度 D 变化的曲线. 从图 6.3.5 中可以看到, 随着乘性噪声强度 D 逐渐增大, $\rho_{st}(v)$ 的形状由不对称变为对

6.3 关联的非高斯噪声和高斯白噪声共同激励下的 FHN 神经元系统

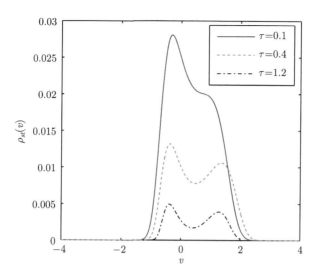

图 6.3.3 $\rho_{st}(v)$ 作为 v 的函数随自关联时间 τ 变化的曲线 (关联的非高斯噪声和高斯白噪声共同激励下)

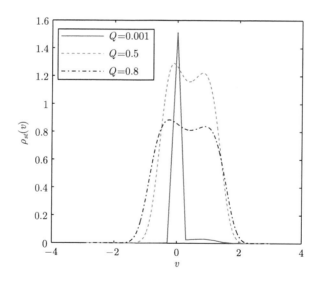

图 6.3.4 $\rho_{st}(v)$ 作为 v 的函数随加性噪声强度 Q 变化的曲线 (关联的非高斯噪声和高斯白噪声共同激励下)

称, 然后又变为不对称, 且左峰的高度不断增大, 右峰的高度却不断变小. 在 $D=0.4$ 附近, $\rho_{st}(v)$ 的左右峰具有近似对称的双峰结构. 继续增大 D, 右峰逐渐消失, $\rho_{st}(v)$ 从双峰结构变为了单峰结构, 即乘性噪声强度 D 也能诱导 FHN 神经元系统发生随机分岔.

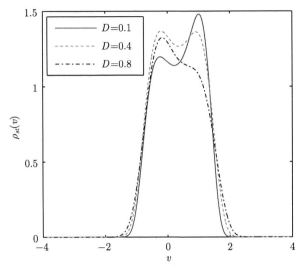

图 6.3.5 $\rho_{st}(v)$ 作为 v 的函数随乘性噪声强度 D 变化的曲线 (关联的非高斯噪声和高斯白噪声共同激励下)

6.3.2 FHN 神经元系统的平均首通时间

当加性噪声强度 Q 和乘性噪声强度 D 远小于势垒 $\Delta U(v)$ 时, 利用平均首通时间 MFPT 的定义和最速下降法 [4] 可以得到两个不同方向的 MFPT, 可表示为

$$T_+(v_1 \to v_2) = \frac{2\pi}{\sqrt{|U''(v_1)U''(v_u)|}} \exp\left[\frac{V_2(v_u) - V_2(v_2)}{D_{\text{eff}}}\right], \quad (6.3.5)$$

$$T_-(v_2 \to v_1) = \frac{2\pi}{\sqrt{|U''(v_2)U''(v_u)|}} \exp\left[\frac{V_2(v_u) - V_2(v_2)}{D_{\text{eff}}}\right]. \quad (6.3.6)$$

图 6.3.6 和图 6.3.7 给出了关联系数 λ 取不同值时, $T_+(v_1 \to v_2)$ 和 $T_-(v_2 \to v_1)$ 随乘性噪声强度 D 变化的曲线. 可以看出, 两个图中曲线的变化趋势是相似的. 从图 6.3.6 和图 6.3.7 可以发现, 当关联系数 $\lambda > 0(\lambda = 0.05, \lambda = 0.6)$ 时, MFPT 作为乘性噪声强度 D 的函数是单调的, 且随着乘性噪声强度 D 的增大而减小. 然而当关联系数 $\lambda < 0(\lambda = -0.6, \lambda = -0.7)$ 时, 随着 D 的增大, MFPT 先增大, 达到一个最大值, 然后又减小. MFPT 的最大值意味着噪声增强系统稳定性效应. 同时会发现 MFPT 的最大值随着关联系数 λ 的减小而增大, 这意味着减小关联系数 λ

能加强稳定性效应. 从上述分析不难发现, 在关联系数 λ 较小时, 会出现乘性噪声强度 D 的一个临界值, 此时 MFPT 达到最大值. 在以前的研究[62] 中同样也出现系统稳定性效应, 发现噪声能够加强亚稳态和不稳态的稳定性, 且亚稳态的平均寿命长于确定的衰减时间.

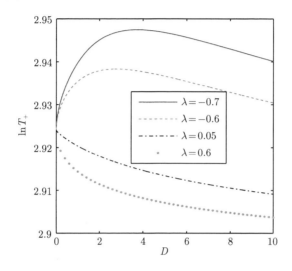

图 6.3.6 关联系数 λ 取不同值时, T_+ 随乘性噪声强度 D 变化的曲线

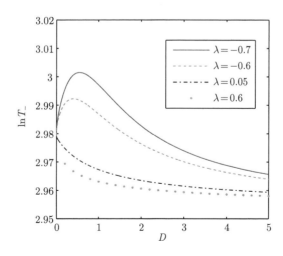

图 6.3.7 关联系数 λ 取不同值时, T_- 随乘性噪声强度 D 变化的曲线

图 6.3.8 给出了在其他参数固定不变的情况下, 当非高斯噪声 $\eta(t)$ 的自关联时间 τ 取不同值时, $T_+(v_1 \to v_2)$ 随乘性噪声强度 D 变化的曲线. 由图 6.3.8 可

以看出，$T_+(v_1 \to v_2)$ 随着自关联时间 τ 的增大而减小. 同时若固定自关联时间 τ，$T_+(v_1 \to v_2)$ 随着乘性噪声强度 D 的增大也在减小. 在图 6.3.9 中，给出了 $T_-(v_2 \to v_1)$ 随乘性噪声强度 D 变化的曲线. 由图 6.3.9 可以看出，$T_-(v_2 \to v_1)$ 随自关联时间 τ 的增大而增大，但随着乘性噪声强度 D 的增大而减小. 从图 6.3.8 和图 6.3.9 中可以发现，自关联时间 τ 抑制了从 v_2 到 v_1 相变，但加速了从 v_1 到 v_2 的相变，并且乘性噪声强度 D 对 FHN 神经元系统两个方向的相变均产生加速作用.

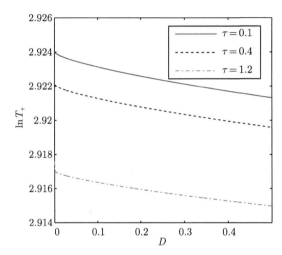

图 6.3.8　非高斯噪声的自关联时间 τ 取不同值时，T_+ 随乘性噪声强度 D 变化的曲线

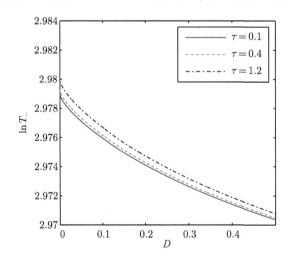

图 6.3.9　非高斯噪声的自关联时间 τ 取不同值时，T_- 随乘性噪声强度 D 变化的曲线

6.3 关联的非高斯噪声和高斯白噪声共同激励下的 FHN 神经元系统

图 6.3.10 给出了在其他参数固定不变的情况下,当偏离参数 q 取不同值时, $T_+(v_1 \to v_2)$ 随加性噪声强度 Q 变化的曲线. 由图 6.3.10 可知, $T_+(v_1 \to v_2)$ 随着加性噪声强度 Q 的增大而减小. 当 Q 较小时,曲线下降的速率较大,随着 Q 继续增大,曲线变得比较平缓; 当固定 Q 时, $T_+(v_1 \to v_2)$ 随着偏离参数 q 的增大而基本保持不变. 图 6.3.11 给出了当偏离参数 q 取不同值时, $T_-(v_2 \to v_1)$ 随加

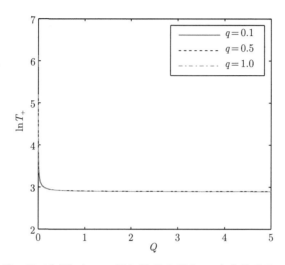

图 6.3.10 偏离参数 q 取不同值时, T_+ 随加性噪声强度 Q 变化的曲线 (关联的非高斯噪声和高斯白噪声共同激励下)

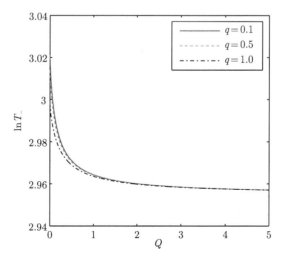

图 6.3.11 偏离参数 q 取不同值时, T_- 随加性噪声强度 Q 变化的曲线 (关联的非高斯噪声和高斯白噪声共同激励下)

性噪声强度 Q 变化的曲线. 可以看到 $T_-(v_2 \to v_1)$ 随着 Q 的增大而迅速变小. 但固定 Q 时,$T_-(v_2 \to v_1)$ 随偏离参数 q 的增大稍微减小. 比较图 6.3.10 和图 6.3.11 可以发现, 加性噪声强度 Q 对两个方向的相变有加速作用, 而偏离参数 q 对两个方向的相变影响不大.

6.3.3 FHN 神经元系统中的随机共振

计算可得到信噪比 SNR 的表达式

$$\text{SNR} = \frac{A^2\pi(\beta_2\mu_1 + \beta_1\mu_2)^2}{4\mu_1\mu_2(\mu_1+\mu_2)}. \tag{6.3.7}$$

图 6.3.12 给出了两噪声间的关联系数 λ 取不同值时, 信噪比 SNR 随乘性噪声强度 D 变化的曲线. 在这些曲线中, 最大值的存在是确定由乘性噪声导致的随机共振现象的特征. 从图 6.3.12 可以清楚地看到, 随着关联系数 λ 的增大, SNR 的峰值减小, 即关联系数 λ 的增加能削弱随机共振效应.

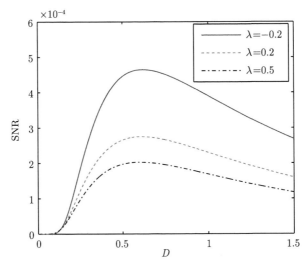

图 6.3.12 两噪声间的关联系数 λ 取不同值时, 信噪比随乘性噪声强度 D 变化的曲线

图 6.3.13 给出了加性噪声强度 Q 取不同值时, 信噪比 SNR 随乘性噪声强度 D 变化的曲线, 图 6.3.14 是图 6.3.13 中虚线框的放大图. 从图 6.3.13 和图 6.3.14 中可以看到, 当加性噪声强度 $Q = 0.008$ 时, 曲线呈现一个单峰结构. 但随着乘性噪声强度 Q 继续增大, 曲线从单峰结构变为了双峰结构, 即 FHN 神经元系统出现了双重随机共振效应. 更有趣的是, 随着 Q 继续增大, 左边的峰值越来越大, 而右边的峰值越来越小.

6.3 关联的非高斯噪声和高斯白噪声共同激励下的 FHN 神经元系统

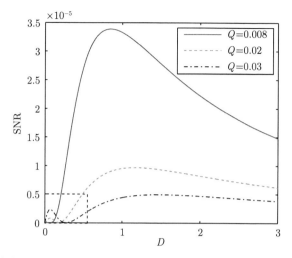

图 6.3.13 加性噪声强度 Q 取不同值时,信噪比随乘性噪声强度 D 变化的曲线

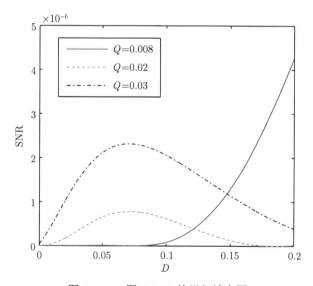

图 6.3.14 图 6.3.13 的局部放大图

图 6.3.15 给出了乘性噪声强度 D 取不同值时,信噪比 SNR 随加性噪声强度 Q 变化的曲线. 在图 6.3.15 中, 当乘性噪声强度 $D=0.05$ 时, SNR 呈现一个单峰结构, 即产生了随机共振. 随着乘性噪声强度 D 的继续增大, SNR 出现了两个极值: 一个极小值和一个极大值. 极小值形成了一个抑制平台, 呈现抑制现象; 而极大值部分对应于随机共振. 同时, 还发现共振峰的峰值随着 D 的增大而减小, 这意味着 D 的增加削弱了系统的随机共振效应. 与前面 6.2.3 小节中无关联的情况相

比，发现由于白关联的出现，加性噪声强度 Q 对随机共振的影响出现了一个新的特征.

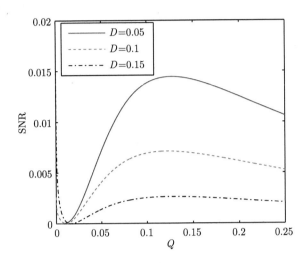

图 6.3.15 乘性噪声强度 D 取不同值时，信噪比随加性噪声强度 Q 变化的曲线

为了进一步看到关联系数 λ 对 FHN 神经元系统的影响，图 6.3.16 和图 6.3.17 给出了乘性噪声的自关联时间 τ 和偏离参数 q 取不同值时，信噪比 SNR 随关联系数 λ 变化的曲线. 在图 6.3.16 中，曲线上出现了单峰结构且共振峰的峰值随着自关

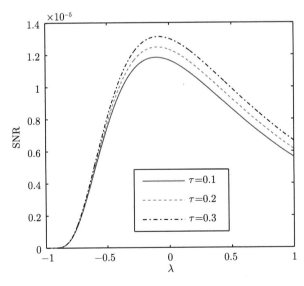

图 6.3.16 乘性噪声的自关联时间 τ 取不同值时，信噪比随关联系数 λ 变化的曲线

联时间 τ 的增大而增大,即自关联时间 τ 增强 FHN 神经元系统的随机共振效应. 从图 6.3.17 中可以看到,偏离参数 q 对信噪比 SNR 的影响与图 6.3.16 中呈现的结果是刚好相反的,即偏离参数 q 削弱了 FHN 神经元系统的随机共振效应. 同时还发现,在图 6.3.17 中,随着偏离参数 q 的增大,共振峰的位置会转移到一个更小的 λ 值.

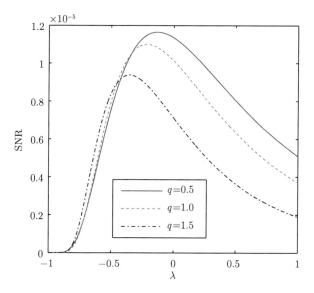

图 6.3.17　偏离参数 q 取不同值时,信噪比随关联系数 λ 变化的曲线

本节主要研究在一个乘性周期信号下,关联的非高斯噪声和高斯白噪声共同激励的一维 FHN 神经元系统的相变及随机共振. 运用路径积分法、统一色噪声近似、最速下降法和两态模型理论,得到系统的稳态概率密度函数,两个方向的 MFPT 及 SNR 的表达式,并分析关联系数 λ、偏离参数 q、乘性噪声强度 D、加性噪声强度 Q 和自关联时间 τ 对它们的影响. 研究发现: ① 除了偏离参数 q、乘性噪声强度 D、加性噪声强度 Q 可以诱导 FHN 神经元系统,两个噪声间的关联系数 λ 也能诱导系统相变,而自关联时间 τ 不能诱导随机分岔. ② MFPT $T_+(v_1 \to v_2)$ 随着乘性噪声强度 D 及自关联时间 τ 的增大而减小, $T_-(v_2 \to v_1)$ 随着乘性噪声强度 D 的增大而减小,但随着自关联时间 τ 的增大而增大; $T_+(v_1 \to v_2)$ 和 $T_-(v_2 \to v_1)$ 随着加性噪声强度 Q 的增大而减小,但随着偏离参数 q 的增大变化不大. 此外,还发现两个噪声间的关联系数 λ 能增强稳定性效应. ③ 在噪声参数取不同值时,FHN 神经元系统出现了随机共振和双重随机共振现象. 在乘性噪

声强度 D 的影响下，SNR 出现了一个极小值，即对 FHN 神经元系统形成了抑制现象.

6.4 小　　结

本章基于非线性动力学的理论与方法，研究在一个乘性周期信号下，非高斯噪声和高斯白噪声共同激励的一维 FHN 神经元系统的随机分岔及随机共振. 首先研究在不相关的非高斯噪声和高斯白噪声共同激励下的 FHN 神经元系统的稳态概率分布函数、平均首通时间和信噪比. 其次，研究在白关联的乘性非高斯噪声和高斯白噪声共同激励下的 FHN 神经元系统的稳态概率分布函数、平均首通时间和信噪比. 在对 FHN 神经元系统的研究中，引入了乘性周期信号和非高斯噪声，研究它们对系统的影响. 结果表明，噪声强度、关联时间和两个噪声间的关联系数都能诱导系统发生随机分岔，且各个参数对平均首通时间也有很大影响，但影响效果有很大不同. 同时还发现，在噪声参数取不同值时，系统出现随机共振和双重随机共振现象，且乘性噪声强度在白关联的情况下会导致抑制现象的出现.

参 考 文 献

[1] Bulsara A, Jacobs E W, Zhou T. Stochastic resonance in a single neuron model-theory and analog simulation[J]. Journal of Theoretical Biology, 1991, 152: 531-555.

[2] Longtin A, Bulsara A, Moss F. Time-interval sequences in bistable system and the noise induced transmission of information by sensory neurons[J]. Physical Review Letters, 1991, 67: 656-659.

[3] Bulsara A R, Moss F E. Single neuron dynamics: noise-enhanced signal processing[J]. IEEE International Joint Conference on Neural Networks, 1991, 1: 420-425.

[4] 胡岗. 随机力与非线性系统 [M]. 上海: 上海科技教育出版社, 1994.

[5] John A W, Jay T R, Alan R K. Channel noise in neurons[J]. TINS., 2000, 23(3): 131-137.

[6] Linder B, Garcia-Ojalvo J, Neiman A, et al. Effects of noises in excitable systems[J]. Physics Reports, 2004, 392: 321-424.

[7] 杨建华, 刘先斌. 色交叉关联噪声作用下癌细胞增长系统的平均首通时间 [J]. 物理学报, 2012, 59(6): 3727-3732.

[8] Jia Y, Li J R. Transient properties of a bistable kinetic model with correlations between additive and multiplicative noises: mean first-passage time[J]. Physical Review E, 1996,

53: 5764-5768.

[9] Qi L, Cai G Q. Dynamics of nonlinear ecosystems under colored noise disturbances[J]. Nonlinear Dynamics, 2013, 73(1-2): 463-474.

[10] Mei D C, Xie G Z, Zhang L. The stationary properties and the state transition of the tumor cell growth mode[J]. The European Physical Journal B, 2004, 41(1): 107-113.

[11] Jia Y, Li J R. Reentrance Phenomena in a bistable kinetic model driven by correlated noise[J]. Physical Review Letters, 1997, 78: 994-999.

[12] Collins J J. Stochastic resonance without tuning[J]. Nature, 1995, 376: 236-238.

[13] Raun H A. Oscillation and noise determine signal transduction in shark mutimodal sensory cells[J]. Nature, 1994, 367: 270-273.

[14] Braun H A. Low-dimensional dynamics in sensory biology: thermally sensitive electroreceptors of the catfish[J]. Journal of Computational Neuroscience, 1997, 4: 335-347.

[15] Henghan C, Chow C C, Collins J J, et al. Information measures quatifying aperiodic stochastic resonance[J]. Physical Review E, 1996: 2228-2231.

[16] Kirkpatrick S. Optimization by simulated annealing[J]. Science, 1983, 220: 671-680.

[17] Morse R P, Evans E F. Enhancement of vowel coding for cochlear implants by addition of noise[J]. Nature Medicine, 1996, 2: 928-932.

[18] Collins J J, Chow C C, Imhoff T T. Stochastic resonance without tuning[J]. Nature, 1995, 376: 236-239.

[19] Wang C Q, Xu W, Zhang N M, et al. Fiitzhugh-nagumo neural system driven by colored noises[J]. Acta Physica Sinica, 2008, 57: 749-755.

[20] Yang Y Q, Wang C J. Steady state characteristics of FiitzHugh-Nagumo neural system subjected to two different kinds of colored noises[J]. Acta Physica Sinica, 2012, 61: 120507(1)-120507(6).

[21] Duo W, Du L C, Mei D C. Transitions induced by time delays and cross-correlated sine-Wiener noises in a tumor-immune system interplay[J]. Physica A, 2012, 391: 1270-1280.

[22] Wang C J. Time-delay effect of a stochastic genotype selection model[J]. Acta Physica Sinica, 2012, 61: 050501(1)-050501(6).

[23] Wang G W, Cheng Q H, Xu D H. Steady-state analysis of an asymmetric bistable system driven by cross-correlated noises with periodic signal[J]. Chinese Journal of Quantum Electronics, 2014, 31: 86-93.

[24] Wang K K, Liu X B, Yang J H. The mean extinction time and stability for a metapopulation system driven by colored cross-correlated noises[J]. Acta Physica Sinica, 2013, 62: 100502(1)-100502(7).

[25] Balanas J P, Casado J M. Noise-induced resonance in the Hindmarsh-Rose neural model[J]. Physical Review E, 2002, 56: 041915(1)-041915(6).

[26] Kanamaru T, Horita T, Okabe Y. Theoretical analysis of array-enhanced stochastic resonance in the diffusively coupled FitzHugh-Nagumo equation[J]. Physical Review E, 2001, 64: 031908(1)-031908(10).

[27] Moss F, Douglass J K, Wilkens L, et al. Stocastic resonance in an electronic FitzHugh-Nagumo model[J]. Annals of the New York Academy of Sciences, 1993, 706: 26-41.

[28] Plesser H E, Tanaka S. Stochastic resonance in a model neuron with reset[J]. Physics Letters A, 1997, 225: 228-234.

[29] Schmitt C, Dybiec B, Hanggi P, et al. Stochastic resonance vs.resonant activation[J]. Europhys Letters, 2006, 74: 937-943.

[30] Goychuk I, Hänggi P. Stochastic resonance in ion channels characterized by information theory[J]. Physical Review E, 2000, 61: 4272-4280.

[31] Krawiecki A, Sukiennicki A, Kosiński R A. Stochastic resonance and noise-enhanced order with spatiotemporal periodic signal[J]. Physical Review E, 2000, 62: 7683-7869.

[32] Amblard P O, Zozor S. Cyclostationary and stochastic resonance in threshold devices[J]. Physical Review E, 1999, 59(5): 5009.

[33] Hu G, Ditzinger T, Ning C Z. Stochastic resonance without external periodic force[J]. Physical Review Letters, 1993, 71: 807-810.

[34] Hu G, Gong D C, Wen X D. Stochastic resonance in a nonlinear system driven by an aperiodic force[J]. Physical Review A, 1992, 46(6):3250-3254.

[35] Rapppel W J, Karma A. Noise-induced coherence in an excitable system[J]. Physics Letters A, 1997, 235: 489-492.

[36] 方小玲, 彭建华, 刘延柱, 等. 神经系统动力学数学模型的研究进展 [J]. 生物医学工程杂志, 2007, 24(6):1406-1410.

[37] Yu Y, Wang W, Wang J, et al. Resonance-enhanced signal detection and transduction in the Hodgkin-Huxley neuronal systems[J]. Physical Review E, 2001, 63:021907(1)-021907(5).

[38] Gong Y B, Xie Y H, Hao Y H. Coherence resonance induced by non-Gaussian noise in a deterministic Hodgkin-Huxley neuron[J]. Physical A, 2009, 388:3759-3764.

[39] Gong Y B, Xie Y H, Hao Y H. Coherence resonance induced by the deviation of non-Gaussian noise in coupled Hodgkin-Huxley neuron[J]. The Journal of Chemical Physics, 2009, 130:165101(1)-165101(6).

[40] Braun H A, Huber M T, Dewald M, et al. Computer simulations of neuronal signal

transduction: the role of nonlinear dynamics and noise[J]. International Journal of Bifurcation and Chaos, 1998, 8: 881-889.

[41] Longtin A. Autonomous stochastic resonance in bursting neurons[J]. Physical Review E, 1997, 55: 868-876.

[42] Fox R F, Lu Y. Emergent collective behavior in large numbers of globally coupled independently stochastic ion channels neuron[J]. Physical Review E, 1994, 49: 3421-3431.

[43] Lee S G, Neiman A, Kim S. Coherence resonance in a Hodgkin-Huxley neuron[J]. Physical Review E, 1998, 57: 3292-3297.

[44] Hodgkin A L, Huxley A F. A quantitative description of membrane current its application to conduction and excitation in nerve[J]. Journal of Physiology, 1952, 117: 500-544.

[45] FitzHugh R. Threshold and plateaus in the Hodgkin-Huxley nerve equations[J]. Journal of General Physiology, 1960, 43: 867-871.

[46] Yu S Y, Jia Y. Noise-induced transition in a FitzHugh-Nagumo neural model[J]. Journal of Central China Normal University, 2000, 3: 281-284.

[47] Lindner B, Schimansky-Geier L. Analytical approach to the stochastic FitzHugh-Nagumo system and cohherence resonance[J]. Physical Review E, 1999, 60: 7270-7273.

[48] Wu D, Zhu S Q. Stochastic resonance in FitzHugh-Nagumo system with time-delayed feedback[J]. 2008, Physics Letters A, 372: 5299-5304.

[49] Zeng C H, Zeng C P, Gong A L, et al. Effect of time delay in FitzHugh-Nagumo neural model with correlations between multiplicative and additive noises[J]. Physica A, 2010, 389: 5117-5127.

[50] Bezrukov S M, Vodynoy I. Stochastic resonance in non-dynamical systems without response thresholds[J]. Nature, 1997, 385: 319-321.

[51] Nozaki D, Mar D J, Grigg P, et al. Effects of colored noise on stochastic resonance in sensory neurons[J]. Physical Review Letters, 1999, 82: 2402-2405.

[52] Wiesenfeld K, Pierson D, Poantazelou E, et al. Stochastic resonance on a circle[J]. Physical Review Letters, 1994, 72: 2125-2129.

[53] Curado E M F, Tsallia C. Generalized statistical mechanics:connection with thermodynamics[J]. Journal of Physics A General Physics, 1991, 24: L69-L73.

[54] Curado E M F, Tsallia C. Generalized statistical mechanics:connection with thermodynamics[J]. Journal of Physics A General Physics, 1992, 25: 1019.

[55] Fuentes M A, Toral R, Wio H S. Enhancement of stochastic resonance: the role of non-Gaussian noises[J]. Physica A, 2001, 295: 114-122.

[56] Fuentes M A, Wio H S, Toral R. Effective Markovian approximation for non-Gaussian noises: a path integral approach[J]. Physica A, 2002, 303: 91-104.

[57] Bouzat S, Wio H S. New aspects on current enhancement in Brownian motors driven by non-Gaussian noises[J]. Physica A, 2005, 351: 69-78.

[58] Benzi R, Sutera A, Vulpiani A. The mechanism of stochastic resonance[J]. Journal of Physics A General Physics, 1981, 14: L453-L460.

[59] Alarcon T, Perez-Madrod A, Rubi J M. Stochastic resonance in nonpotential systems[J]. Physical Review E, 1998, 57: 4979-4983.

[60] Zhang J J, Jin Y F. Stochastic resonance in FHN neural system driven by non-Gaussian noise[J]. Acta Physica Sinica, 2012, 13: 36-42.

[61] Bai C Y, Du L C, Mei D C. Stochastic resonance induced by a multiplicative periodic signal in a logistic growth model with correlated noises[J]. Central European Journal of Physics, 2009, 7: 601-606.

[62] Zheng L J, Mei D C, Yang C Y, et al. Effect of time delay and noise correlation on noise enhanced stability and resonance activation in a periodically modulated bistable system[J]. Physica Scripta, 2014, 89: 015002(1)-015002(5).

第7章 调制及非调制噪声驱动线性系统中的随机共振

7.1 引　　言

1981 年,Benzi 等[1] 提出随机共振的概念,并且运用其成功解释了第四纪全球气象和冰川问题. 随后,对随机共振的研究引起了人们的极大关注[1-18]. 较早的研究认为, 随机共振只能出现在具有周期信号和噪声的非线性双稳或多稳系统中. 然而, 近年来的一些研究表明: 当上述三个条件不满足时, 随机共振仍然可能发生. 例如, Berdichevsky 和 Gitterman[19,20] 在有色或分段乘性噪声驱动的线性系统中也发现了随机共振, 但是在乘性白噪声驱动的线性系统中却没有发现随机共振现象. 因此, 乘性噪声的类型在随机共振的研究中起着重要的作用. Berdichevsky 和 Gitterman 发现的随机共振相对于传统随机共振是广义上的, 即信噪比随噪声强度是单调变化的, 但是随系统的其他一些特征参数 (如信号的振幅、频率或噪声的相关时间等) 是非单调变化的.

1996 年 Berdichevsky 和 Gitterman[19] 在仅受乘性色噪声驱动的线性系统中发现了随机共振现象, 随后, Barzykin 等[21] 研究了由 n 个独立两态过程的和作为乘性噪声的线性系统的随机共振, 接着 Berdichevsky 和 Gitterman[20] 研究了由关联的分段噪声驱动的线性系统的随机共振. 首先介绍本章要用到的分段噪声.

噪声 $\xi(t)$ 和 $\eta(t)$ 是具有指数形式相关的分段噪声, 通常称为随机电报过程, 其统计性质为

$$\langle \xi(t) \rangle = \langle \eta(t) \rangle = 0, \tag{7.1.1a}$$

$$\langle \xi(t)\xi(s) \rangle = \sigma_1 \exp[-\lambda_1 |t-s|], \tag{7.1.1b}$$

$$\langle \eta(t)\eta(s) \rangle = \sigma_2 \exp[-\lambda_2 |t-s|]. \tag{7.1.1c}$$

考虑非对称的分段噪声, $\xi(t)$ 可能的取值为 A_1 和 $-B_1$, $\eta(t)$ 可能的取值为 A_2 和 $-B_2$, 这里 $A_1, A_2, B_1, B_2 > 0$. 用 α_1 表示由 A_1 到 $-B_1$ 的转换率, α_2 表示由

$-B_1$ 到 A_1 的转换率. β_1 表示由 A_2 到 $-B_2$ 的转换率, β_2 表示由 $-B_2$ 到 A_2 的转换率. 把指数关联的噪声看成一个两态随机过程, 即

$$\xi(t) \in \{A_1, -B_1\}, \ \sigma_1 = A_1 B_1, \ \lambda_1 = \alpha_1 + \alpha_2, \ \varLambda_1 = A_1 - B_1, \tag{7.1.2a}$$

$$\eta(t) \in \{A_2, -B_2\}, \ \sigma_2 = A_2 B_2, \ \lambda_2 = \beta_1 + \beta_2, \ \varLambda_2 = A_2 - B_2. \tag{7.1.2b}$$

式中, $\varLambda_1, \varLambda_2$ 分别表示非对称分段噪声 $\xi(t)$ 和 $\eta(t)$ 的非对称性.

通常人们认为噪声 $\xi(t)$ 和 $\eta(t)$ 是不相关的, 但在某些情况下, 如激光系统中, 其噪声之间存在某种互关联性. 在一些实际物理系统中, 如光学或射电天文学的扩充器中还需要使用信号调制的噪声.

7.2 平方加性噪声驱动线性系统中的随机共振

7.2.1 具有平方加性噪声的线性系统的信噪比

具有平方加性噪声的过阻尼的线性系统的随机微分方程为

$$\frac{\mathrm{d}x}{\mathrm{d}t} = -(a + \xi(t))x + A\cos(\varOmega t) + \eta^2(t). \tag{7.2.1}$$

式中, A 和 $\varOmega$ 分别表示信号的幅值和频率; $\xi(t)$ 和 $\eta(t)$ 是均值为零的分段噪声, 其性质见式 (7.1.1), 这里 $\lambda_1 = \lambda_2 = \lambda$, 且两个噪声之间是不相关的, 即

$$\langle \xi(t)\eta(s) \rangle = \langle \eta(t)\xi(s) \rangle = 0. \tag{7.2.2}$$

为了得到 x 的前两阶矩, 对式 (7.2.1) 平均, 并将式 (7.2.1) 乘以 $2x$ 后平均, 得到一、二阶矩的运动微分方程

$$\frac{\mathrm{d}\langle x \rangle}{\mathrm{d}t} = -a\langle x \rangle - \langle \xi(t)x \rangle + A\cos(\varOmega t) + \sigma_2, \tag{7.2.3}$$

$$\frac{\mathrm{d}\langle x^2 \rangle}{\mathrm{d}t} = -2a\langle x^2 \rangle - 2\langle \xi(t)x^2 \rangle + 2A\cos(\varOmega t)\langle x \rangle + 2\langle \eta^2(t)x \rangle. \tag{7.2.4}$$

式 (7.2.4) 中含有新的相关函数 $\langle \xi(t)x \rangle$, 利用 Shapiro-Loginov 公式 [22] 可得

$$\frac{\mathrm{d}\langle \xi(t)x \rangle}{\mathrm{d}t} = \left\langle \xi(t)\frac{\mathrm{d}x}{\mathrm{d}t} \right\rangle - \lambda\langle \xi(t)x \rangle. \tag{7.2.5}$$

给式 (7.2.1) 乘以 $\xi(t)$, 然后平均并利用式 (7.2.5) 可得

$$\frac{\mathrm{d}\langle \xi(t)x \rangle}{\mathrm{d}t} = -(a + \lambda)\langle \xi(t)x \rangle - \langle \xi^2(t)x \rangle. \tag{7.2.6}$$

7.2 平方加性噪声驱动线性系统中的随机共振

式 (7.2.6) 中含有高阶相关函数 $\langle \xi^2(t)x \rangle$. 利用分段噪声的性质, 即式 (7.1.2a) 和式 (7.1.2b), 高阶相关函数 $\langle \xi^2(t)x \rangle$ 可表示为

$$\langle \xi^2(t)x \rangle = \sigma_1 \langle x \rangle + \Lambda_1 \langle \xi(t)x \rangle. \tag{7.2.7}$$

将式 (7.2.7) 代入式 (7.2.6), 并结合式 (7.2.3), 可得关于未知函数 $\langle x \rangle$ 和 $\langle \xi(t)x \rangle$ 的线性微分方程组, 求解此微分方程组并令 $t \to \infty$, 得到一阶矩 $\langle x \rangle$ 的渐近表达式为

$$\langle x \rangle = A \frac{f_1 \cos(\Omega t) + f_2 \sin(\Omega t)}{f_3} + f_4, \tag{7.2.8}$$

式中,

$$f_1 = a\Omega^2 + (a + \Lambda_1 + \lambda)b_1 b_2, \tag{7.2.9}$$

$$f_2 = \Omega(\Omega^2 + (a + \Lambda_1 + \lambda)^2 + \sigma_1), \tag{7.2.10}$$

$$f_3 = (\Omega^2 + b_1^2)(\Omega^2 + b_2^2), \tag{7.2.11}$$

$$f_4 = \frac{\sigma_2}{b_1 b_2}(a + \Lambda_1 + \lambda), \tag{7.2.12}$$

其中,

$$b_{1,2} = a + \varepsilon_{1,2} = a + \frac{\lambda + \Lambda_1}{2} \pm \sqrt{\frac{(\lambda + \Lambda_1)^2}{4} + \sigma_1}. \tag{7.2.13}$$

用类似的方法, 可得关于四个未知函数 $\langle x^2 \rangle, \langle \xi(t)x^2 \rangle, \langle \eta(t)x \rangle$ 和 $\langle \xi(t)\eta(t)x \rangle$ 的四个微分方程

$$\frac{\mathrm{d}\langle x^2 \rangle}{\mathrm{d}t} = -2a\langle x^2 \rangle - 2\langle \xi(t)x^2 \rangle + 2\Lambda_2 \langle \eta(t)x \rangle + [2A\cos(\Omega t) + 2\sigma_2]\langle x \rangle, \tag{7.2.14a}$$

$$\begin{aligned}\frac{\mathrm{d}\langle \xi(t)x^2 \rangle}{\mathrm{d}t} =& -(2a + 2\Lambda_1 + \lambda)\langle \xi(t)x^2 \rangle - 2\sigma_1 \langle x^2 \rangle + 2\Lambda_2 \langle \xi(t)\eta(t)x \rangle \\ &+ [2A\cos(\Omega t) + 2\sigma_2]\langle \xi(t)x \rangle,\end{aligned} \tag{7.2.14b}$$

$$\frac{\mathrm{d}\langle \eta(t)x \rangle}{\mathrm{d}t} = -(a + \lambda)\langle \eta(t)x \rangle - \langle \xi(t)\eta(t)x \rangle + \sigma_2 \Lambda_2, \tag{7.2.14c}$$

$$\frac{\mathrm{d}\langle \xi(t)\eta(t)x \rangle}{\mathrm{d}t} = -(a + \Lambda_1 + 2\lambda)\langle \eta(t)x \rangle - \sigma_1 \langle \eta(t)x \rangle. \tag{7.2.14d}$$

求解微分方程组, 当 $t \to \infty$ 时, 可得二阶矩 $\langle x^2 \rangle$ 的渐近表达式

$$\langle x^2 \rangle_{st} = \left\{ \frac{\sigma_2 \Lambda_2^2}{(a+\lambda)(a+\Lambda_1+2\lambda) - \sigma_1} [2(a+\Lambda_1+\lambda)^2 + (a+\Lambda_1)\lambda + 2\sigma_1] \right.$$
$$+ \frac{A^2}{2f_3} [f_1(2a+2\Lambda_1+\lambda) - 2\sigma_1(\Omega^2 - b_1 b_2)] \qquad (7.2.15)$$
$$\left. + \sigma_2 \left[f_4(2a+2\Lambda_1+\lambda) + \frac{2\sigma_1 \sigma_2}{b_1 b_2} \right] \right\} \times [a(2a+2\Lambda_1+\lambda) - 2\sigma_1]^{-1}.$$

为了得到平稳相关函数 $\langle x(t+\tau)x(t) \rangle$，求解式 (7.2.1) 得到其解的一般形式为

$$x(t+\tau) = x(t)g(\tau)\exp(-a\tau) + A \int_0^\tau \exp(-av)g(v)\cos[\Omega(t+\tau-v)]\mathrm{d}v$$
$$+ \int_0^\tau \exp(-av)h(v)\mathrm{d}v, \qquad (7.2.16)$$

式中，

$$g(v) = \left\langle \exp\left(-\int_0^v \xi(u)\mathrm{d}u\right) \right\rangle, \qquad (7.2.17\mathrm{a})$$

$$h(t-v) = \left\langle \eta^2(v) \exp\left(-\int_v^t \xi(u)\mathrm{d}u\right) \right\rangle. \qquad (7.2.17\mathrm{b})$$

将 $g(v)$ 和 $h(v)$ 渐近展开 [23,24]，可得

$$g(v) = \frac{\varepsilon_1}{\varepsilon_1+\varepsilon_2}\exp(-\varepsilon_2 v) - \frac{\varepsilon_2}{\varepsilon_1+\varepsilon_2}\exp(-\varepsilon_1 v), \qquad (7.2.18\mathrm{a})$$

$$h(t-v) = \sigma_2 g(t-v). \qquad (7.2.18\mathrm{b})$$

式 (7.2.16) 乘以 $x(t)$ 后平均，得到渐近相关函数为

$$\langle x(t+\tau)x(t) \rangle = \langle x^2 \rangle_{st} g(\tau)\exp(-a\tau) + \frac{\langle x \rangle A}{\varepsilon_1 - \varepsilon_2}[f_5 \sin(\Omega t) + f_6 \cos(\Omega t)]$$
$$+ \langle x \rangle \int_0^\tau \exp(-av)h(v)\mathrm{d}v, \qquad (7.2.19)$$

式中，

$$f_5 = \frac{\varepsilon_2 b_1 \sin(\Omega\tau) - \varepsilon_2 \Omega f_7}{b_1^2 + \Omega^2} + \frac{\varepsilon_1 \Omega f_8 - \varepsilon_1 b_2 \sin(\Omega\tau)}{b_2^2 + \Omega^2}, \qquad (7.2.20)$$

$$f_6 = \frac{\varepsilon_2 \Omega \sin(\Omega\tau) + \varepsilon_2 b_1 f_7}{b_1^2 + \Omega^2} + \frac{\varepsilon_1 b_2 f_8 + \varepsilon_1 \Omega \sin(\Omega\tau)}{b_2^2 + \Omega^2}, \qquad (7.2.21)$$

$$f_{7,8} = \cos(\Omega\tau) - \exp(-b_{1,2}\tau). \qquad (7.2.22)$$

7.2 平方加性噪声驱动线性系统中的随机共振

在一个周期 $2\pi/\Omega$ 内对式 (7.2.19) 平均, 得到平均相关函数为

$$\langle x(t+\tau)x(t)\rangle_{st} = \langle x^2\rangle_{st}g(\tau)\exp(-a\tau) + \frac{A^2}{\varepsilon_1-\varepsilon_2}\frac{f_1f_6+f_2f_5}{2f_3} + f_4\int_0^\tau \exp(-av)h(v)\mathrm{d}v. \tag{7.2.23}$$

对式 (7.2.23) 进行傅里叶变换, 得到功率谱为

$$\begin{aligned}S(\omega) &= \int_{-\infty}^{+\infty}\langle x(t+\tau)x(t)\rangle_{st}\exp(-\mathrm{i}\omega\tau)\mathrm{d}\tau \\ &= S_0\delta(\omega) + S_1(\omega) + S_2(\omega)\delta(\omega-\Omega),\end{aligned} \tag{7.2.24}$$

式中,

$$S_0 = \frac{2\pi f_4\sigma_2}{(\varepsilon_1-\varepsilon_2)b_1b_2}(\varepsilon_1 b_1 - \varepsilon_2 b_2), \tag{7.2.25}$$

$$S_1(\omega) = \frac{2\langle x^2\rangle_{st}}{\varepsilon_1-\varepsilon_2}(b_2l_1-b_1l_2) + \frac{2f_4\sigma_2}{\varepsilon_1-\varepsilon_2}(l_2-l_1) + \frac{A^2}{f_3(\varepsilon_1-\varepsilon_2)}\left[\frac{b_1l_2u_1}{b_1^2+\omega^2} - \frac{b_2l_1u_2}{b_2^2+\omega^2}\right], \tag{7.2.26}$$

$$S_2(\omega) = \frac{\pi A^2}{2f_3(\varepsilon_1-\varepsilon_2)}(u_2l_1-u_1l_2), \tag{7.2.27}$$

$$l_{1,2} = (b_{1,2}-a)/(b_{2,1}^2+\omega^2), u_{1,2} = f_2\omega + f_1b_{1,2}. \tag{7.2.28}$$

S_0 为在零频率处的功率谱密度, $S_1(\omega)$ 和 $S_2(\omega)$ 分别是输出噪声和输出信号的功率谱密度. 输出信噪比为

$$\begin{aligned}R &= \frac{\int_0^{+\infty} S_2(\omega)\delta(\omega-\Omega)\mathrm{d}\omega}{S_1(\omega=\Omega)} \\ &= \frac{\pi A^2(u_2l_1-u_1l_2)}{4\langle x^2\rangle_{st}f_3(b_2l_1-b_1l_2) + 4\sigma_2 f_4(l_2-l_1) + 2A^2\left(\dfrac{b_1l_2u_1}{b_1^2+\omega^2} - \dfrac{b_2l_1u_2}{b_2^2+\omega^2}\right)}.\end{aligned} \tag{7.2.29}$$

7.2.2 信号和噪声对输出信噪比的影响

根据式 (7.2.29) 给出的信噪比的表达式, 下面讨论噪声和信号对信噪比 R 的影响.

图 7.2.1 描述了信噪比 R 作为系统频率 ω 的函数, 随着不同的信号幅值 A 变化的情况. 信噪比 R 随着系统频率 ω 的增大出现了一个共振峰, 并出现了频率调制的随机共振, 即真正的随机共振. 信噪比随着信号幅值 A 的增大而增大.

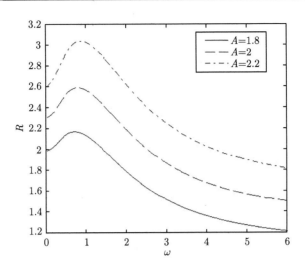

图 7.2.1 信噪比 R 作为系统频率 ω 的函数, 随着信号幅值 A 变化的曲线
$(a=1, \lambda=1, \sigma_1=\sigma_2=1, \Lambda_1=\Lambda_2=1)$

图 7.2.2 描述了信噪比 R 作为系统频率 ω 的函数, 随着不同的乘性噪声的非对称性 Λ_1 变化的曲线. 信噪比 R 随着 ω 的增大出现了一个单峰, R 是 ω 的非单调函数, 这是真正的随机共振. 随着乘性噪声的非对称性 Λ_1 的增大, 信噪比 R 的峰值增高. 说明适当地选择其他量, 可以用乘性噪声的非对称性提高信噪比.

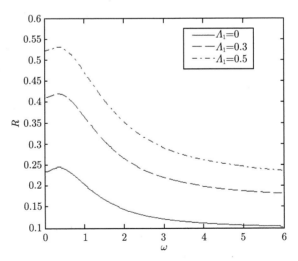

图 7.2.2 信噪比 R 作为系统频率 ω 的函数, 随着乘性噪声的非对称性 Λ_1 变化的曲线
$(a=1, \lambda=1, \sigma_1=\sigma_2=1, A=\Lambda_2=1)$

图 7.2.3 描述了信噪比 R 作为系统频率 ω 的函数, 随着不同的加性噪声的非对称性 Λ_2 变化的曲线. 信噪比 R 随着频率 ω 的增加出现了一个的单峰, 且随着加性噪声的非对称性 Λ_2 的增加, 峰值逐渐减小. 从图 7.2.2 可以看出, 信噪比 R 随着乘性噪声的非对称性 Λ_1 的增加, 峰值在逐渐增大. 比较图 7.2.2 和图 7.2.3 可以发现, 乘性噪声和加性噪声的非对称性对信噪比 R 的影响是不同的.

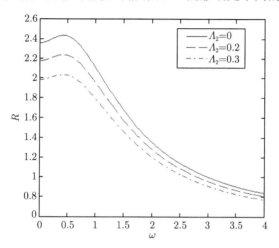

图 7.2.3 信噪比 R 作为系统频率 ω 的函数, 随着加性噪声的非对称性 Λ_2 变化的曲线 $(a=1,\lambda=1,\sigma_1=\sigma_2=1,\Lambda_1=A=1)$

图 7.2.4 描述了信噪比 R 作为乘性噪声强度 σ_1 的函数, 随着不同的乘性噪声

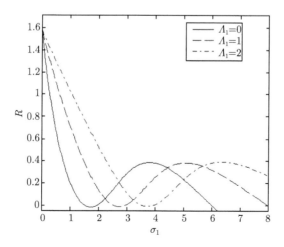

图 7.2.4 信噪比 R 作为乘性噪声强度 σ_1 的函数, 随着乘性噪声的非对称性 Λ_1 变化的曲线 $(a=1,\lambda=1,\omega=\sigma_2=1,\Lambda_2=A=1)$

的非对称性 Λ_1 变化的曲线. 信噪比 R 随着乘性噪声强度 σ_1 的增加, 出现了一个最大值, 信噪比 R 是 σ_1 的非单调函数, 即出现了传统的随机共振. 该现象在加性噪声为一阶的线性系统中没有观察到 [20]. 在图 7.2.4 中, 发现共振和抑制同时出现, 共振峰随着乘性噪声非对称性 Λ_1 的增加而右移.

图 7.2.5 描述了信噪比 R 作为乘性噪声和加性噪声之间的关联时间 $\tau = \lambda^{-1}$ 的函数, 随着乘性噪声强度 σ_1 变化的曲线. 信噪比 R 是 τ 的一个非单调函数, 在曲线中有共振峰出现, 这是广义的随机共振. 由图 7.2.5 也可以看出, 信噪比曲线是乘性噪声强度的非单调函数. 峰值随着 σ_1 的增大而增大, 峰的位置随着 σ_1 的增大而右移.

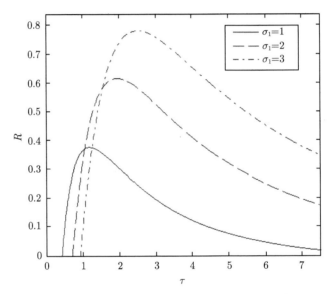

图 7.2.5 信噪比 R 作为乘性噪声和加性噪声间的关联时间 $\tau = \lambda^{-1}$ 的函数, 随着乘性噪声强度 σ_1 变化的曲线 $(a = 0.1, \omega = \sigma_2 = 1, A = \Lambda_1 = \Lambda_2 = 1)$

图 7.2.6 描述了信噪比 R 作为乘性噪声和加性噪声之间的关联时间 $\tau = \lambda^{-1}$ 的函数, 随着加性噪声强度 σ_2 变化的曲线. 在此曲线中, 看到了广义的随机共振. 通过比较图 7.2.5 和图 7.2.6 可以发现, 加性噪声和乘性噪声对信噪比的影响是不同的. 共振峰的峰值随着 σ_2 的增大在减小, 但是随着 σ_1 增大在增大.

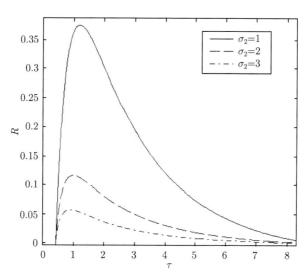

图 7.2.6 信噪比 R 作为乘性噪声和加性噪声间的关联时间 $\tau = \lambda^{-1}$ 的函数, 随着加性噪声的强度 σ_2 变化的曲线 ($a = 0.1, \omega = \sigma_1 = 1, A = \Lambda_1 = \Lambda_2 = 1$)

7.3 关联乘性和加性噪声驱动线性系统中的随机共振

7.3.1 加性噪声为分段噪声及其平方组合的线性系统的信噪比

考虑如下的由关联噪声驱动的过阻尼线性系统的随机微分方程

$$\frac{\mathrm{d}x}{\mathrm{d}t} = -(a + \xi(t))x + A\cos(\Omega t) + b_1 \eta(t) + b_2 \eta^2(t), \tag{7.3.1}$$

式中, $\xi(t)$ 和 $\eta(t)$ 为关联的分段噪声, 其性质如式 (7.1.1) 定义, 这里 $\lambda_1 = \lambda_2 = \lambda$. 两个噪声之间的相关是指数相关形式, 即

$$\langle \xi(t)\eta(s) \rangle = \langle \eta(t)\xi(s) \rangle = \sigma_3 \exp[-\lambda|t-s|]. \tag{7.3.2}$$

式中, σ_3 为 $\xi(t)$ 和 $\eta(t)$ 之间的互关联强度.

首先, 对式 (7.3.1) 进行平均, 然后将式 (7.3.1) 两边乘以 $2x$ 后再平均, 得到一、二阶矩的运动微分方程为

$$\frac{\mathrm{d}\langle x \rangle}{\mathrm{d}t} = -a\langle x \rangle - \langle \xi x \rangle + A\cos(\Omega t) + b_2 \sigma_2, \tag{7.3.3}$$

$$\frac{\mathrm{d}\langle x^2 \rangle}{\mathrm{d}t} = -2a\langle x^2 \rangle - 2\langle \xi x^2 \rangle + 2A\cos(\Omega t)\langle x \rangle + 2b_1 \langle \eta x \rangle + 2b_2 \langle \eta^2 x \rangle. \tag{7.3.4}$$

利用 Shapiro-Loginov 公式，得到以下方程

$$\frac{\mathrm{d}\langle \xi x \rangle}{\mathrm{d}t} = \left\langle \xi \frac{\mathrm{d}x}{\mathrm{d}t} \right\rangle - \lambda \langle \xi x \rangle. \tag{7.3.5}$$

式 (7.3.1) 两边乘以 $\xi(t)$ 后平均，然后将式 (7.3.5) 代入，得到

$$\frac{\mathrm{d}\langle \xi x \rangle}{\mathrm{d}t} = -(a+\lambda)\langle \xi x \rangle - \langle \xi^2 x \rangle + b_2 \langle \eta^2 \xi \rangle + b_1 \sigma_3. \tag{7.3.6}$$

式 (7.3.6) 含有高阶相关函数 $\langle \xi^2 x \rangle$ 和 $\langle \eta^2 \xi \rangle$. 利用分段噪声的性质，可将式 (7.3.6) 改写为

$$\frac{\mathrm{d}\langle \xi x \rangle}{\mathrm{d}t} = -(a + \Lambda_1 + \lambda)\langle \xi x \rangle - \sigma_1 \langle x \rangle + b\sigma_3. \tag{7.3.7}$$

式中，$b = b_1 + b_2 \Lambda_2$. 式 (7.3.3) 和式 (7.3.7) 构成了关于未知函数 $\langle x \rangle$ 和 $\langle \xi x \rangle$ 的线性微分方程组. 求解方程组并令 $t \to \infty$，得到 $\langle x \rangle$ 的渐近表达式为

$$\langle x \rangle = A \frac{f_1 \cos(\Omega t) + f_2 \sin(\Omega t)}{f_3} + f_4, \tag{7.3.8}$$

式中,

$$f_1 = a\Omega^2 + (a + \Lambda_1 + \lambda)B_1 B_2, \tag{7.3.9a}$$

$$f_2 = \Omega(\Omega^2 + (a + \Lambda_1 + \lambda)^2 + \sigma_1), \tag{7.3.9b}$$

$$f_3 = (\Omega^2 + B_1^2)(\Omega^2 + B_2^2), \tag{7.3.9c}$$

$$f_4 = \frac{b\sigma_3}{\sigma_1} - \frac{ab\sigma_3 - b_2 \sigma_1 \sigma_2}{B_1 B_2 \sigma_1}(a + \Lambda_1 + \lambda). \tag{7.3.9d}$$

$$B_{1,2} = a + \varepsilon_{1,2} = a + \frac{\lambda + \Lambda_1}{2} \pm \sqrt{\frac{(\lambda + \Lambda_1)^2}{4} + \sigma_1}. \tag{7.3.9e}$$

为了得到二阶矩 $\langle x^2 \rangle$，用类似的方法得到下列四个方程

$$\frac{\mathrm{d}\langle x^2 \rangle}{\mathrm{d}t} = -2a\langle x^2 \rangle - 2\langle \xi x^2 \rangle + 2b\langle \eta x \rangle + 2(A\cos(\Omega t) + b_2 \sigma_2)\langle x \rangle, \tag{7.3.10}$$

$$\begin{aligned}\frac{\mathrm{d}\langle \xi x^2 \rangle}{\mathrm{d}t} =& -(2a + 2\Lambda_1 + \lambda)\langle \xi x^2 \rangle - 2\sigma_1 \langle x^2 \rangle \\ &+ 2b\langle \xi \eta x \rangle + 2(A\cos(\Omega t) + b_2 \sigma_2)\langle \xi x \rangle,\end{aligned} \tag{7.3.11}$$

$$\frac{\mathrm{d}\langle \eta x \rangle}{\mathrm{d}t} = -(a+\lambda)\langle \eta x \rangle - \langle \xi \eta x \rangle + b\sigma_2, \tag{7.3.12}$$

$$\frac{\mathrm{d}\langle\xi\eta x\rangle}{\mathrm{d}t} = -(a+\Lambda_1+2\lambda)\langle\xi\eta x\rangle - \sigma_1\langle\eta x\rangle$$
$$+ A\cos(\Omega t)\sigma_3 + b\Lambda_2\sigma_3 + b_2\sigma_2\sigma_3. \quad (7.3.13)$$

式 (7.3.10)~式 (7.3.13) 构成了关于未知函数 $\langle x^2\rangle$、$\langle \xi(t)x^2\rangle$、$\langle \eta(t)x\rangle$ 和 $\langle \xi(t)\eta(t)x\rangle$ 的线性微分方程组. 通过求解上述微分方程, 当 $t\to\infty$ 时, 可得二阶矩 $\langle x^2\rangle$ 的渐近表达式为

$$\langle x^2\rangle_{st} = \left\{\frac{A^2}{2}\left[(2a+2\Lambda_1+\lambda)\frac{f_1}{f_3} - 2\sigma_1\frac{f_5}{f_3}\right] + b_2\sigma_2[f_4(2a+2\Lambda_1+\lambda)-2f_6] - f_7\right\}$$
$$\times [a(2a+2\Lambda_1+\lambda)-2\sigma_1]^{-1}. \quad (7.3.14)$$

式中,
$$f_5 = \Omega^2 - B_1B_2, \quad f_6 = \frac{ab\sigma_3 - b_2\sigma_1\sigma_2}{B_1B_2},$$

$$f_7 = \{b\sigma_3(b\Lambda_2+b_2\sigma_2)(4a+2\Lambda_1+3\lambda) - b^2\sigma_2[(2a+2\Lambda_1+\lambda)(a+\Lambda_1+2\lambda)+2\sigma_1]\}\times [B_3B_4]^{-1}.$$

$$B_{3,4} = a + \frac{3\lambda+\Lambda_1}{2} \pm \sqrt{\frac{(\lambda+\Lambda_1)^2}{4}+\sigma_1}. \quad (7.3.15)$$

并且, $B_i, f_j (i=1,2, j=1,2,3)$ 已经在式 (7.3.9) 中给出.

为了得到相关函数 $\langle x(t+\tau)x(t)\rangle$, 求解式 (7.3.1), 并将其解的一般形式写为

$$x(t+\tau) = x(t)g(\tau)\exp(-a\tau) + A\int_0^\tau \exp(-av)g(v)\cos[\Omega(t+\tau-v)]\mathrm{d}v$$
$$+ \int_0^\tau \exp(-av)h(v)\mathrm{d}v, \quad (7.3.16)$$

式中,
$$g(v) = \left\langle \exp\left(-\int_0^v \xi(u)\mathrm{d}u\right)\right\rangle, \quad (7.3.17\mathrm{a})$$

$$h(t-v) = \left\langle [b_1\eta(v)+b_2\eta^2(v)]\exp\left(-\int_v^t \xi(u)\mathrm{d}u\right)\right\rangle. \quad (7.3.17\mathrm{b})$$

利用渐近展开, 则有

$$g(v) = \frac{\varepsilon_1}{\varepsilon_1-\varepsilon_2}\exp(-\varepsilon_2 v) - \frac{\varepsilon_2}{\varepsilon_1-\varepsilon_2}\exp(-\varepsilon_1 v), \quad (7.3.18\mathrm{a})$$

$$h(t-v) = \left\{b_2\sigma_2 + \frac{\sigma_3}{\lambda}\exp[-\lambda(t-v)-1]\right\}g(t-v). \quad (7.3.18\mathrm{b})$$

由式 (7.3.16) 和式 (7.3.18), 相关函数的表达式可写为

$$\langle x(t+\tau)x(t)\rangle = \langle x^2\rangle_{st}g(\tau)\exp(-a\tau) + \frac{\langle x\rangle A}{\varepsilon_1 - \varepsilon_2}[f_8\sin(\Omega t) + f_9\cos(\Omega t)]$$
$$+\langle x\rangle \int_0^\tau \exp(-av)h(v)\mathrm{d}v, \tag{7.3.19}$$

式中,
$$f_8 = \frac{\varepsilon_2 B_1 \sin(\Omega\tau) - \varepsilon_2 \Omega f_{10}}{B_1^2 + \Omega^2} + \frac{\varepsilon_1 \Omega f_{11} - \varepsilon_1 B_2 \sin(\Omega\tau)}{B_2^2 + \Omega^2}, \tag{7.3.20a}$$

$$f_9 = \frac{\varepsilon_2 \Omega \sin(\Omega\tau) + \varepsilon_2 B_1 f_{10}}{B_1^2 + \Omega^2} + \frac{\varepsilon_1 B_2 f_{11} + \varepsilon_1 \Omega \sin(\Omega\tau)}{B_2^2 + \Omega^2}, \tag{7.3.20b}$$

$$f_{10,11} = \cos(\Omega\tau) - \exp(-B_{1,2}\tau). \tag{7.3.20c}$$

由平均相关函数的定义, 可得

$$\langle x(t+\tau)x(t)\rangle_{st} = \langle x^2\rangle_{st}g(\tau)\exp(-a\tau) + \frac{A^2}{\varepsilon_1 - \varepsilon_2}\frac{f_2 f_8 + f_1 f_9}{2f_3} + f_4\int_0^\tau \exp(-av)h(v)\mathrm{d}v. \tag{7.3.21}$$

这里 $f_i(i=1,2,4)$ 与前面的定义相同.

对式 (7.3.21) 进行傅里叶变换, 得到功率谱为

$$S(\omega) = \int_{-\infty}^{+\infty} \langle x(t+\tau)x(t)\rangle_{st} \exp(-\mathrm{i}\omega\tau)\mathrm{d}\tau$$
$$= S_0\delta(\omega) + S_1(\omega) + S_2(\omega)\delta(\omega - \Omega), \tag{7.3.22}$$

式中,
$$S_0 = \frac{2\pi f_4}{\varepsilon_1 - \varepsilon_2}\left[b_2\sigma_2\left(\frac{\varepsilon_1}{B_2} - \frac{\varepsilon_2}{B_1}\right) + \frac{\sigma_3}{\lambda\mathrm{e}}\left(\frac{\varepsilon_1}{B_2+\lambda} - \frac{\varepsilon_2}{B_1+\lambda}\right)\right], \tag{7.3.23a}$$

$$S_1(\omega) = \frac{1}{\varepsilon_1 - \varepsilon_2}\left[2\langle x^2\rangle_{st}(B_2 l_1 - B_1 l_2) + \frac{A^2}{f_3}\left(\frac{B_1 l_2 u_1}{B_1^2+\omega^2} - \frac{B_2 l_1 u_2}{B_2^2+\omega^2}\right)\right.$$
$$\left. + 2f_4 b_2\sigma_2(l_2 - l_1) + \frac{2f_4\sigma_3}{\lambda\mathrm{e}}(m_2 - m_1)\right], \tag{7.3.23b}$$

$$S_2(\omega) = \frac{\pi A^2}{2f_3(\varepsilon_1 - \varepsilon_2)}(u_2 l_1 - u_1 l_2), \tag{7.3.23c}$$

$$l_{1,2} = \frac{B_{1,2} - a}{B_{2,1}^2 + \omega^2}, \quad m_{1,2} = \frac{B_{1,2} - a}{(B_{2,1}+\lambda)^2 + \omega^2}, \quad u_{1,2} = f_2\omega + f_1 B_{1,2}. \tag{7.3.23d}$$

S_0 为在零频率处的功率谱密度, $S_1(\omega)$ 来源于输出噪声, 而 $S_2(\omega)$ 来源于输出信号. 输出信噪比 R 定义为输出总信号功率与 $\omega = \Omega$ 处的单位噪声谱的平均功率之比

7.3 关联乘性和加性噪声驱动线性系统中的随机共振

$$R = \frac{\int_0^{+\infty} S_2(\omega)\delta(\omega - \Omega)\mathrm{d}\omega}{S_1(\omega = \Omega)}, \quad (7.3.24)$$

式中, $S_i(\omega)(i=1,2)$ 如式 (7.3.23) 所示.

7.3.2 信号和噪声对输出信噪比的影响

根据式 (7.3.23) 及式 (7.3.24), 下面讨论信号和噪声对输出信噪比的影响.

图 7.3.1 是根据式 (7.3.24) 以信号幅值 A 为参数画出的 R-ω 曲线. 信噪比 R 随着 ω 的增大出现了一个共振峰, 并出现了频率调制的随机共振, 即真正的随机共振. 信噪比随着信号幅值 A 的增大而增大.

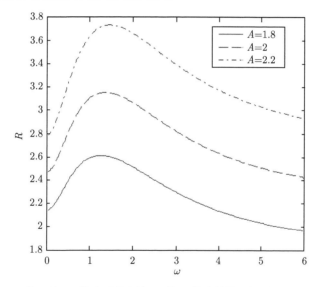

图 7.3.1 信噪比 R 作为系统频率 ω 的函数随着信号幅值 A 变化的曲线
($a=1, b_1=b_2=1, \Lambda_1=\Lambda_2=1, \sigma_1=\sigma_2=\sigma_3=\lambda=1$)

图 7.3.2 是以乘性噪声的非对称性 Λ_1 为参数画出的 R-σ_3 曲线. 由图 7.3.2 可以看出, 信噪比 R 是噪声间关联强度 σ_3 的非单调函数, 通过调节 σ_3 的大小, 信噪比曲线上有最大值出现. 因此, 在该系统中观察到了传统的随机共振现象. 并且, 随着乘性噪声非对称性 Λ_1 的增加, 信噪比增大.

图 7.3.3 是以加性噪声的非对称性 Λ_2 为参数画出的 R-σ_3 曲线. 和图 7.3.2 一样, 在信噪比曲线上看到了单峰, 即出现了传统的随机共振现象. 从图 7.3.3 中看, 信噪比 R 随着加性噪声非对称性 Λ_2 的增加, 信噪比在减小. 对比图 7.3.2 和

图 7.3.3 可以看出, 乘性和加性噪声的非对称性对信噪比的影响是不同的.

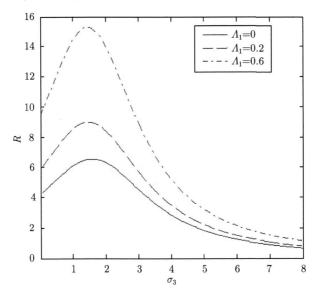

图 7.3.2 信噪比 R 作为噪声间关联强度 σ_3 的函数随着乘性噪声的非对称性 Λ_1 变化的曲线
$(a=1, b_1=b_2=0.1, \Lambda_2=0.5, \sigma_1=\sigma_2=\lambda=1, A=\omega=1)$

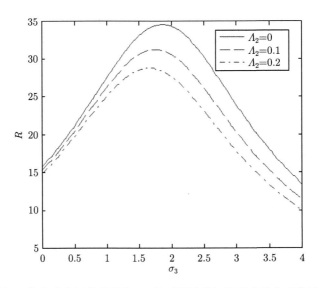

图 7.3.3 信噪比 R 作为噪声间关联强度 σ_3 的函数随着加性噪声的非对称性 Λ_2 变化的曲线
$(a=1, b_1=b_2=0.1, \Lambda_1=1, \sigma_1=\sigma_2=\lambda=1, A=\omega=1)$

图 7.3.4 是以乘性噪声强度 σ_1 为参数画出的 R-τ 曲线. 信噪比 R 是 τ 的非单

调函数, 在 R-τ 曲线上有一个共振峰, 出现了广义的随机共振. 随着 σ_1 的增加, 共振峰的峰值增加, 同时, 峰值的位置左移.

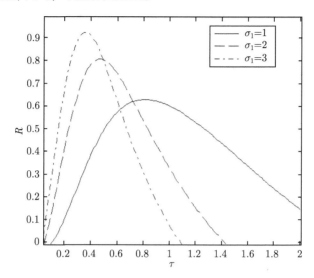

图 7.3.4　信噪比 R 作为噪声的关联时间 τ 的函数随着乘性噪声强度 σ_1 变化的曲线 ($a=0.1, b_1=b_2=1, \sigma_2=\sigma_3=1, A=\omega=1, \varLambda_1=1, \varLambda_2=0.5$)

图 7.3.5 是以加性噪声强度 σ_2 为参数画出的 R-τ 曲线. 固定 σ_1 和 σ_3 之后,

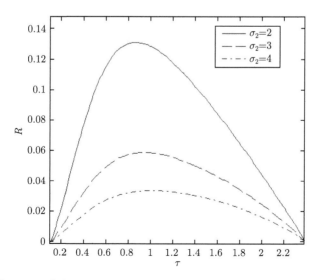

图 7.3.5　信噪比 R 作为噪声的关联时间 τ 的函数随着加性噪声强度 σ_2 变化的曲线 ($a=0.1, b_1=b_2=1, \sigma_1=\sigma_3=1, A=\omega=1, \varLambda_1=1, \varLambda_2=0.5$)

随着 σ_2 的增加, R 逐渐的减小, 故加性噪声能够减弱系统输出的信噪比. 由图 7.3.4 和图 7.3.5 可知, 乘性噪声和加性噪声对信噪比的影响是不同的.

图 7.3.6 是以乘性噪声和加性噪声间关联强度 σ_3 为参数画出的 R-τ 曲线. 固定 σ_1 和 σ_2 之后, 随着 σ_3 的增加, R 逐渐的增大, 故噪声间关联强度能够提高系统输出的信噪比. 因此, 可以通过增大互关联强度来提高信噪比.

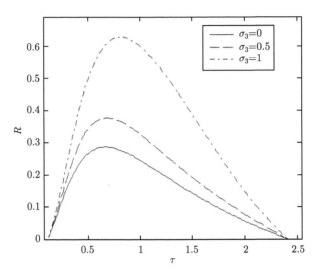

图 7.3.6 信噪比 R 作为噪声的关联时间 τ 的函数随着噪声间关联强度 σ_3 变化的曲线
$(a = 0.1, b_1 = b_2 = 1, \sigma_1 = \sigma_2 = 1, A = \omega = 1, \Lambda_1 = 1, \Lambda_2 = 0.5)$

7.4 周期信号调制下加性和乘性噪声驱动线性系统中的随机共振

通常情况下, 噪声和周期信号都是以相加的形式引入系统的. 但是, 在实际的物理系统中, 如在光学或射电天文学的扩充器中需要使用信号调制的噪声, 即噪声和信号必须以相乘的方式出现. 于是, Dykman 等 [25] 研究了具有信号调制噪声的非对称双稳系统, 并证实了随机共振的存在. Wang 等 [26] 研究了具有周期信号调制噪声的单模激光模型, 并观察到了随机共振现象. Jin 等 [27] 研究了周期信号调制下色关联噪声驱动的线性系统的随机共振. Cao 等 [28] 研究了周期信号调制下的白噪声驱动的线性系统的随机共振. Guo 等 [29,30] 研究了过阻尼偏置线性系统中的随机共振. 周期信号调制线性系统中的随机共振现象引起了人们的注意. 本节对

7.4 周期信号调制下加性和乘性噪声驱动线性系统中的随机共振

由周期信号调制噪声、乘性噪声及加性噪声共同作用下的线性系统中的随机共振进行研究.

7.4.1 周期信号调制下加性和乘性噪声驱动的线性系统的信噪比

考虑如下周期信号调制的过阻尼线性系统的随机微分方程

$$\frac{\mathrm{d}x}{\mathrm{d}t} = -(a+\xi(t))x + \zeta(t)A\cos(\Omega t) + \eta(t), \tag{7.4.1}$$

式中, A 和 Ω 分别为周期信号的振幅和频率; $\xi(t)$ 和 $\eta(t)$ 为非对称的具有指数形式相关函数的分段噪声, 其性质如式 (7.1.1) 定义. $\zeta(t)$ 为信号调制的噪声, 这里 $\zeta(t) = b\xi(t) + (1-b)\eta(t), b \in [0,1]$. 当 $b=0$ 时, $\eta(t)$ 既是加性噪声又是调制噪声; 当 $b=1$ 时, $\xi(t)$ 既是乘性噪声又是调制噪声. $\xi(t)$ 和 $\eta(t)$ 两个噪声之间是指数相关形式

$$\langle \xi(t)\eta(s) \rangle = \langle \eta(t)\xi(s) \rangle = \sigma_3 \exp[-\lambda|t-s|]. \tag{7.4.2}$$

式中, σ_3 为 $\xi(t)$ 和 $\eta(t)$ 之间的互关联强度.

对式 (7.4.1) 平均, 可得一阶矩满足的微分方程

$$\frac{\mathrm{d}\langle x \rangle}{\mathrm{d}t} = -a\langle x \rangle - \langle \xi(t)x \rangle. \tag{7.4.3}$$

式 (7.4.3) 中含有新的相关项 $\langle \xi(t)x \rangle$, 利用 Shapiro-Loginov 公式可得

$$\frac{\mathrm{d}\langle \xi(t)x \rangle}{\mathrm{d}t} = \left\langle \xi(t) \frac{\mathrm{d}x}{\mathrm{d}t} \right\rangle - \lambda_1 \langle \xi(t)x \rangle. \tag{7.4.4}$$

给式 (7.4.1) 两边同乘以 $\xi(t)$ 后平均, 然后利用式 (7.4.4) 可得

$$\frac{\mathrm{d}\langle \xi(t)x \rangle}{\mathrm{d}t} = -(a+\lambda_1)\langle \xi(t)x \rangle - \langle \xi^2(t)x \rangle + [b\sigma_1 + (1-b)\sigma_3]A\cos(\Omega t) + \sigma_3. \tag{7.4.5}$$

式 (7.4.5) 含有高阶相关函数 $\langle \xi^2(t)x \rangle$, 利用分段噪声的性质, 即式 (7.1.2a) 和式 (7.1.2b), 高阶相关函数 $\langle \xi^2(t)x \rangle$ 可用低阶相关函数表示为

$$\langle \xi^2(t)x \rangle = \sigma_1 \langle x \rangle + \Lambda_1 \langle \xi(t)x \rangle. \tag{7.4.6}$$

将式 (7.4.6) 代入式 (7.4.5), 可得

$$\frac{\mathrm{d}\langle \xi(t)x \rangle}{\mathrm{d}t} = -(a+\lambda_1+\Lambda_1)\langle \xi(t)x \rangle - \sigma_1 \langle x \rangle + [b\sigma_1 + (1-b)\sigma_3]A\cos(\Omega t) + \sigma_3. \tag{7.4.7}$$

式 (7.4.3) 和式 (7.4.7) 形成了关于未知函数 $\langle x \rangle$ 和 $\langle \xi(t)x \rangle$ 的线性微分方程组, 求解此方程组并令 $t \to \infty$, 得到 $\langle x \rangle$ 的渐近表达式为

$$\langle x \rangle = A[b\sigma_1 + (1-b)\sigma_3]\frac{f_1\cos(\Omega t) + f_2\sin(\Omega t)}{f_3} - f_4, \tag{7.4.8}$$

式中,
$$f_1 = \Omega^2 - b_1 b_2, \ f_2 = -\Omega(b_1 + b_2),$$
$$f_3 = (\Omega^2 + b_1^2)(\Omega^2 + b_2^2), f_4 = \frac{\sigma_3}{b_1 b_2}.$$
$$b_{1,2} = a + N_{1,2} = a + (\lambda_1 + \Lambda_1)/2 \pm \sqrt{(\lambda_1 + \Lambda_1)^2/4 + \sigma_1}. \tag{7.4.9}$$

用类似的方法,得到下列微分方程

$$\frac{\mathrm{d}\langle x^2 \rangle}{\mathrm{d}t} = -2a\langle x^2 \rangle - 2\langle \xi(t)x^2 \rangle + 2[b\langle \xi(t)x \rangle + (1-b)\langle \eta(t)x \rangle]A\cos(\Omega t) + 2\langle \eta(t)x \rangle, \tag{7.4.10}$$

$$\frac{\mathrm{d}\langle \xi(t)x^2 \rangle}{\mathrm{d}t} = -(2a + 2\Lambda_1 + \lambda_1)\langle \xi(t)x^2 \rangle - 2\sigma_1\langle x^2 \rangle + 2\langle \xi(t)\eta(t)x \rangle \tag{7.4.11}$$
$$+ 2[b\sigma_1\langle x \rangle + b\Lambda_1\langle \xi(t)x \rangle + (1-b)\langle \xi(t)\eta(t)x \rangle]A\cos(\Omega t),$$

$$\frac{\mathrm{d}\langle \eta(t)x \rangle}{\mathrm{d}t} = -(a + \lambda_2)\langle \eta(t)x \rangle - \langle \xi(t)\eta(t)x \rangle + \sigma_2 + [b\sigma_3 + (1-b)\sigma_2]A\cos(\Omega t), \tag{7.4.12}$$

$$\frac{\mathrm{d}\langle \xi(t)\eta(t)x \rangle}{\mathrm{d}t} = -(a + \Lambda_1 + \lambda_1 + \lambda_2)\langle \xi(t)\eta(t)x \rangle + \Lambda_2\sigma_3 \tag{7.4.13}$$
$$- \sigma_1\langle \eta(t)x \rangle + [b\Lambda_1 + (1-b)\Lambda_2]\sigma_3 A\cos(\Omega t).$$

式 (7.4.10) 及式 (7.4.13) 组成了关于未知函数 $\langle x^2 \rangle$、$\langle \xi(t)x^2 \rangle$、$\langle \eta(t)x \rangle$ 和 $\langle \xi(t)\eta(t)x \rangle$ 的一个微分方程组. 通过求解该方程组并令 $t \to \infty$, 得到 $\langle x^2 \rangle$ 的渐近表达式为

$$\langle x^2 \rangle_{st} = \frac{2a + 2\Lambda_1 + \lambda_1}{b_5 b_6}[A^2(f_5(b-1) + f_6 b) - 2f_7] \tag{7.4.14}$$
$$+ A^2[f_9 b - (b-1)f_8] + \frac{a_3 \Lambda_2 \sigma_3 - \sigma_1 \sigma_2}{b_3 b_4 \sigma_1}.$$

式中,
$$\begin{cases}
f_5 = \{[a(a_2 a_3 + a_1 \sigma_1) - \sigma_1(a_3 + a_1(a + \lambda_2))]\Omega^2 + [a_3(\sigma_1 + a(a + \lambda_2)) \\
\quad - a_1 \sigma_1(a + a_2)]b_3 b_4\} \times \{\sigma_1(\Omega^2 + b_3^2)(\Omega^2 + b_4^2)\}^{-1}, \\
f_6 = a_4[f_{10}(\sigma_1 - a\Lambda_1) - af_1/f_3], \\
f_7 = \{\Lambda_2\sigma_3[\sigma_1 + a(a + \lambda_2)] - \sigma_2\sigma_1(a + a_2)\} \times \{b_3 b_4 \sigma_1\}^{-1}, \\
f_8 = \{(a_1\sigma_1 + a_2 a_3)\Omega^2 + [a_3(a + \lambda_2) - a_1\sigma_1]b_3 b_4\} \\
\quad \times \{2\sigma_1(\Omega^2 + b_3^2)(\Omega^2 + b_4^2)\}^{-1}, \\
f_9 = a_4[f_{10}\Lambda_1/2 + f_1/(2f_3)], \ f_{10} = [(a + \Lambda_1 + \lambda_1)\Omega^2 + ab_1 b_2]/(\sigma_1 f_3), \\
a_1 = b\sigma_3 + (1-b)\sigma_2, \ a_2 = a + \Lambda_1 + \lambda_1 + \lambda_2, \ a_3 = [b\Lambda_1 + (1-b)\Lambda_2]\sigma_3, \\
a_4 = b\sigma_1 + (1-b)\sigma_3, \ b_{3,4} = a + \lambda_2 + N_{1,2}, \\
b_{5,6} = 2a + (\lambda_1 + 2\Lambda_1)/2 \pm \sqrt{(\lambda_1 + 2\Lambda_1)^2/4 + 4\sigma_1}.
\end{cases} \tag{7.4.15}$$

求解式 (7.4.1), 得到其解的一般形式为

$$x(t+\tau) = x(t)g(\tau)\exp(-a\tau) + A\int_0^\tau \exp(-av)H_1(v)\cos[\Omega(t+\tau-v)]\mathrm{d}v \\ + \int_0^\tau \exp(-av)H_2(v)\mathrm{d}v, \tag{7.4.16}$$

式中,

$$g(v) = \left\langle \exp\left(-\int_0^v \xi(u)\mathrm{d}u\right)\right\rangle,$$

$$H_1(t-v) = \left\langle \zeta(v)\exp\left(-\int_v^t \xi(u)\mathrm{d}u\right)\right\rangle,$$

$$H_2(t-v) = \left\langle \eta(v)\exp\left(-\int_v^t \xi(u)\mathrm{d}u\right)\right\rangle. \tag{7.4.17}$$

将 $g(v)$、$H_1(v)$ 和 $H_2(v)$ 渐近展开, 并结合式 (7.4.16) 得到相关函数

$$\langle x(t+\tau)x(t)\rangle = \langle x^2\rangle_{st}g(\tau)\exp(-a\tau) + \frac{\langle x\rangle \mathrm{e}^{-1}A}{N_1-N_2}[f_{15}\sin(\Omega t)+f_{16}\cos(\Omega t)] \\ + \langle x\rangle\int_0^\tau \exp(-av)H_2(v)\mathrm{d}v, \tag{7.4.18}$$

式中,

$$f_{15,16} = \sigma_1 b f_{11,13}/\lambda_1 + \sigma_3(1-b)f_{12,14}/\lambda_3, \tag{7.4.19}$$

$$f_{11,12} = \frac{\Omega N_1(\cos(\Omega\tau)-\mathrm{e}^{-(\lambda_{1,3}+b_2)\tau}) - N_1(\lambda_{1,3}+b_2)\sin(\Omega\tau)}{\Omega^2+(\lambda_{1,3}+b_2)^2} \\ + \frac{-\Omega N_2(\cos(\Omega\tau)-\mathrm{e}^{-(\lambda_{1,3}+b_1)\tau}) + N_2(\lambda_{1,3}+b_1)\sin(\Omega\tau)}{\Omega^2+(\lambda_{1,3}+b_1)^2}, \tag{7.4.20}$$

$$f_{13,14} = \frac{\Omega N_1\sin(\Omega\tau) + N_1(\lambda_{1,3}+b_2)(\cos(\Omega\tau)-\mathrm{e}^{-(\lambda_{1,3}+b_2)\tau})}{\Omega^2+(\lambda_{1,3}+b_2)^2} \\ + \frac{\Omega N_2\sin(\Omega\tau) + N_2(\lambda_{1,3}+b_1)(\cos(\Omega\tau)-\mathrm{e}^{-(\lambda_{1,3}+b_1)\tau})}{\Omega^2+(\lambda_{1,3}+b_1)^2}. \tag{7.4.21}$$

对式 (7.4.18) 在一个周期 $2\pi/\omega$ 内平均, 得到平均相关函数为

$$\langle x(t+\tau)x(t)\rangle_{st} = \langle x^2\rangle_{st}g(\tau)\exp(-a\tau) + \frac{A^2 a_4 \mathrm{e}^{-1}}{2f_3(N_1-N_2)}(f_1 f_{16}+f_2 f_{15} \\ -f_4)\int_0^\tau \exp(-av)H_2(v)\mathrm{d}v. \tag{7.4.22}$$

对式 (7.4.22) 进行傅里叶变换, 得到功率谱为

$$S(\omega) = \int_{-\infty}^{+\infty} \langle x(t+\tau)x(t)\rangle_{st} \exp(-\mathrm{i}\omega\tau)\mathrm{d}\tau \quad (7.4.23)$$
$$= S_0\delta(\omega) + S_N(\omega) + S_S(\omega),$$

式中, 谱 S_0 为在零频率处的功率谱密度; $S_N(\omega)$ 来源于输出噪声; $S_S(\omega)$ 来源于输出信号.

$$S_0 = \frac{2\pi f_4 \sigma_3 \mathrm{e}^{-1}}{\lambda_3(N_1-N_2)}\left(\frac{N_2}{\lambda_3+b_1} - \frac{N_1}{\lambda_3+b_2}\right), \quad (7.4.24)$$

$$S_N(\omega) = \frac{2\langle x^2\rangle_{st}}{N_1-N_2}\left(\frac{N_1 b_2}{\omega^2+b_2^2} - \frac{N_2 b_1}{\omega^2+b_1^2}\right) - \frac{A^2 a_4 \mathrm{e}^{-1}}{f_3(N_1-N_2)}\Bigg\{\frac{\sigma_1 b}{\lambda_1}\left[\frac{(\lambda_1+b_2)l_1 u_2}{\omega^2+(\lambda_1+b_2)^2}\right.$$
$$\left. - \frac{(\lambda_1+b_1)l_2 u_1}{\omega^2+(\lambda_1+b_1)^2}\right] + \frac{\sigma_3(1-b)}{\lambda_3}\left[\frac{(\lambda_3+b_2)l_3 u_4}{\omega^2+(\lambda_3+b_2)^2} - \frac{(\lambda_3+b_1)l_4 u_3}{\omega^2+(\lambda_3+b_1)^2}\right]\Bigg\}$$
$$- \frac{2f_4\sigma_3 \mathrm{e}^{-1}}{\lambda_3(N_1-N_2)}\left[\frac{N_2}{\omega^2+(\lambda_3+b_1)^2} - \frac{N_1}{\omega^2+(\lambda_3+b_2)^2}\right],$$
$$(7.4.25)$$

$$S_S(\omega) = \frac{\pi A^2 a_4 \mathrm{e}^{-1}}{2f_3(N_1-N_2)}\left[\frac{\sigma_1 b}{\lambda_1}(u_2 l_1 - u_1 l_2) + \frac{\sigma_3(1-b)}{\lambda_3}(u_4 l_3 - u_3 l_4)\right]\delta(\omega-\Omega). \quad (7.4.26)$$

$$l_{1,2} = \frac{b_{1,2}-a}{\omega^2+(b_{2,1}+\lambda_1)^2}, \quad l_{3,4} = \frac{b_{1,2}-a}{\omega^2+(b_{2,1}+\lambda_1)^2}, \quad (7.4.27)$$

$$u_{1,2} = (\lambda_1+b_{1,2})f_1 + \Omega f_2, \quad u_{3,4} = (\lambda_3+b_{1,2})f_1+\Omega f_2. \quad (7.4.28)$$

输出信噪比 R 定义为输出总信号功率与 $\omega=\Omega$ 处的单位噪声谱的平均功率之比, 即

$$R = \frac{\int_0^{+\infty} S_S(\omega)\mathrm{d}\omega}{S_N(\omega=\Omega)}. \quad (7.4.29)$$

这里只取正 ω 的谱.

7.4.2 信号和噪声对输出信噪比的影响

根据式 (7.4.29), 下面讨论信号和噪声对信噪比的影响.

图 7.4.1 中 R-ω 曲线是以乘性噪声的非对称性 Λ_1 为参数画出的. 从图中可以看到, 随着信号频率 ω 的增大, 信噪比 R 迅速增大到一极大值, 即系统出现了真实的随机共振. 固定信号频率 ω, R 随着乘性噪声的非对称性 Λ_1 的增大而增大, 说明 Λ_1 可以影响共振峰的高度和位置.

7.4 周期信号调制下加性和乘性噪声驱动线性系统中的随机共振

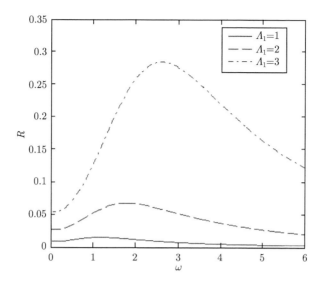

图 7.4.1 信噪比 R 作为频率 ω 的函数随着乘性噪声非对称性 Λ_1 变化的曲线
($a = 0.5, b = 0.5, A = 1, \sigma_1 = 0.8, \sigma_2 = 0.1, \sigma_3 = 1, \lambda_1 = \lambda_2 = \lambda_3 = 1, \Lambda_2 = 3$)

图 7.4.2 给出了以乘性噪声和加性噪声间的互关联强度 σ_3 为参数的 R-ω 曲线. 当参数 σ_3 较小时 ($\sigma_3 < 0.53$), 从图 7.4.2 可以看到, R-ω 曲线上出现了一个极小值和一个极大值, 即此时系统的共振和抑制同时出现. 固定信号频率 ω, R 随着噪声间的互关联强度 σ_3 的增大而减小. 当参数 σ_3 较大时 ($\sigma_3 > 0.53$), 从图 7.4.2

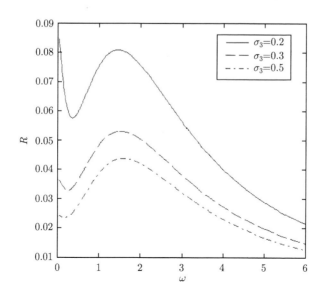

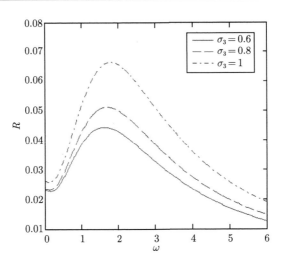

图 7.4.2　信噪比 R 作为频率 ω 的函数随着噪声间互关联强度 σ_3 变化的曲线
($\Lambda_1 = 2$, 其他参数同图 7.2.1)

可以看出, R-ω 曲线上仍然是一个极小值和一个极大值, 系统的共振和抑制同时出现, 但是当固定信号频率 ω 时, R 随着噪声间的互关联强度 σ_3 的增大而增大. 由图 7.4.2 不难发现, 信噪比 R 先随着噪声间的互关联强度 σ_3 的增大而减小, 再随着 σ_3 的增大而增大. 这和文献 [30] 中所观察的不同.

图 7.4.3 给出以调制噪声中的 b 为参数的 R-σ_3 曲线在. 从图 7.4.3 可以看

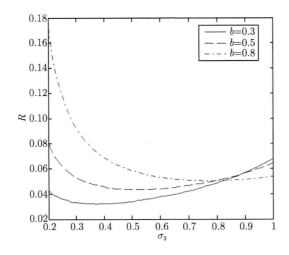

图 7.4.3　信噪比 R 作为乘性噪声和加性噪声间的互关联强度 σ_3 的函数随着参数 b 变化的曲线 ($\Lambda_1 = 2, \omega = 1.5$, 其他参数同图 7.2.1)

7.4 周期信号调制下加性和乘性噪声驱动线性系统中的随机共振

出,信噪比 R 先随着噪声间的互关联强度 σ_3 的增大而减小,再随着 σ_3 的增大而增大,这和图 7.4.2 是一致的. 在 R-σ_3 曲线中出现了一个极小值. 当 σ_3 较小时,信噪比 R 随着 b 的增大而增大;当 σ_3 较大时,信噪比 R 随着 b 的增大而减小. 因此,为了提高信噪比,对于较小的互关联强度 σ_3,可以用乘性噪声直接作为调制噪声;对于较大的互关联强度 σ_3,可以用加性噪声直接作为调制噪声.

图 7.4.4 中给出了以乘性噪声非对称性 Λ_1 为参数的 R-σ_1 曲线. 信噪比 R 随着乘性噪声强度 σ_1 的增大出现了一个极大值,即出现传统的随机共振. 共振峰随着乘性噪声非对称性 Λ_1 的增大峰值增大,峰的位置右移,这和图 7.4.1 是一致的.

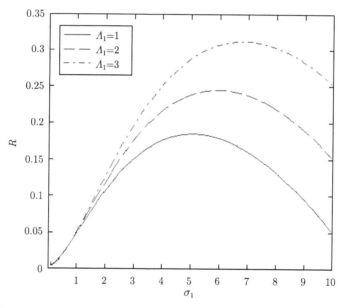

图 7.4.4 信噪比 R 作为乘性噪声强度 σ_1 的函数随着乘性噪声非对称性 Λ_1 变化的曲线
($a=2, b=0.5, A=1, \sigma_2=0.1, \sigma_3=0.01, \Lambda_2=1, \lambda_1=\lambda_2=\lambda_3=5, \omega=1$)

图 7.4.5 给出了以 σ_3 为参数的 R-τ_1 变化曲线. 信噪比 R 是乘性噪声的相关时间 τ_1 的非单调曲线,R-τ_1 曲线上出现了共振峰,这是广义的随机共振. 随着互关联噪声强度 σ_3 的增大,共振峰的峰值减小,峰的位置右移.

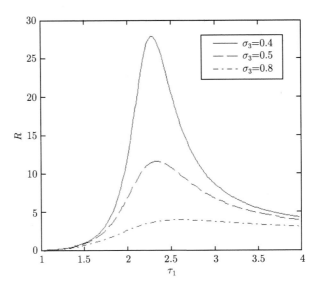

图 7.4.5 信噪比 R 作为乘性噪声相关时间 τ_1 的函数随着噪声间互关联强度 σ_3 变化的曲线 ($a = b = 0.5, A = 1, \Lambda_1 = \Lambda_2 = 0.1, \sigma_1 = 1, \sigma_2 = 2, \lambda_2 = 2, \lambda_3 = 3$)

7.5 小　结

本章主要研究以分段噪声及其平方的组合作为加性噪声的线性系统中的随机共振,将该系统分为乘性与加性噪声的关联和非关联两种情况进行研究.为研究方便,噪声均为非对称的分段噪声.通过对信噪比曲线的分析发现,该线性系统有丰富的非线性现象,即存在三种不同形式的随机共振:真实的随机共振、传统的随机共振和广义的随机共振现象.在乘性噪声和加性噪声非关联情况下,仅由分段噪声的平方作为加性噪声的线性系统中,在信噪比作为乘性噪声强度的函数曲线中发现抑制和共振是并存的.在乘性噪声和加性噪声的关联和非关联两种情况下,信噪比都随着加性噪声强度的增加而减小.利用分段噪声的性质可以发现,在线性系统中引入分段噪声的平方相当于在线性系统中加进了分段噪声和一个常数.并且,得到周期信号调制下加性和乘性噪声驱动的线性系统的信噪比表达式.通过对信噪比分析,也发现真实的随机共振、传统的随机共振及广义随机共振三种不同形式的随机共振.在真实的随机共振中,适当调整参数,共振和抑制会同时出现.此外,还发现对不同的互关联强度,分别选用乘性噪声和加性噪声作为调制噪声能够提高信噪比.

参 考 文 献

[1] Benzi R, Sutera A, Vulpiani A. The mechanism of stochastic resonance[J]. Journal of Physics A Mathematical and General, 1981, 14: L453-L457.

[2] Stocks N G, Stein N G, McClintock P V E. Stochastic resonance in monostable systems[J]. Journal of Physics A: Mathematical and General, 1993, 26: L385.

[3] Alfonsi L, Gammaitoni L, Santucci S, et al. Intrawell stochastic resonance versus interwell stochastic resonance [J]. Physical Review E, 2000, 62: 299.

[4] Hu G, Ditzinger T, Ning C Z, et al. Stochastic resonance without external periodic force[J]. Physical Review Letters, 1993, 71: 807.

[5] Qian M, Wang G X, Zhang X J. Stochastic resonance on a circle without excitation: physical investigation and peak frequency formula [J]. Physical Review E, 2000, 62: 6469.

[6] Gitterman M. Harmonic oscillator with fluctuating damping parameter [J]. Physical Review E, 2004, 69: 041101.

[7] Calisto H, Mora F, Tirapegui E. Stochastic resonance in a linear system: An exact solution [J]. Physical Review E, 2006, 74: 022102.

[8] Ning L J, Xu W. Stochastic resonance in linear system driven by multiplicative and additive noise [J]. Physica A, 2007, 382: 415.

[9] Liang R, Yang L, Qin H. Trichotomous noise induced stochastic resonance in a linear system [J]. Nonlinear Dynamics, 2012, 69: 1423.

[10] Zhong S, Zhang L, Wang H, et al. Nonlinear effect of time delay on the generalized stochastic resonance in a fractional oscillator with multiplicative polynomial noise [J]. Nonlinear Dynamics, 2017, 89: 1327.

[11] Hodgkin A L, Huxley A F. A quantitative description of membrane current its application to conduction and excitation in nerve[J]. The Journal of Physiology, 1952, 117: 500.

[12] Alarcon T, Perez-Madrod A, Rubi J M. Stochastic resonance in nonpotential systems[J]. Physical Review E, 1998, 57: 4979-4983.

[13] Wu D, Zhu S Q. Stochastic resonance in FitzHugh-Nagumo system with time-delayed feedback [J]. Physics Letters A, 2008, 372: 5299-5304.

[14] Zeng C, Zeng C, Gong A, et al. Effect of time delay in FitzHugh-Nagumo neural model with correlations between multiplicative and additive noises[J]. Physica A, 2010, 389: 5117-5127.

[15] Bezrukov S M, Vodynoy I. Stochastic resonance in non-dynamical systems without response thresholds[J]. Nature, 1997, 385: 319-321.

[16] Goychuk I, Hänggi P. Stochastic resonance in ion channels charaterized by information theory[J]. Physical Review E, 2000, 61: 4272-4280.

[17] Li X L, Ning L J. Stochastic resonance in FitzHugh-Nagumo model driven by multiplicative signal and non-Gaussian noise [J]. Indian Journal of Physics, 2015, 89: 189.

[18] Ning L J, Xu W. Stochastic resonance under modulated noise in linear systems driven by dichotomous noise [J]. Acta Physica Sinica, 2007, 56: 1944.

[19] Berdichevsky V, Gitterman M. Multiplicative stochastic resonance in linear systems: analytic solution[J]. Europhysics Letters, 1996, 36: 161-165.

[20] Berdichevsky V, Gitterman M. Stochastic resonance in linear systems subject to multiplicative and additive noise [J]. Physical Review E, 1999, 60: 1494-1499.

[21] Barzykin A V, Seki K, Shibata F. Periodically driven linear system with multiplicative colored noise[J]. Physical Review E, 1998, 57: 6555-6563.

[22] Shapiro V E, Loginov V E. "Formulae of differentiation" and their use for solving stochastic equations [J]. Physica A, 1978, 91: 563.

[23] Kubo R, Toda M, Hashitsume N. Nonequilibrium statistical mechanics Part 2[M]. Berlin: Springer, 1986.

[24] Fuliński A. Relaxation, noise-induced transitions, and stochastic resonance driven by non-Markovian dichotomic noise[J]. Physical Review E, 1995, 52: 4523-4526.

[25] Dykman M I, Luchinsky D G, McClintock P V E, et al. Stochastic resonance for periodically modulated noise intensity[J]. Physical Review A, 46: R1713-R1716.

[26] Wang J, Cao L, Wu D J. Stochastic multiresonance for periodically modulated noise in a single-mode laser[J]. Chinese Physics Letters, 2003, 20: 1217-1220.

[27] Jin Y F, Xu W, Xu M, et al. Stochastic Resonance in linear system due to dichotomous noise modulated by bias signal[J]. Journal of Physics A: Mathematical and General, 2005, 38: 3733-3742.

[28] Cao L, Wu D J. Stochastic resonance in a periodically driven linear system with multiplicative and periodically modulated additive white noises [J]. Physica A Statistical Mechanics and Its Applications, 2007, 376: 191-198.

[29] Guo F, Zhou Y R, Jiang S Q, et al. Stochastic resonance in an over-damped bias linear system with dichotomous noise[J]. Chinese Physics Letters, 2006, 23: 1705-1708.

[30] Guo F, Zhou Y R, Jiang S Q, et al. Stochastic resonance in a bias linear system with multiplicative and additive noise[J]. Chinese Physics B, 2006, 15: 947-952.

第8章 系统参数与时滞对三稳系统振动共振的影响

8.1 引　　言

在相当长的一段时间里,噪声普遍被认为是有害的,会影响有用信号的检测,并且给许多系统带来干扰甚至导致其不能正常工作,必须设法抑制或消除它的影响. 随着非线性科学和统计物理的发展[1-5],随机共振[6-9]的发现给出了一个令人不可思议的结论: 噪声有助于增强系统输出. Landa 和 McClintock[10] 从随机共振的行为中得到启迪,将随机共振系统中的噪声用高频率的周期信号替代,继而观察到一种有趣的动力学现象,即振动共振. 振动共振的出现引起了人们的广泛关注. 一方面,诱导振动共振发生的两种不同频率信号在自然界中是广泛存在的,如在脑动力学[11]、激光物理学[12]、声学[13]、神经科学[14] 等众多领域中都存在高低两种频率信号; 另一方面,在信号处理中,低频信号在系统中往往携带有用信息,可以利用高频信号对信息的传播起到调制作用. 因此,可以借助高频信号来促进低频信号的传播. 此外,高频信号是确定的,相对噪声而言更易于控制和调节. 因此,对振动共振及其特性的探究有着十分重要的现实意义和广泛的应用前景.

8.2 势函数参数对三稳系统中振动共振的影响

目前,经典振动共振现象在诸多系统中被发现[15-45],然而通过改变系统参数来实现振动共振控制的研究成果却不多,特别是在多稳系统[46,47]. 三稳系统[48-50]作为联系双稳和多稳的桥梁,在物理学中扮演着不可忽视的角色. 本节从三稳势函数的形状特征出发对三稳系统振动共振的输出特性进行系统研究.

8.2.1 模型介绍

受两种不同频率信号作用的一类五次方振子系统,可描述为

$$\ddot{x} + d\dot{x} + A\omega_0^2 x + B\beta x^3 + C\gamma x^5 = f\cos(\omega t) + g\cos(\Omega t). \quad (8.2.1)$$

式中, d 是线性阻尼的系数; $f\cos(\omega t)$ 是幅值为 f、频率为 ω 的低频信号; $g\cos(\Omega t)$ 是幅值为 g、频率为 Ω 的高频信号, 且满足 $f \ll 1, \Omega \gg \omega$. 这种模型在各种电气和机械系统中有着广泛的应用, 如描述梁在轴向拉伸状态下的单模态动力学特性[51], 还可以用来研究搁置在弹性衬底上的光束的单模动态[52] 等.

在不考虑阻尼项以及信号激励时, 势函数为

$$V(x) = \frac{1}{2}A\omega_0^2 x^2 + \frac{1}{4}B\beta x^4 + \frac{1}{6}C\gamma x^6. \tag{8.2.2}$$

当系统参数满足条件 $\omega_0^2, \gamma, A, B, C > 0, \beta < 0$ 以及 $\beta^2 > 4\omega_0^2\gamma$ 时, $V(x)$ 表示一个对称三势阱函数.

在 $A = B = C = \alpha_1 > 0$ 的情况下, 势函数具有三个稳定点 x_1, x_2, x_3 和两个不稳定点 x_4, x_5, 分别为 $x_1^* = 0$, $x_{2,3}^* = \pm\sqrt{\dfrac{-\beta + \sqrt{\beta^2 - 4\gamma\omega_0^2}}{2\gamma}}$, $x_{4,5}^* = \pm\sqrt{\dfrac{-\beta - \sqrt{\beta^2 - 4\gamma\omega_0^2}}{2\gamma}}$. 此时, 阱的深度从左至右可分别记作 ΔV_l、ΔV_m 和 ΔV_r. 其表达式为

$$\Delta V_l = \Delta V_m = \Delta V_r = \alpha_1 \frac{6\omega_0^2 p + 3\beta p^2 + 2\gamma p^3}{12}, \tag{8.2.3}$$

式中,

$$p = \frac{-\beta - \sqrt{\beta^2 - 4\gamma\omega_0^2}}{2\gamma}.$$

与此同时, 相邻势阱间距离为

$$L = \sqrt{\frac{-\beta + \sqrt{\beta^2 - 4\gamma\omega_0^2}}{2\gamma}}. \tag{8.2.4}$$

由此可知, 势阱的深度变化可以通过改变参数 α_1 来实现, 并且相邻势阱间距离保持不变, 如图 8.2.1(a) 所示.

当 $A = 1/\alpha_2^2, B = 1/\alpha_2^4, C = 1/\alpha_2^6$ 及 $\alpha_2 \neq 0$ 时, 势函数的三个稳定点为 $x_1^* = 0, x_{2,3}^* = \pm\alpha_2\sqrt{\dfrac{-\beta + \sqrt{\beta^2 - 4\gamma\omega_0^2}}{2\gamma}}$, 两个不稳定点表示为

$$x_{4,5}^* = \pm\alpha_2\sqrt{\frac{-\beta - \sqrt{\beta^2 - 4\gamma\omega_0^2}}{2\gamma}}.$$

8.2 势函数参数对三稳系统中振动共振的影响

相邻的两个势阱间的距离为

$$L = \alpha_2 \sqrt{\frac{-\beta + \sqrt{\beta^2 - 4\gamma\omega_0^2}}{2\gamma}}. \tag{8.2.5}$$

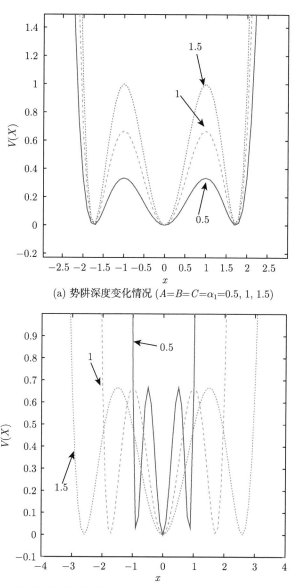

(a) 势阱深度变化情况 ($A=B=C=\alpha_1=0.5, 1, 1.5$)

(b) 势阱位置变化情况 ($A=1/\alpha_2^2$, $B=1/\alpha_2^4$, $C=1/\alpha_2^6$; $\alpha_2=0.5, 1, 1.5$)

图 8.2.1 三稳势函数及运动图

此时, 势阱的深度 $\left(\Delta V_l = \Delta V_m = \Delta V_r = \dfrac{6\omega_0^2 p + 3\beta p^2 + 2\gamma p^3}{12}\right)$ 与 α_2 无关. 也就是说, 改变参数 α_2 的值, 相邻的两个势阱间的距离随之变化, 而势阱深度不变, 如图 8.2.1(b) 所示.

因此, 这里主要探索势阱深度参数 α_1 和势阱间距参数 α_2 对一类五次方振子系统中振动共振行为的影响. 为了方便起见, 满足条件 $A = B = C = \alpha_1$ 和 $A = 1/\alpha_2^2$, $B = 1/\alpha_2^4$, $C = 1/\alpha_2^6$ 的系统 [式 (8.2.1)] 分别记作 US1 和 US2, 并且要求 $\alpha_2 > 0$.

8.2.2 三稳系统的输出响应

为了利用快慢变量分离法推导非线性方程式 (8.2.1) 的输出响应, 设

$$x(t) = X(t, \omega t) + \Psi(t, \Omega t), \tag{8.2.6}$$

式中, $X(t, \omega t)$ 是慢分量的运动; $\Psi(t, \Omega t)$ 是快速时间变量 $\tau = \Omega t$ 以 2π 为周期的快分量, 并且其均值为

$$\overline{\Psi}(t, \tau) = \frac{1}{2\pi}\int_0^{2\pi} \Psi(t, \tau)\mathrm{d}\tau = 0. \tag{8.2.7}$$

将式 (8.2.6) 代入式 (8.2.1) 并在快速时间尺度上进行平均后, 可以得到 X 和 Ψ 的运动方程分别为

$$\begin{aligned}&\ddot{X} + d\dot{X} + (A\omega_0^2 + 3B\beta\overline{\Psi^2} + 5C\gamma\overline{\Psi^4})X + 10C\gamma\overline{\Psi^3}X^2 + (B\beta + 10C\gamma\overline{\Psi^2})X^3 \\ &+ C\gamma X^5 + B\beta\overline{\Psi^3} + C\gamma\overline{\Psi^5} = f\cos(\omega t),\end{aligned} \tag{8.2.8}$$

$$\begin{aligned}&\ddot{\Psi} + d\dot{\Psi} + A\omega_0\Psi + 3B\beta X^2(\Psi - \overline{\Psi}) + 3B\beta X(\Psi^2 - \overline{\Psi^2}) + B\beta(\Psi^3 - \overline{\Psi^3}) \\ &+ 5C\gamma X^4(\Psi - \overline{\Psi}) + 10C\gamma X^3(\Psi^2 - \overline{\Psi^2}) + 10C\gamma X^2(\Psi^3 - \overline{\Psi^3}) \\ &+ 5C\gamma X(\Psi^4 - \overline{\Psi^4}) + C\gamma(\Psi^5 - \overline{\Psi^5}) = g\cos(\Omega t).\end{aligned} \tag{8.2.9}$$

式中, $\overline{\Psi^j} = \dfrac{1}{2\pi}\displaystyle\int_0^{2\pi} \Psi^j \mathrm{d}\tau$, $j = 0, 1, 2, \cdots, 5$.

在上述两个方程中, 比较关心的是关于慢变量的方程式 (8.2.8), 它可以通过改变快速信号的参数来适当调整, 以证明振动共振的存在. 由于 Ψ 是一个快速变化的量, 可以进一步假设 $\ddot{\Psi} \gg \dot{\Psi}, \Psi, \Psi^2, \Psi^3, \Psi^4, \Psi^5$, 即利用惯性近似式 (8.2.9) 近似为 $\ddot{\Psi} = g\cos(\Omega t)$. 当 $t \to \infty$ 时, 可以得到

$$\Psi = -\frac{g}{\Omega^2}\cos(\Omega t). \tag{8.2.10}$$

8.2 势函数参数对三稳系统中振动共振的影响

此时 $\overline{\Psi^2} = \dfrac{g^2}{2\Omega^4}, \overline{\Psi^3} = 0, \overline{\Psi^4} = \dfrac{3g^4}{8\Omega^8}, \overline{\Psi^5} = 0$. 相应地, 关于慢变量的方程式 (8.2.8) 可以变为

$$\ddot{X} + d\dot{X} + c_1 X + c_2 X^3 + C\gamma X^5 = f\cos(\omega t), \tag{8.2.11}$$

式中,

$$c_1 = A\omega_0^2 + \frac{3B\beta g^2}{2\Omega^4} + \frac{15C\gamma g^4}{8\Omega^8}, c_2 = B\beta + \frac{5C\gamma g^2}{\Omega^4}.$$

式 (8.2.11) 的有效势函数为

$$V_{\text{eff}}(X) = \frac{1}{2}c_1 X^2 + \frac{1}{4}c_2 X^4 + \frac{1}{6}C\gamma X^6. \tag{8.2.12}$$

当无信号输入时, 式 (8.2.11) 有五个平衡点, 分别为

$$\begin{cases} X_1^* = 0, \\ X_{2,3}^* = \pm\sqrt{\dfrac{-c_2 + \sqrt{c_2^2 - 4Cc_1\gamma}}{2C\gamma}}, \\ X_{4,5}^* = \pm\sqrt{\dfrac{-c_2 - \sqrt{c_2^2 - 4Cc_1\gamma}}{2C\gamma}}. \end{cases} \tag{8.2.13}$$

在平衡态附近可能出现缓慢振荡, 引入偏差 $Y = X - X^*$ 使得慢振荡发生在 $Y^* = 0$ 附近, 据此可以得到

$$\ddot{Y} + d\dot{Y} + \eta_1 Y + \eta_2 Y^2 + \eta_3 Y^3 + \eta_4 Y^4 + C\gamma Y^5 = f\cos(\omega t), \tag{8.2.14}$$

式中,

$$\eta_1 = c_1 + 3c_2 X^{*2} + 5C\gamma X^{*4}, \ \eta_2 = 3c_2 X^* + 10C\gamma X^{*3},$$

$$\eta_3 = c_2 + 10C\gamma X^{*2}, \ \eta_4 = 5C\gamma X^*.$$

由于低频输入信号满足条件 $f \ll 1$, 可以进一步假设 $|Y| \ll 1$ 并且忽略式 (8.2.14) 中的非线性项. 当 $t \to \infty$ 时, 可求得其解为

$$Y(t) = A_L \cos(\omega t - \phi), \tag{8.2.15}$$

式中,

$$A_L = \frac{f}{\sqrt{(\omega_r^2 - \omega^2)^2 + d^2\omega^2}}, \ \phi = \arctan\left(\frac{\omega^2 - \eta_1}{d\omega}\right).$$

式中, 共振频率 $\omega_r = \sqrt{\eta_1}$.

系统的响应振幅定义为

$$Q = \frac{A_L}{f} = \frac{1}{\sqrt{S}}, \tag{8.2.16}$$

式中,

$$S = (\omega_r^2 - \omega^2)^2 + d^2\omega^2. \tag{8.2.17}$$

显然, Q 是一个量化指标, 用来衡量低频信号通过非线性系统放大的程度. 依据此量, 可以对共振行为进行分析. 当 Q 达到局部极大值, 即 S 到达它的局部极小值时, 称发生振动共振.

8.2.3 势阱深度对振动共振行为的影响

通过理论推导近似地求出了系统响应在低频处的幅值 Q, 下面讨论 US1 系统中势阱深度参数 α_1 对振动共振的影响.

注意到当控制参数变化时, 共振发生的可能性和共振发生时的参数值可以根据 Q 的理论表达式确定. 如果 Q 达到极大值, 则 S 达到极小值. 首先, 将低频频率 ω 作为控制参数, 当出现振动共振时满足条件

$$\begin{cases} S_\omega = \dfrac{\mathrm{d}S}{\mathrm{d}\omega}\bigg|_{\omega=\omega_{VR}} = (-4(\omega_r^2 - \omega^2) + 2d^2)\omega \mid_{\omega=\omega_{VR}} = 0, \\ S_{\omega\omega} \mid_{\omega=\omega_{VR}} = \dfrac{\mathrm{d}^2 S}{\mathrm{d}\omega^2} \bigg|_{\omega=\omega_{VR}} > 0. \end{cases} \tag{8.2.18}$$

容易推得

$$\omega_{VR} = \sqrt{\omega_r^2 - \frac{d^2}{2}}, \ \omega_r^2 > \frac{d^2}{2}. \tag{8.2.19}$$

响应幅值 Q 在 $\omega = \omega_{VR}$ 处达到极大值; 在 $\omega_r^2 < d^2/2$ 的范围内, 不出现共振. 更有趣的是, 无论 ω 如何变化, 共振频率 ω_r 保持不变. 因此, 最多只有一个共振可以被观察到.

图 8.2.2 给出了 ω_{VR} 作为高频振幅 g 的函数, 随不同的势阱深度参数 α_1 变化的曲线. 参数取值如下: $\omega_0^2 = 3, \beta = -4, \gamma = 1, d = 0.5, f = 0.05, \Omega = 10$. 很显然, 对于一个固定的 g 值, ω_{VR} 随着 α_1 的增加而变大. 此外还可以看出, 对于 α_1 分别取 0.25、1.0 和 2.0 时, 对应地, $g \in [158.42, 164.56]$, $g \in [160.09, 161.61]$, 以及 $g \in [160.36, 161.16]$, 将不会发生共振 (原因是在 g 的上述区域中 $\omega_r^2 - d^2/2 < 0$). 也就是说, 势阱深度越深, 不发生共振的 g 的区间越小, 直到趋于零.

8.2 势函数参数对三稳系统中振动共振的影响

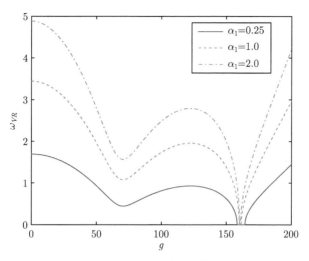

图 8.2.2　ω_{VR} 作为高频振幅 g 的函数, 随不同势阱深度参数 α_1 变化的曲线

图 8.2.3 给出了不同的势阱深度下, 响应幅值 Q 的变化曲线. 其中实线是由快慢变量分离法得到的理论近似结果, 图中每条曲线只有一个峰值, 这意味着只有一个共振发生. 随着深度参数 α_1 增大, 响应振幅 Q 的峰值越来越低, 曲线变得更平坦, 说明深度过大会使系统输出特性变差. 相反地, 势阱深度较小时, 系统具有较好的输出特性.

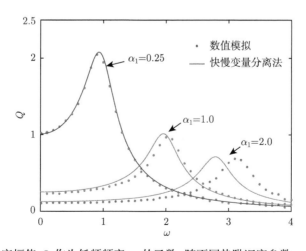

图 8.2.3　响应幅值 Q 作为低频频率 ω 的函数, 随不同势阱深度参数 α_1 变化的曲线

为了验证理论结果的有效性,计算系统的响应幅值,计算公式为

$$Q = \frac{\sqrt{Q_s^2 + Q_c^2}}{f}. \tag{8.2.20}$$

式中,Q_s 和 Q_c 分别为系统输出在频率 ω 处的正弦和余弦傅里叶分量,分别为

$$Q_s = \frac{2}{nT} \int_0^{nT} x(t) \sin(\omega t) \mathrm{d}t,$$

$$Q_c = \frac{2}{nT} \int_0^{nT} x(t) \cos(\omega t) \mathrm{d}t.$$

式中,$T = \dfrac{2\pi}{\omega}$;n 为正整数. 从图 8.2.3 可以看出,近似理论解曲线与直接对原系统进行数值模拟得到的曲线吻合程度较好,说明快慢变量分离法能够有效地分析系统式 (8.2.1) 的共振行为.

将高频信号的幅值 g 作为控制参数,使得稳定的平衡点个数发生变化的临界值为

$$g_0^{(1,2)} = \Omega^2 \sqrt{\frac{-\beta \mp \sqrt{\beta^2 - (10\gamma\omega_0^2/3)}}{5\gamma/2}}. \tag{8.2.21}$$

此时,共振发生的条件由下式给出

$$S_g = \frac{\mathrm{d}S}{\mathrm{d}g}\bigg|_{g=g_{VR}} = 4(\omega_r^2 - \omega^2)\omega_r \omega_{rg} |_{g=g_{VR}} = 0, \tag{8.2.22}$$

$$S_{gg}|_{g=g_{VR}} = \frac{\mathrm{d}^2 S}{\mathrm{d}g^2}\bigg|_{g=g_{VR}} > 0, \tag{8.2.23}$$

式中,$\omega_{rg} = \dfrac{\mathrm{d}\omega_r}{\mathrm{d}g}$.

根据式 (8.2.21) 和 g 的取值不同,可以分为下列几种情况:

(1) 当 $g > g_0^{(2)}$ 时,V_{eff} 是单势阱函数,慢振荡发生在 $X_1^* = 0$ 附近. 在这种情况下,可以由 $\omega_r^2 - \omega^2 = 0$ 来确定系统发生振动共振时 g 的取值

$$g_{VR}^{(1)} = \Omega^2 \sqrt{\frac{-\alpha_1 \beta + \sqrt{\alpha_1^2 \beta^2 - 10\alpha_1 \gamma(\alpha_1 \omega_0^2 - \omega^2)/3}}{5\alpha_1 \gamma/2}}, \alpha_1 > 0. \tag{8.2.24}$$

(2) 当 $g_0^{(1)} \leqslant g \leqslant g_0^{(2)}$ 时,V_{eff} 变为双势阱函数,慢振荡出现在 $X_{2,3}^*$ 附近.

(3) 当 $g < g_0^{(1)}$ 时,V_{eff} 是一个三势阱函数,慢振荡发生在 $X_{1,2,3}^*$ 周围.

8.2 势函数参数对三稳系统中振动共振的影响

在 (2) 和 (3) 这两种情况中,如果满足 $\omega_r^2 - \omega^2 = 0$ 或者 $\omega_{rg} = 0$ 且 $S_{gg} > 0$ 的条件,就可以观察到振动共振. 而在计算过程中,共振频率 ω_r 是高频信号幅值 g 的复杂函数,推导振动共振发生时有关 g 的理论解析式显得尤为困难. 因此,分别对应于 V_{eff} 的双阱和三阱情况的 $g_{VR}^{(2)}$ 和 $g_{VR}^{(3)}$ 可以由式 (8.2.17) 给出.

图 8.2.4 描述了 g_{VR} 随深度变化的曲线,图中曲线 a~e 从以下情况获得:

(1) 曲线 a: $g > g_0^{(2)}$ 和 $\omega_r^2 - \omega^2 = 0$;
(2) 曲线 b: $g_0^{(1)} \leqslant g \leqslant g_0^{(2)}$ 和 $\omega_{rg} = 0$;
(3) 曲线 c: $g_0^{(1)} \leqslant g \leqslant g_0^{(2)}$ 和 $\omega_r^2 - \omega^2 = 0$;
(4) 曲线 d: $0 < g < g_0^{(1)}$ 和 $\omega_r^2 - \omega^2 = 0$;
(5) 曲线 e: $0 < g < g_0^{(1)}$ 和 $\omega_{rg} = 0$.

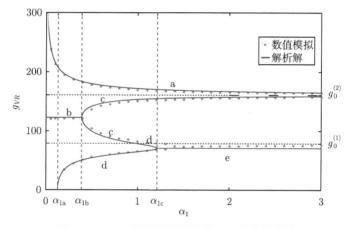

图 8.2.4 g_{VR} 随势阱深度参数 α_1 变化的曲线

这里,曲线 a 代表 $g_{VR}^{(1)}$;用曲线 b 和 c 表示 $g_{VR}^{(2)}$;曲线 d 和 e 用来表示 $g_{VR}^{(3)}$. 从图 8.2.4 可以得出结论,共振发生的次数和 g_{VR} 的值由参数 α_1 决定. 更具体地说,当 $0 < \alpha_1 < \alpha_{1a} = 0.132$ 时,可以观察到两条共振曲线 $g_{VR}^{(1)}$ 和 $g_{VR}^{(2)}$;随着 α_1 从 α_{1a} 增加到 α_{1b},$g_{VR}^{(3)}$ 曲线开始出现;当 $\alpha_{1b} = 0.39 < \alpha_1 < \alpha_{1c} = 1.21$ 时,共振曲线由三条增加到了四条,这主要是由于 $g_{VR}^{(2)}$ 或 $g_{VR}^{(3)}$ 可能有两个值;当 α_1 超过一定的阈值 α_{1c} 时,共振曲线再次变为三条.

为了更好地理解图 8.2.4 中曲线的变化,图 8.2.5 中给出了在不同的势阱深度下, ω_r 和 ω_{rg} 随 g 变化的曲线. 具体讨论如下: 对于每一个固定的 α_1,图 8.2.5(a) 中的共振频率曲线在 $g = g_1 = 70.4$ 处都有一个极小值,在 $g = g_2 = 122.4$ 处都有一个极大值. 相应地,由图 8.2.5(b) 可见,在上述两个极值处 $\omega_{rg} = 0$.

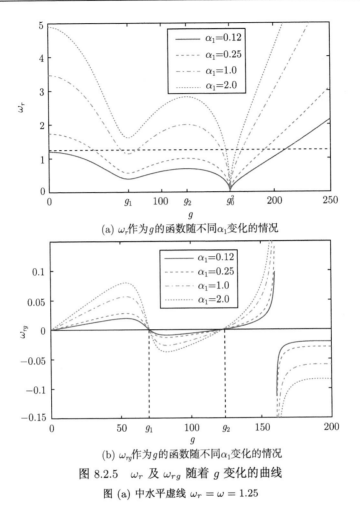

图 8.2.5 ω_r 及 ω_{rg} 随着 g 变化的曲线

图 (a) 中水平虚线 $\omega_r = \omega = 1.25$

也可以从另外一个角度来分析势阱深度变化对系统 VR 的影响, 结合 ω_r 与 ω_{rg} 的曲线图以及图 8.2.6 来说明图 8.2.4 所呈现的结果. 若深度参数取值为 $\alpha_1 = 0.12$ 时, 如图 8.2.6 所示, 出现双重共振. 第一个共振峰出现在 $g = g_2$ 处, 这里 $\omega_{rg} = 0$, 故发生共振; 第二个共振出现在 $g = 210.2$, 在此 g 值处于图 8.2.5(a) 中水平虚线 $\omega_r = 1.25$ 与共振曲线 ω_r 恰有一个交点, 说明在此交点处 $\omega_r^2 - \omega^2 = 0$, Q 达到了极大值 $(Q_{\max} = 1/(d\omega) = 1.6)$, 即发生共振. 至此, 图 8.2.4 中在 $[0, \alpha_{1a}]$ 发生双重共振的结论得到证实. 当深度参数取值为 $\alpha_1 = 2.0$ 时, 在图 8.2.6 中存在三重共振, 第一重共振发生在 $g = g_1$ 处, 此时 $\omega_{rg} = 0$; 第二、三重共振出现在图 8.2.5(a) 中水平虚线 $\omega = 1.25$ 与共振曲线 ω_r 的两个交点处, 在交点处 Q 达到了极大值 $(Q_{\max} = 1/(d\omega) = 1.6)$, 即有三重共振. 同样地, 对于其他几种情况可以做类似的讨

8.2 势函数参数对三稳系统中振动共振的影响

论. 因此, 可以得出结论: 增大 α_1 时, 出现共振的数量也随之变化, 依次出现双重共振、三重共振、四重共振, 最后再到三重共振. 并且, 共振峰值的高低与势阱深度无关.

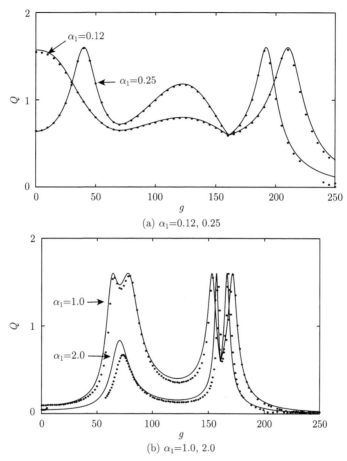

图 8.2.6 响应幅值 Q 作为高频振幅 g 的函数随势阱深度参数 α_1 变化的曲线

实线代表解析解; 圆点表示数值模拟结果

8.2.4 势阱间距对振动共振行为的影响

下面继续讨论 US2 系统中势阱间距对振动共振行为的影响. 对于 US2 系统, 随着 α_2 的增加, 相邻势阱之间的距离也增加. 类似前面对深度的讨论, 首先取低频信号的频率 ω 作为控制参数, 计算出发生共振时 ω_{VR} 的表达式同式 (8.2.19).

图 8.2.7 是 ω_{VR} 作为 g 的函数, 随势阱间距参数 α_2 变化的曲线. 从图 8.2.7 中可以清晰地看出, ω_{VR} 在 g 的一定间隔内是没有值的, 即未出现共振. 并且, α_2 的

增加会导致 g 的非共振区间增大, 而这些区间的位置也会发生变化. 这与图 8.2.2 中 ω_{VR} 随势阱深度参数 α_1 变化得到的结果是不同的, 势阱间距参数 α_2 不仅影响非共振区间长度, 还会导致这些区间的位置左右移动, 而深度参数 α_1 只影响前者.

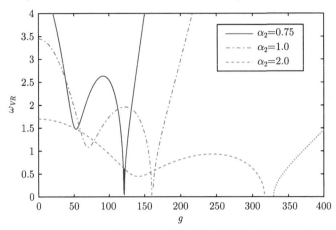

图 8.2.7　ω_{VR} 作为高频振幅 g 的函数, 随势阱间距参数 α_2 变化的曲线

图 8.2.8 描述了不同势阱间距下, 响应幅值 Q 在一个固定的 g 值处随低频频率 ω 变化的曲线. 这里对于 $\alpha_2 = 0.75, 1.0$ 以及 2.0 时给定的 g 值分别为 91.76, 122.08 和 244.71. 通过观察可知, 随着 α_2 的值从 0.75 增加到 2.0, 系统响应 Q 的峰值越来越高, 并且峰值的位置逐渐向原点移动. 说明当相邻阱之间的距离较大时, 粒子可以更好地完成跃迁, 并有着较好的输出响应. 相反地, 在 US1 系统中随着深度参数的增加, Q 的峰值不断减小, 并且峰值的位置逐渐远离原点.

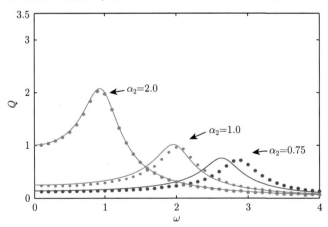

图 8.2.8　Q 作为 ω 的函数, 随势阱间距参数 α_1 变化的曲线
实线代表解析解, 圆点表示数值解

8.2 势函数参数对三稳系统中振动共振的影响

再将高频信号振幅 g 视为控制变量来观察共振行为的变化. 通过一系列计算可得

$$g_0^{(1,2)} = \alpha_2 \Omega^2 \sqrt{\frac{-\beta \mp \sqrt{\beta^2 - (10\gamma\omega_0^2/3)}}{5\gamma/2}}, \tag{8.2.25}$$

$$g_{VR}^{(1)} = \Omega^2 \left(\alpha_2 \sqrt{\frac{-2\beta}{5\gamma}} + \sqrt{\frac{\sqrt{\alpha_2^{-2}\beta^2 - 10\gamma(\alpha_2^{-2}\omega_0^2 - \omega^2)/3}}{5\alpha_2^{-3}\gamma/2}} \right), \alpha_2 \neq 0. \tag{8.2.26}$$

同样地, $g_0^{(1,2)}$ 为使得稳定的平衡点个数发生变化的临界值. 当 $g > g_0^{(2)}$ 时, $g_{VR}^{(1)}$ 是出现振动共振时的 g 值. 在 $g_0^{(1)} \leqslant g \leqslant g_0^{(2)}$ 和 $g < g_0^{(1)}$ 情况下, 振动共振发生时分别对应 $g_{VR}^{(2)}$ 与 $g_{VR}^{(3)}$, 这两个值都可以由式 (8.2.17) 确定.

图 8.2.9 呈现 g_{VR} 随势阱间距参数 α_2 变化的曲线. 对于 $0 < \alpha_2 < \alpha_{2a}$, 发生三重共振; 若 $\alpha_{2a} < \alpha_2 < \alpha_{2b}$, 则存在四重共振; 而如果 $\alpha_{2b} < \alpha_2 < \alpha_{2c}$, 共振再次变为三重. 在这三种情况中, $g_{VR}^{(1)}$, $g_{VR}^{(2)}$ 和 $g_{VR}^{(3)}$ 总是存在, 只是 $g_{VR}^{(2)}$ 和 $g_{VR}^{(3)}$ 曲线的数量在变化. 当 α_2 进一步增大时, 同时具有 $g_{VR}^{(1)}$ 和 $g_{VR}^{(2)}$, 这意味着存在双重共振. 此外将图 8.2.4 与图 8.2.9 进行对比, 得出的结论是共振的数量在分别增大势阱深度和间距的情况下以相反的方式变化. 鉴于此, 图 8.2.10 给出了共振发生数量 R_{num} 随 α_1 和 α_2 变化的图像, 充分地验证了理论方法的有效性.

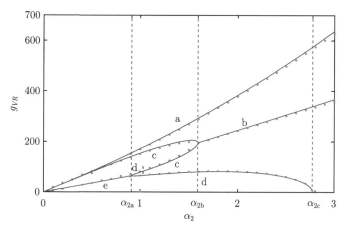

图 8.2.9 g_{VR} 随势阱间距参数 α_2 变化的曲线

实线代表解析解, 圆点表示数值解

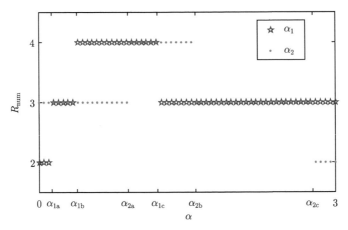

图 8.2.10　共振发生数量 R_{num} 随 α_1 和 α_2 变化的图像

图 8.2.11 是 ω_r 和 ω_{rg} 作为 g 的函数, 随势阱间距变化的曲线. 同样地, 也可以借助于图 8.2.11 来更好地理解图 8.2.9 中的曲线变化, 在此不做赘述. 此外, 从图 8.2.11 可以看出, 临界点 $g_0^{(1,2)}$ 总是随 α_2 变化而变化. 这与 US1 系统中临界点 $g_0^{(1,2)}$ 始终是独立于深度参数 α_1 的结论大相径庭.

图 8.2.12 为系统响应幅值 Q 作为 g 的函数随不同 α_2 变化的曲线. 很明显, 当 $\alpha_2 = 0.75$ 和 $\alpha_2 = 2.0$ 时, Q 有三个峰值, 即意味着出现三重共振; 当 $\alpha_2 = 3.0$ 时, 存在两个峰值, 则具有双重共振行为; 当 $\alpha_2 = 1.0$ 时, 存在四重共振.

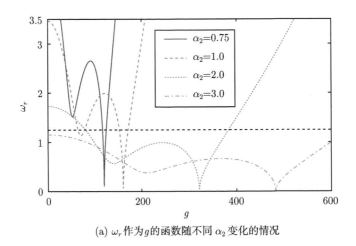

(a) ω_r 作为 g 的函数随不同 α_2 变化的情况

8.2 势函数参数对三稳系统中振动共振的影响

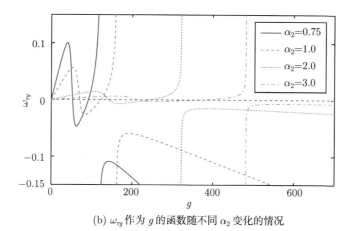

(b) ω_{rg} 作为 g 的函数随不同 α_2 变化的情况

图 8.2.11 ω_r 和 ω_{rg} 分别作为 g 的函数随不同 α_2 变化的曲线

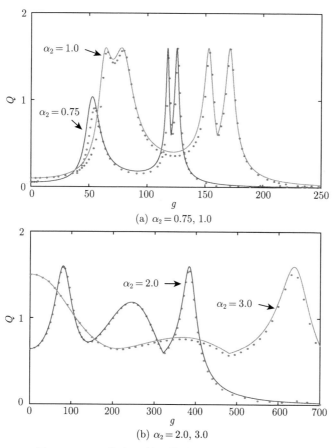

(a) $\alpha_2 = 0.75, 1.0$

(b) $\alpha_2 = 2.0, 3.0$

图 8.2.12 Q 作为 g 的函数随不同 α_2 变化的曲线

本节在具有三势阱的五次方振子模型中，系统地研究势阱深度和相邻的势阱之间的距离对振动共振行为的影响. 分别改变系统势阱深度或者势阱间距来观察响应幅值曲线峰值的变化情况, 可以得出以下结论: 如果将低频信号的频率 ω 视为一个控制变量, 最多发生一次共振, 并且响应峰值的高低取决于势阱的深度和间距大小. 此外, 势阱深度太大或者相邻阱之间的间距太小, 均会使出现振动共振行为的系统输出特性变差. 如果将高频信号振幅 g 看作一个控制变量, 则势阱的深度和间距变化可以改变共振发生的数量, 并且响应幅值高低与势阱的深度和间距大小无关. 因此, 提出调节势阱深度和势阱间距的两种参数控制方式:

(1) 势阱间距不变, 调节势阱深度, 仅需调节参数 α_1.

(2) 势阱深度不变, 调节势阱间距, 仅需调节参数 α_2.

通过势函数的形状特征对系统参数加以控制, 可以减少系统可调参数的数量. 对于复杂的实际信号, 可以确定参数的调节方向以使系统快速达到最佳振动共振状态.

8.3 时滞对三稳系统中振动共振的影响

随着对动力学行为的探究越来越精准化, 系统的时间延迟产生的作用已经不容小觑. 即使是毫秒级的延迟, 也可能使非线性系统产生十分复杂的动力学行为. 因此, 引入延迟效应的动力学模型中的振动共振行为受到了广泛的关注[53-58], 同时很多有意思的结论被发现. 这里仍以三稳态五次方振子的模型为基础, 将线性时间延迟引入该模型, 研究时间延迟对该系统振动共振行为的影响, 以达到通过调节时间延迟对振动共振进行有效控制的目的.

8.3.1 含有时滞项的五次方振子模型

由双频信号激励的含有时滞项的五次方振子系统, 其运动方程为

$$\ddot{x} + d\dot{x} + \omega_0^2 x + \beta x^3 + \gamma x^5 + kx(t-\alpha) = f\cos(\omega t) + g\cos(\Omega t), \qquad (8.3.1)$$

式中, k 表示时滞项强度, 正号表示正反馈, 负号表示负反馈; α 是时滞, 且 $\alpha > 0$; $f\cos(\omega t)$ 是幅值为 f、频率为 ω 的低频信号; $g\cos(\Omega t)$ 是幅值为 g、频率为 Ω 的高频信号, 且满足 $f \ll 1$, $\Omega \gg \omega$.

在不考虑时滞和信号激励的情况下, 由式 (8.3.1) 可知该系统的确定性势函

数为

$$V(x) = \frac{1}{2}\omega_0^2 x^2 + \frac{1}{4}\beta x^3 + \frac{1}{6}\gamma x^6. \tag{8.3.2}$$

在本节参数的取值情况下, 势函数 $V(x)$ 具有三势阱的形状, 并且三个势阱的深度是等深的.

8.3.2 三稳系统的输出响应

由于 $\Omega \gg \omega$, 使用快慢变量分离法可以消去式 (8.3.1) 中的快变量. 令式 (8.3.1) 的解为

$$x(t) = X(t, \omega t) + \Psi(t, \Omega t), \tag{8.3.3}$$

式中, X 是周期为 $\frac{2\pi}{\omega}$ 的慢变量; Ψ 是周期为 $\frac{2\pi}{\Omega}$ 的快变量. 据此, 可以得到关于慢变量的方程为

$$\begin{aligned}\ddot{X} + d\dot{X} + (\omega_0^2 + 3\beta\overline{\Psi^2} + 5\gamma\overline{\Psi^4})X + 10\gamma\overline{\Psi^3}X^2 + (\beta + 10\gamma\overline{\Psi^2})X^3 \\ + \gamma X^5 + \beta\overline{\Psi^3} + \gamma\overline{X^5} + kX(t-\alpha) = f\cos(\omega t).\end{aligned} \tag{8.3.4}$$

关于快变量的方程为

$$\begin{aligned}\ddot{\Psi} + d\dot{\Psi} + \omega_0^2\Psi + (3\beta X^2 + 5\gamma X^4)(\Psi - \overline{\Psi}) + (3\beta X + 10\gamma X^3)(\Psi^2 - \overline{\Psi^2}) \\ + (\beta + 10\gamma X^2)(\Psi^3 - \overline{\Psi^3}) + 5\gamma X(\Psi^4 - \overline{\Psi^4}) \\ + \gamma(\Psi^5 - \overline{\Psi^5}) + k\Psi(\tau - \Omega\alpha) = g\cos(\Omega t).\end{aligned} \tag{8.3.5}$$

式中, $\overline{\Psi^j} = \frac{1}{2\pi}\int_0^{2\pi}\Psi^j d\tau, j = 0, 1, 2, \cdots, 5$. 考虑 Ψ 是变化非常快的量, 因此可忽略式 (8.3.5) 中的非线性项, 则其近似的线性形式方程在 $t \to \infty$ 时的解可由下式给出

$$\Psi = \frac{g}{\mu}\cos(\tau + \phi), \tag{8.3.6}$$

式中,

$$\mu^2 = (\omega_0^2 - \Omega^2 + \gamma\cos(\Omega\alpha))^2 + (-d\Omega + \gamma\sin\Omega\alpha)^2,$$
$$\phi = \arctan\left(\frac{-d\Omega + \gamma\sin(\Omega\alpha)}{\omega_0^2 - \Omega^2 + \gamma\cos(\Omega\alpha)}\right).$$

当高频信号的频率 Ω 足够大时, 可以通过忽略 ω_0 和 $-d\Omega$ 来对式 (8.3.6) 作进一步简化. 但在这里为了提高系统响应解析解的精确度, 保留这些项. 则 μ 为时

滞 α 的周期函数, 且周期为 $2\pi/\Omega$. 根据式 (8.3.6) 可以计算得到 $\overline{\Psi} = 0, \overline{\Psi^2} = \dfrac{g^2}{2\mu^2}$, $\overline{\Psi^3} = 0, \overline{\Psi^4} = \dfrac{3g^4}{8\mu^4}, \overline{\Psi^5} = 0$, 将其代入慢变量表达式 (8.3.4), 可得

$$\ddot{X} + d\dot{X} + c_1 X + c_2 X^3 + \gamma X^5 + kX(t-\alpha) = f\cos(\omega t), \tag{8.3.7}$$

式中,

$$c_1 = \omega_0^2 + \frac{3\beta g^2}{2\mu^2} + \frac{15\gamma g^4}{8\mu^4}, \ c_2 = \beta + \frac{5\gamma g^2}{\mu^2}.$$

关于慢变量表达式 (8.3.7) 的有效势函数为

$$V_{\text{eff}}(X) = \frac{1}{2}(c_1+k)X^2 + \frac{1}{4}c_2 X^4 + \frac{1}{6}\gamma X^6. \tag{8.3.8}$$

当 $f = 0$ 时, 式 (8.3.7) 的平衡点为

$$\begin{cases} X_1^* = 0, \\ X_{2,3}^* = \pm\sqrt{\dfrac{-c_2 + \sqrt{c_2^2 - 4(c_1+k)\gamma}}{2\gamma}}, \\ X_{4,5}^* = \pm\sqrt{\dfrac{-c_2 - \sqrt{c_2^2 - 4(c_1+k)\gamma}}{2\gamma}}. \end{cases} \tag{8.3.9}$$

这些平衡点附近出现缓慢的振荡, 把高频信号振幅 g 和时滞 α 作为控制变量. 通过改变这些变量, 可以改变其他参数固定时的平衡点的数量及其稳定性.

接下来, 主要研究系统在平衡点周围的振动. 令 $Y = X - X^*$, 并将其代入式 (8.3.7), 可得

$$\ddot{Y} + d\dot{Y} + \omega_r^2 Y + \eta_1 Y^2 + \eta_2 Y^3 + \eta_3 Y^4 + \gamma Y^5 + kY(t-\alpha) = f\cos(\omega t), \tag{8.3.10}$$

式中,

$$\omega_r^2 = c_1 + 3c_2 X^{*2} + 5\gamma X^{*4}, \ \eta_1 = 3c_2 X^* + 10\gamma X^{*3},$$
$$\eta_2 = c_2 + 10\gamma X^{*2}, \ \eta_3 = 5\gamma X^*.$$

Y 为慢运动 X 偏离平衡点 X^* 的程度, 一般很小. 同时慢运动 X 与低频信号 $f\cos(\omega t)$ 有关. 在低频信号幅值 $f \ll 1$ 的条件下有 $|Y| \ll 1$, 因此忽略式 (8.3.10) 中的非线性项, 即

$$\ddot{Y} + d\dot{Y} + \omega_r^2 Y + kY(t-\alpha) = f\cos(\omega t). \tag{8.3.11}$$

8.3 时滞对三稳系统中振动共振的影响

当 $t \to \infty$ 时,式 (8.3.11) 的解为

$$Y(t) = A_L \cos(\omega t + \Phi), \tag{8.3.12}$$

式中,

$$A_L = \frac{f}{\sqrt{[\omega_r^2 - (\omega^2 - k\cos(\omega\alpha))]^2 + [-d\omega + k\sin(\omega\alpha)]^2}},$$

$$\Phi = \arctan\left(\frac{-d\omega + k\sin(\omega\alpha)}{\omega_r^2 - (\omega^2 - k\cos(\omega\alpha))}\right).$$

令

$$S = [\omega_r^2 - (\omega^2 - k\cos(\omega\alpha))]^2 + [-d\omega + k\sin(\omega\alpha)]^2. \tag{8.3.13}$$

则系统响应幅值定义为

$$Q = \frac{A_L}{f} = \frac{1}{\sqrt{S}}. \tag{8.3.14}$$

式中,ω_r 是慢变量 $X(t)$ 振动的共振频率. 关于 Q 的理论表达式还有一个重要观察结果,即它依赖于 α 的周期性,两个周期分别为 $2\pi/\omega$, $2\pi/\Omega$. 这是由于在 Q 的表达式中,ω_r^2 是关于 α 的周期函数,且周期为 $2\pi/\Omega$. $k\cos(\omega\alpha)$ 和 $k\sin(\omega\alpha)$ 的周期均为 $2\pi/\omega$. 当 $k = 0$ 时,即没有时滞时,Q 中不存在周期项.

8.3.3 时滞项强度对振动共振行为的影响

根据系统响应幅值 Q 的表达式 (8.3.14),首先研究当系统受双频信号干扰时,改变时滞强度 k 是否会引起共振行为的改变. 系统参数满足 $\omega_0^2 > 0, \gamma > 0, \beta < 0$ 以及 $\beta^2 > 4\omega_0^2\gamma$,在本小节中参数取值如下: $\omega_0^2 = 3$, $\beta = -4$, $\gamma = 1$, $f = 0.05$, $\omega = 1.25$, $\Omega = 10$.

当高频信号的幅值 g 发生变化时,使得稳定的平衡点个数发生变化的临界值为

$$g_0^{(1,2)} = \mu\sqrt{\frac{-\beta \mp \sqrt{\beta^2 - 10\gamma/3(\omega_0^2 - \gamma k)}}{5\gamma/2}}. \tag{8.3.15}$$

当 $g > g_0^{(2)}$ 时,V_{eff} 是单势阱函数,慢振荡发生在 $X_1^* = 0$ 附近. 当 $g_0^{(1)} \leqslant g \leqslant g_0^{(2)}$ 时,V_{eff} 变为双势阱函数,慢振荡发生在 $X_{2,3}^*$ 附近. 当 $g < g_0^{(1)}$ 时,V_{eff} 是一个三势阱函数,慢振荡发生在 $X_{1,2,3}^*$ 周围.

若系统响应在低频信号处的响应幅值 Q 取得极大值, 则振动共振行为发生. Q 到达极大值点, 即 S 到达极小值点. 那么, 共振发生的条件由下式给出

$$S_g = \frac{\mathrm{d}S}{\mathrm{d}g}\bigg|_{g=g_{VR}} = 4[\omega_r^2 - (\omega^2 - k\cos(\omega\alpha))]\omega_r\omega_{rg} = 0,$$

$$S_{gg}\,|_{g=g_{VR}} = \frac{\mathrm{d}^2 S}{\mathrm{d}g^2}\bigg|_{g=g_{VR}} > 0, \tag{8.3.16}$$

式中, $\omega_{rg} = \dfrac{\mathrm{d}\omega_r}{\mathrm{d}g}$. 通过求解此方程可以获得 S 达到极小值的位置 (共振发生位置记为 g_{VR}). 然而式 (8.3.16) 无法直接求得 g_{VR} 的解析解. 为了探究 g_{VR} 与 k 之间的联系, 利用隐函数数值作图, 其结果如图 8.3.1 所示.

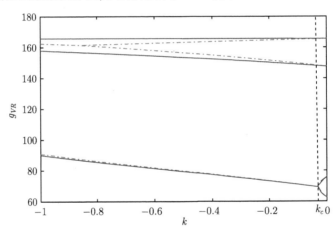

图 8.3.1　g_{VR} 随延迟项强度 k 变化的曲线

实线代表 $\alpha = 1$, 虚线代表 $\alpha = 3$

图 8.3.1 给出了高频信号的共振幅值随时滞项强度 k 变化的曲线. 如果给定 $\alpha = 1$, 随着 $|k|$ 的值从 0 变化到 1, 共振幅值曲线由四条转变为三条. 如果给定 $\alpha = 3$ 时, 随着 k 从 0 取值至 -1, 共振幅值曲线由四条变为三条, 最后成为两条. 可以得到结论: 时滞项强度的改变可以诱导振动共振现象出现的次数发生变化.

为了更好地理解双重、三重以及四重共振机制, 固定 $\alpha = 1$, 借助图 8.3.2 和图 8.3.3 进行具体的分析. 图 8.3.2 给出了时滞项强度 k 取不同值时, 共振频率 ω_r 和 ω_{rg} 分别作为高频幅值 g 的函数图. 图 8.3.3 给出了响应幅值 Q 作为 g 和 k 的函数图. 根据 8.2 节的理论分析可知, 在 $\omega_r^2 = \omega^2 - k\cos(\omega\alpha)$ 或者 $\omega_{rg} = 0$ 处 S 会取得极值, 还需满足 $S_{gg} > 0$, 即剔除掉极大值点, 则 S 达到极小值发生振动共振行

8.3 时滞对三稳系统中振动共振的影响

为. 分析结果如下:

(1) 若 $k = 0$, 从图 8.3.2(a) 可以观察到在没有时滞的情况下, 共振频率 ω_r 的变化曲线与水平虚线 $\omega = 1.25$ 有四个交点, 说明在这四个交点处 $\omega_r^2 = \omega^2$, Q 达到了极大值 ($Q_{\max} = 1/(d\omega) = 1.6$), 如图 8.3.3(b) 所示, Q 有四个峰值, 发生四重共振.

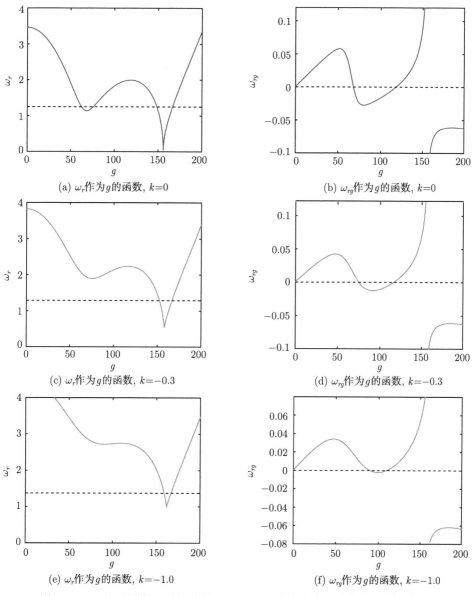

图 8.3.2 k 取不同值时, 共振频率 ω_r 与 ω_{rg} 分别作为高频振幅 g 的函数图

(2) 若 $|k| = 0.3 > |k_c|$, 会发生三重共振. 从图 8.3.2(c) 可以看出, 共振频率 ω_r 的变化曲线与水平虚线 $\omega_r = \sqrt{\omega^2 - k\cos(\omega\alpha)}$ 有两个交点, 在这两个交点处会发生前两次共振. 第三次共振发生在 $g = g_1$ 处, 因为在此 g_1 值处共振频率 ω_r 具有极小值, 即 $\omega_{rg} = 0$, 如图 8.3.2(d) 所示. 图 8.3.3(b) 也充分地验证了上述结论的正确性.

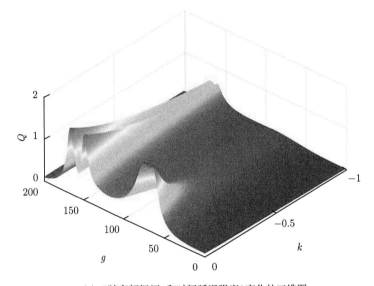

(a) Q 随高频振幅 g 和时间延迟强度 k 变化的三维图

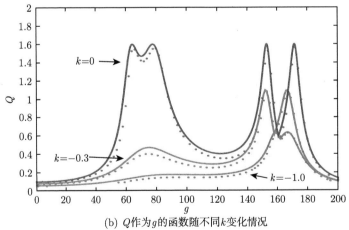

(b) Q 作为 g 的函数随不同 k 变化情况

图 8.3.3 响应幅值 Q 作为 g 和 k 的函数图

(3) 若 $|k| = 1.0 > |k_c|$, 同 (2) 的分析类似, 依然发生三重振动共振. 在图 8.3.3(b) 中可以观察到, 系统响应幅值 Q 有三个峰值, 只是在 $g = g_1$ 处的峰

8.3 时滞对三稳系统中振动共振的影响

值比较小, 共振较弱而已, 共振并未消失.

此外, 根据图 8.3.3 还得到结论: 时滞项强度越大, 共振处的峰值越小, 并且强度 $|k|$ 的变化会导致共振峰的数量发生变化.

8.3.4 时滞对振动共振行为的影响

下面讨论固定 $k = -0.3$ 时, 时滞对系统振动共振行为的作用. 求解将时滞 α 作为变量的共振解析式是比较困难的, 但可以依据式 (8.2.20) 的定义, 直接对式 (8.3.1) 采用四阶 Runge Kutta 算法进行数值模拟, 分析振动共振行为.

图 8.3.4 是在较短的时滞区间 $(\alpha < 2\pi/\omega)$, 响应幅值 Q 随时滞 α 变化的曲线. 参数取值如下: $\omega_0^2 = 3, \beta = -4, \gamma = 1, \omega = 1, f = 0.05, d = 0.5, k = -0.3, g = 150$. 由图 8.3.4 可知, 在给定高频信号频率 Ω 的情况下, 响应幅值 Q 的曲线中峰值出现的位置呈等间隔分布, 即 Q 随 α 变化具有周期性, 且周期刚好等于高频信号的周期 $2\pi/\Omega$. 此结果与 8.3.2 小节中的理论分析结论是一致的, 这也充分说明了解析分析的正确性. 此外还发现高频信号频率越快, 曲线越加平缓, 周期越小.

图 8.3.5 显示的是时滞较长 $(\alpha > 2\pi/\omega)$ 时, 响应幅值 Q 随时滞 α 变化的曲线. 参数取值如下: $\omega_0^2 = 3, \beta = -4, \gamma = 1, \omega = 1, f = 0.05, d = 0.5, k = -0.3, \Omega = 10, g = 150$. 由图 8.3.5 可以看到, 随着时滞 α 的不断增大, 系统响应幅值 Q 还显现出另一种周期性的变化, 其周期等同于低频信号的周期 $2\pi/\omega$, 与理论结果符合. 因此, 在含时滞的五次方三稳系统中, 可以利用调节时滞大小的方式来控制系统的振动共振行为.

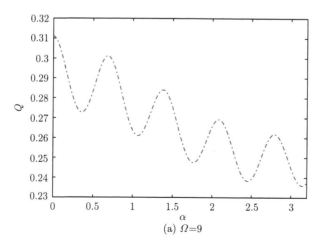

(a) $\Omega=9$

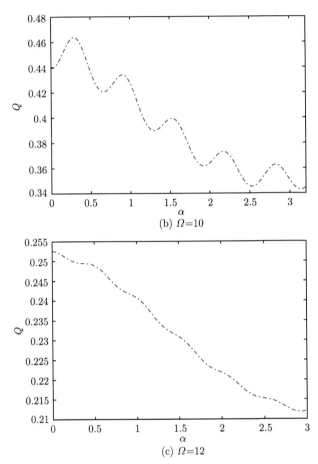

图 8.3.4 在较短的时滞区间 ($\alpha < 2\pi/\omega$), 响应幅值 Q 随时滞 α 变化的曲线

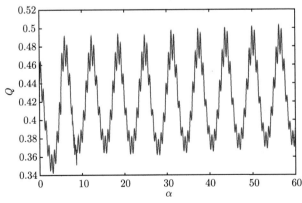

图 8.3.5 在较长的时滞区间 ($\alpha > 2\pi/\omega$), 响应幅值 Q 随时滞 α 变化的曲线

本节考虑双频信号激励下非线性五次方三稳系统中时滞对振动共振现象的影响,通过改变时滞可以实现对振动共振的有效控制.在不考虑时间延迟的系统中,以往的研究已经证实了在五次方振子模型中存在经典的振动共振现象.这里主要分析时滞在非线性系统中的作用,通过调节时滞项强度和时滞可以引起振动共振行为的发生.得到的结论有:首先,时间延迟强度越大,共振处的峰值越小,并且时滞项强度的变化会导致振动共振的数量发生变化.其次,时滞的变化可以诱导系统响应在低频信号频率处的幅值 Q 呈现两种不同的周期性关系,它们恰好分别等于输入高频信号和低频信号的周期.这使得振动共振在工程领域的应用范围更大.理论说明,某些特定复杂系统中信号的传播与接收问题,原因在于双频信号和时间延迟的普遍存在性.

8.4 小 结

振动共振的发现对于人们深入了解非线性共振机制有着深远的意义,它涉及的研究领域和应用范围非常广泛.以往人们的研究重点是分析不同的高频幅值或频率对振动共振的影响,而对系统内势函数参数的作用考虑甚少,大多忽略了系统中实际信号的复杂性以及参数的可变性.对于含有时间延迟的系统,大多数研究借助于数值模拟来进行分析,理论成果并不多.此外,三稳系统相比于双稳系统,会出现一些新的特性和更丰富的动力学行为.因此,本章以此为出发点研究系统参数可变和含有时滞的三稳系统中的振动共振行为.通过数值模拟验证理论解析结果的有效性,分别在势阱深度、势阱间距不同时以及在时间延迟作用下,对系统响应随高频振幅的变化进行讨论分析.通过调节上述变量,均可以实现对振动共振行为的有效控制.

参 考 文 献

[1] 胡海岩. 应用非线性动力学 [M]. 北京: 航空工业出版社, 2000.

[2] 刘次华. 随机过程 [M]. 武汉: 华中科技大学出版社, 2008.

[3] 刘秉政, 彭建华. 非线性动力学 [M]. 北京: 高等教育出版社, 2004.

[4] 朱位秋. 随机振动 [M]. 北京: 科学出版社, 1998.

[5] 胡岗. 随机力与非线性系统 [M]. 上海: 上海科技教育出版社, 1998.

[6] Mcnamara B, Wiesenfeld K. Theory of stochastic resonance[J]. Physical Review A, 1989,

39(9): 4854-4869.

[7] Gammaitoni L, Hanggi P, Jung P. Stochastic resonance[J]. Reviews of Modern Physics, 1998, 70(1): 223-287.

[8] Fauve S, Heslot F. Stochastic resonance in a bistable system[J]. Physics Letters A, 1983, 97(1): 5-7.

[9] Benzi R. The mechanism of stochastic resonance[J]. Journal of Physics A: Mathematical and Theoretical, 1981, 14(11): 453.

[10] Landa P S, McClintock P V E. Vibrational resonance[J]. Journal of Physics A: Mathematical and General, 2000, 33: 433.

[11] Knoblauch A, Palm G. What is signal and what is noise in the brain[J]. Biosystems, 2005, 79: 83-90.

[12] Su D C, Chiu M H, Chen C D. Simple two-frequency laser[J]. Precision Engineering-Journal of The International Societies for Precision Engineering and Nanotechnology, 1993, 18: 161-163.

[13] Maksimov A O. On the subharmonic emission of gas bubbles under two-frequency excitation[J]. Ultrasonics, 1997, 35: 79-86.

[14] Victor J D, Conte M M. Two-frequency analysis of interactions elicited by vernier stimuli[J]. Visual Neuroscience, 2000, 17: 959-973.

[15] Gitterman M. Bistable oscillator driven by two periodic fields[J]. Journal of Physics A: Mathematical and General, 2001, 34: 355-357.

[16] Chizhevsky V N, Giacomelli G. Improvement of signal-to-noise ratio in a bistable optical system: comparison between vibrational and stochastic resonance[J]. Physical Review A, 2005, 71: 011801.

[17] Chizhevsky V N, Smeu E, Giacomelli G. Experimental evidence of "vibrational resonance" in an optical system[J]. Physical Review Letters, 2003, 91: 220602.

[18] Chizhevsky V N, Giacomelli G. Vibrational resonance and the detection of aperiodic binary signals[J]. Physical Review E, 2008, 77: 051126.

[19] Yao C, Liu Y, Zhan M. Frequency-resonance-enhanced vibrational resonance in bistable systems[J]. Physical Review E, 2011, 83: 061122.

[20] Yao C, Zhan M. Signal transmission by vibrational resonance in one-way coupled bistable systems[J]. Physical Review E, 2010, 81(6): 061129.

[21] Baltanas J P, Lopez L, Blechman I I. Experimental evidence, numerics, and theory of vibrational resonance in bistable systems[J]. Physical Review E, 2003, 67(6): 066119.

[22] Casado Pascual J, Baltanas J P. Effects of additive noise on vibrational resonance in a bistable system[J]. Physical Review E, 2004, 69(4): 046108.

[23] Ghosh S, Ray D S. Nonlinear vibrational resonance[J]. Physical Review E, 2013, 88(4): 042904.

[24] Liu H G, Liu X L, Yang J H, et al. Detecting the weak high-frequency character signal by vibrational resonance in the Duffing oscillator[J]. Nonlinear Dynamics, 2017, 89(4): 2621-2628.

[25] Yang J H, Zhu H. Vibrational resonance in Duffing systems with fractional order damping[J]. Chaos, 2012, 22(1): 013112.

[26] Jeevarathinam C, Rajasekar S, Sanjuan M A F. Theory and numerics of vibrational resonance in Duffing oscillators with time-delayed feedback[J]. Physical Review E, 2011, 83: 066205.

[27] Rajasekar S, Jeyakumari S, Chinnathambi V, et al. Role of depth and location of minima of a double-well potential on vibrational resonance[J]. Journal of Physics A: Mathematical and Theoretical, 2010, 43(46): 465101.

[28] Deng B, Wang J, Wei X. Effect of chemical synapse on vibrational resonance in coupled neurons[J]. Chaos, 2009, 19: 013117.

[29] Deng B, Wang J, Wei X, et al. Theoretical analysis of vibrational resonance in a neuron model near a bifurcation point[J]. Physical Review E, 2014, 89(6): 062916.

[30] Yang L J, Liu W H, Yi M, et al. Vibrational resonance induced by transition of phase locking modes in excitable systems[J]. Physical Review E, 2012, 86(2): 016209.

[31] Ullner E, Zaikin A, Garcia-Ojalvo J, et al. Vibrational resonance and vibrational propagation in excitable systems[J]. Physics Letters A, 2003, 312(5-6): 348-354.

[32] Xue M, Wang J, Deng B, et al. Vibrational resonance in feed forward neuronal network with unreliable synapses[J]. European Physical Journal B, 2013, 86(4): 1-9.

[33] Wang C J, Yang K L. Vibrational resonance in bistable gene transcriptional regulatory system[J]. Chinese Journal of Physics, 2012, 50: 607.

[34] Shi J, Huang C, Dong T, et al. High-frequency and low-frequency effects on vibrational resonance in a synthetic gene network[J]. Physics in Medicine and Biology, 2010, 7: 036006.

[35] Jeevarathinam C, Rajasekar S, Sanjuan M A F. Vibrational resonance in groundwater-dependent plant ecosystems[J]. Ecological Complexity, 2013, 15(5): 33-42.

[36] Jeyakumari S, Chinnathambi V, Rajasekar S, et al. Vibrational resonance in an asymmetric Duffing oscillator[J]. International Journal of Bifurcation and Chaos, 2011, 21:

275-286.

[37] Yang J H, Liu X B. Delay induces quasi-periodic vibrational resonance[J]. Journal of Physics A: Mathematical and Theoretical, 2010, 43(12): 122001.

[38] Yang J H, Liu X B. Delay-improved signal propagation in globally coupled bistable systems [J]. Physica Scripta, 2011, 83(6): 065008.

[39] Hu D, Yang J, Liu X. Delay-induced vibrational multi-resonance in FitzHugh-Nagumo system[J]. Communications in Nonlinear Science and Numerical Simulation, 2012,17(2): 1031-1035.

[40] Jeevarathinam C, Rajasekar S, Sanjuan M A F. Effect of multiple time-delay on vibrational resonance[J]. Chaos, 2013, 23(1): 013136.

[41] Yang J H, Zhu H. Bifurcation and resonance induced by fractional-order damping and time delay feedback in a Duffing system[J]. Communications in Nonlinear Science and Numerical Simulation, 2013, 18(5): 1316-1326.

[42] 张路, 谢天婷, 罗懋康. 双频信号驱动含分数阶内、外阻尼 Duffing 振子的振动共振 [J]. 物理学报, 2014, 63: 010506.

[43] Yang Z L, Ning L J. Vibrational resonance in a harmonically trapped potential system with time delay[J]. Pramana Journal of Physics, 2019, 92: 89.

[44] Chizhevsky V N. Vibrational higher-order resonances in an overdamped bistable system with biharmonic excitation[J]. Physical Review E, 2014, 89: 062914.

[45] Chen Z J, Ning L J. Impact of depth and location of the wells on vibrational resonance in a triple-well system[J]. Pramana Journal of Physics, 2018, 90: 49.

[46] Yang J H, Liu X B. Controlling vibrational resonance in a multistable system by time delay[J]. Chaos, 2010, 20(3): 033124.

[47] Rajasekar S, Abirami K, Sanjuan M A F. Novel vibrational resonance in multistable systems[J]. Chaos, 2011, 21: 033106.

[48] Wagner C, Kiefhaber T. Intermediates can accelerate protein folding[J]. Proceedings of The National Academy of Sciences of The United States of America, 1999, 96: 6716.

[49] Arathi S, Rajasekar S. Impact of the depth of the wells and multi-fractal analysis on stochastic resonance in a triple-well system[J]. Physica Scripta, 2011, 84(6): 065011.

[50] Gilboa G, Sochen N, Zeevi Y Y. Image sharpening by flows based on triple well potentials[J]. Journal of Mathematical Imaging and Vision, 2004, 20: 121-131.

[51] Lenci S, Menditto G, Tarantino A M. Homoclinic and heteroclinic bifurcation in the non-linear dynamics of beams resting on elastic substrate[J]. International Journal of Non-Linear Mechanics, 1999, 34: 615-632.

[52] Tchoukuegno R, Woafo P. Dynamics and active control of motion of a particle in a φ^6 potential with a parametric forcing[J]. Physica D: Nonlinear Phenomena, 2002, 167: 86-100.

[53] Hu D L, Yang J H, Liu X B. Vibrational resonance in the FitzHugh-Nagumo system with time-varying delay feedback[J]. Computers in Biology and Medicine, 2014, 45(1): 80-86.

[54] Daza A, Wagemakers A, Rajasekar S, et al. Vibrational resonance in a time-delayed genetic toggle switch[J]. Communications in Nonlinear Science and Numerical Simulation, 2013, 18(2): 411-416.

[55] Hu D L, Liu X B. Delay-enhanced signal transmission in a coupled excitable system[J]. Neurocomputing, 2014, 135(135): 268-272.

[56] Fang C J, Liu X B. Theoretical Analysis on the vibrational resonance in two coupled overdamped anharmonic oscillators[J]. Chinese Pphysics Letters, 2012, 29: 050504.

[57] Wang C J, Yang K L, Qu S X. Vibrational resonance in a discrete neuronal model with time delay[J]. International Journal of Modern Physics B, 2014, 28: 1450103.

[58] 杨建华, 刘先斌. 线性时滞反馈引起的周期性振动共振分析 [J]. 物理学报, 2012, 61(1): 010505.

第 9 章　噪声诱导下非线性系统的概率密度演化

9.1　引　　言

随机力对非线性系统的作用已成为现代统计物理理论和非线性科学发展研究的一个重要前沿 [1-3], 尤其是在一定的非线性条件下, 随机力对系统的概率密度演化过程起着决定性的作用, 甚至能改变宏观系统的命运 [4]. 例如, 噪声可以抑制肿瘤细胞的增长 [5-8], 能诱导双稳系统出现重入现象 [9], 且在基因选择模型中产生的延迟效应有利于某一单倍体基因的被选择 [10,11]. 因此, 噪声诱导下非线性动力系统的概率密度演化问题已是非线性科学和统计物理发展过程中的一个重要内容 [12,13].

众所周知, 在非线性系统的概率密度演化问题中, 非定态解以及定态解是描述此演化问题的两个重要的基本量. 而当系统状态变量由不稳定点演化到稳定点附近时, 定态解是已不随时间变化的解 [14-16]. 定态解不仅反映系统的长时间行为, 而且经过不同长短时间的瞬态过程后, 系统会被这种长时间行为所统治. 因此, 本章基于随机微分方程、随机过程以及非线性动力系统的理论与方法, 深入探讨这种演化效应产生的条件、机制及其在随机系统中的应用问题.

9.2　FPK 方程的近似非定态解

近年来, 随机力对非线性系统的作用已成为许多领域的重要研究对象, 在非平衡物理系统、生物系统、化学系统等系统中有广泛应用, 可用来描述系统的定态、非定态等问题 [17-21].

在乘性色噪声激励的线性系统中, Berdichevsky 等 [22] 发现了广义上的随机共振现象. 王参军等 [23] 研究了色交叉关联色噪声激励下肿瘤细胞增长模型的平均首通时间, 发现色噪声正关联与负关联时其强度与自关联时间所起的作用互不相同. Mei 等 [24] 研究了色关联噪声对双稳系统关联函数的影响. 这些研究成果是通过不同近似方法得到的, 如 Fox 方法、Novikov 定理、投影算子方法、统一色噪声近似等. 研究色噪声作用下具有非线性漂移的 FPK 方程在不稳定态的概率密度演化问

9.2 FPK 方程的近似非定态解

题, 目前已经存在多种有效的近似方法, 如 Wentzel-Kramers-Brillouin 法、Ω 展开标度理论、变分法以及精确度比较高的格林函数 Ω 展开法等. 鉴于此, 这里主要探究非同源噪声激励下一维非线性系统在不稳定点附近的概率密度演化问题. 首先, 运用扩维法, 将非 Markov 过程转化为 Markov 过程. 其次, 应用格林函数的 Ω 展开理论在初始时区的线性近似, 将二维非线性系统转化为二维 O-U 过程的基础上, 运用本征值方法近似得到系统的概率密度演化表达式. 最后, 将此结构应用于 Logistic 模型中, 进一步通过计算模拟揭示噪声激励下系统状态变量在不稳定点附近的演化是瞬时完成的.

9.2.1 噪声激励下一维非线性模型

一维确定性非线性动力系统模型为

$$\dot{x} = f(x). \tag{9.2.1}$$

式中, $f(x)$ 为 x 的非线性函数. 考虑系统内部随机力以及外界环境因素的影响, 式 (9.2.1) 所对应的一般形式的朗之万方程可以表示为

$$\dot{x} = f(x) + g(x)\xi(t) + \eta(t), \tag{9.2.2}$$

式中, $g(x)$ 为 x 的函数; $\xi(t)$ 和 $\eta(t)$ 表示噪声, 其统计性质为

$$\begin{cases} \langle \xi(t) \rangle = \langle \eta(t) \rangle = 0, \\ \langle \eta(t)\eta(s) \rangle = 2D\delta(t-s), \\ \langle \xi(t)\xi(s) \rangle = \dfrac{\alpha}{\tau} e^{-\frac{|t-s|}{\tau}}, \\ \langle \eta(t)\xi(s) \rangle = \langle \xi(t)\eta(s) \rangle = 0. \end{cases} \tag{9.2.3}$$

式中, D 表示噪声 $\eta(t)$ 的强度; α 和 τ 分别表示噪声 $\xi(t)$ 的强度与自关联时间.

9.2.2 非线性漂移的 FPK 方程的近似非定态解

式 (9.2.2) 通过高斯型色噪声 $\xi(t)$ 的有限自关联时间 τ 形成了对历史的记忆, 不再是 Markov 型的. 通过扩大维数, 可将系统等效变形为

$$\begin{cases} \dot{x} = f(x) + g(x)y + \eta(t), \\ \dot{y} = -\dfrac{1}{\tau} y + \dfrac{1}{\tau} \Gamma(t). \end{cases} \tag{9.2.4}$$

式中,

$$\langle \Gamma(t) \rangle = 0, \quad \langle \Gamma(t)\Gamma(s) \rangle = 2\alpha\delta(t-s).$$

则式 (9.2.4) 对应的二维 FPK 方程为

$$\frac{\partial \rho(x,y,t)}{\partial t} = -\frac{\partial}{\partial x}[(f(x)+g(x)y)\rho(x,y,t)] + \frac{1}{\tau}\frac{\partial}{\partial y}[y\rho(x,y,t)]$$
$$+ D\frac{\partial^2}{\partial x^2}\rho(x,y,t) + \frac{\alpha}{\tau^2}\frac{\partial^2}{\partial y^2}\rho(x,y,t). \tag{9.2.5}$$

式 (9.2.5) 相应的确定性方程可表示为

$$\begin{cases} \dot{x} = f(x) + g(x)y, \\ \dot{y} = -\dfrac{1}{\tau}y. \end{cases} \tag{9.2.6}$$

假设方程式 (9.2.6) 有一个不稳定定态解 $(a,0)$ 和稳定定态解 $(b,0)$,由于不满足 $\dfrac{\mathrm{d}}{\mathrm{d}y}[f(x)+g(x)y] = \dfrac{\mathrm{d}}{\mathrm{d}x}\left(-\dfrac{1}{\tau}y\right)$,因此系统不具有细致平衡. 但为了研究系统在不稳定附近的演化行为, 可采用线性近似将二维非线性系统转化为线性系统来讨论. 当系统的初态处于不稳定定态解 $(a,0)$ 的邻域时, 系统的概率分布为 δ 分布

$$\rho(x,y,0) = \delta(x-x_0)\delta(y-y_0) = \delta(x-a-m\sqrt{\epsilon})\delta(y-n\sqrt{\epsilon}), m,n = o(1).$$

将方程式 (9.2.6) 在不稳定定态解 $(a,0)$ 处二阶泰勒展开, 并忽略高阶项, 得

$$\begin{cases} \dot{x} = k_1 x + k_2 y + k_3, \\ \dot{y} = -\dfrac{1}{\tau}y. \end{cases} \tag{9.2.7}$$

式中,

$$k_1 = f'(a) > 0, \quad k_2 = g(a), \quad k_3 = -af'(a).$$

则在噪声驱动下, 式 (9.2.7) 对应的 FPK 方程为

$$\frac{\partial \rho(x,y,t)}{\partial t} = -\frac{\partial}{\partial x}[(k_1 x + k_2 y + k_3)\rho(x,y,t)] + \frac{1}{\tau}\frac{\partial}{\partial y}[y\rho(x,y,t)]$$
$$+ D\frac{\partial^2}{\partial x^2}\rho(x,y,t) + \frac{\alpha}{\tau^2}\frac{\partial^2}{\partial y^2}\rho(x,y,t). \tag{9.2.8}$$

可见式 (9.2.8) 是具有线性漂移力及常系数扩散项的二维 O-U 过程. 对此过程, 可以求得精确的非定态解.

由于式 (9.2.8) 的初始分布函数为

$$\rho(x,y,0) = \delta(x-x_0)\delta(y-y_0) = \delta(x-a\text{-}m\sqrt{\epsilon})\delta(y-n\sqrt{\epsilon}), m,n=o(1). \tag{9.2.9}$$

9.2 FPK 方程的近似非定态解

对式 (9.2.8) 进行傅里叶变换, 得

$$\rho(x,y,t) = \frac{1}{(2\pi)^2} \iint e^{i(r_1 x + r_2 y)} \bar{\rho}(r_1, r_2, t) \, dr_1 dr_2. \tag{9.2.10}$$

并将式 (9.2.10) 代入式 (9.2.8), 进行反演, 得到

$$\frac{\partial \bar{\rho}}{\partial t} = k_1 r_1 \frac{\partial \bar{\rho}}{\partial r_1} + k_2 r_1 \frac{\partial \bar{\rho}}{\partial r_2} - \frac{1}{\tau} r_2 \frac{\partial \bar{\rho}}{\partial r_2} - D r_1^2 \bar{\rho} - \frac{\alpha}{\tau^2} r_2^2 \bar{\rho}. \tag{9.2.11}$$

其中, 式 (9.2.10) 给出了 $\bar{\rho}(r_1, r_2, t)$ 的初始条件

$$\bar{\rho}(r_1, r_2, 0) = e^{-i(r_1 x_0 + r_2 y_0)}. \tag{9.2.12}$$

下面使用待定系数法求解方程式 (9.2.11). 假设其解具有以下高斯形式

$$\bar{\rho}(r_1, r_2, t) = e^{-i(r_1 \mu_1(t) + r_2 \mu_2(t)) - \frac{1}{2}(r_1^2 \sigma_{11}(t) + r_1 r_2 \sigma_{12}(t) + r_2 r_1 \sigma_{21}(t) + r_2^2 \sigma_{22}(t))}. \tag{9.2.13}$$

为满足初始条件式 (9.2.12), 必有

$$\mu_1(0) = x_0, \quad \mu_2(0) = y_0, \quad \sigma_{ij}(0) = 0, i,j = 1, 2. \tag{9.2.14}$$

将式 (9.2.13) 代入式 (9.2.11), 并比较等式两边 r_1, r_2 的次数, 得到两组互相独立的方程为

$$\begin{cases} \dot{\mu}_1(t) = k_1 \mu_1(t) + k_2 \mu_2(t), \\ \dot{\mu}_2(t) = -\frac{1}{\tau} \mu_2(t). \end{cases} \tag{9.2.15}$$

$$\begin{cases} \dot{\sigma}_{11}(t) = 2k_1 \sigma_{11}(t) + k_2 \sigma_{12}(t) + k_2 \sigma_{21}(t) + 2D, \\ \dot{\sigma}_{12}(t) = k_1 \sigma_{12}(t) + k_1 \sigma_{21}(t) + 2k_2 \sigma_{22}(t), \\ \dot{\sigma}_{21}(t) = -\frac{1}{\tau} \sigma_{12}(t) - \frac{1}{\tau} \sigma_{21}(t), \\ \dot{\sigma}_{22}(t) = -\frac{2}{\tau} \sigma_{22}(t) + \frac{2\alpha}{\tau^2}. \end{cases} \tag{9.2.16}$$

第一组方程式 (9.2.15) 是确定性方程. 由于此两组方程有唯一的解, 式 (9.2.13) 假设的高斯形式被自洽地证明了.

为方便求解式 (9.2.15) 和式 (9.2.16), 下面采用狄拉克矢量与算子形式分别表示式 (9.2.15) 与式 (9.2.16). 式 (9.2.15) 可改写为

$$|\dot{\mu}(t)\rangle = \Lambda_1 \mu(t)\rangle, \Lambda_1 = \begin{pmatrix} k_1 & k_2 \\ 0 & -\frac{1}{\tau} \end{pmatrix}. \tag{9.2.17}$$

Λ_1 的特征多项式为

$$|\lambda E - \Lambda_1| = \begin{vmatrix} \lambda - k_1 & -k_2 \\ 0 & \lambda + \dfrac{1}{\tau} \end{vmatrix} = (\lambda - k_1)\left(\lambda + \dfrac{1}{\tau}\right),$$

可知线性算子 Λ_1 的本征值为

$$\lambda_1 = k_1, \quad \lambda_2 = -\dfrac{1}{\tau}.$$

为简化起见, 假定 Λ_1 的本征值不简并 (一个本征值对应一个本征矢), 则 λ_1, λ_2 对应的本征矢分别为

$$|\mu\rangle = \begin{pmatrix} 1 \\ 0 \end{pmatrix}, |\nu\rangle = \begin{pmatrix} 0 \\ 1 \end{pmatrix}. \tag{9.2.18}$$

因此, 算子 Λ_1 可用双正交基的形式表示为 $\Lambda_1 = -k_1|\mu\rangle\langle\mu| + \dfrac{1}{\tau}|\nu\rangle\langle\nu|$.

由初始条件 $|\mu(0)\rangle = \begin{pmatrix} \mu_1(0) \\ \mu_2(0) \end{pmatrix} = x_0|\mu\rangle + y_0|\nu\rangle$, 式 (9.2.15) 的解可直接表示为

$$|\mu(t)\rangle = \begin{pmatrix} \mu_1(t) \\ \mu_2(2) \end{pmatrix} = x_0 e^{-\lambda_1 t}|\mu\rangle + y_0 e^{-\lambda_2 t}|\nu\rangle. \tag{9.2.19}$$

同理, 式 (9.2.16) 可表示为

$$\dot{\sigma}(t) = \Lambda_2 \sigma + \sigma \Lambda_2 + 2D_0,$$

$$D_0 = \begin{pmatrix} D & 0 \\ 0 & \dfrac{\alpha}{\tau^2} \end{pmatrix},$$

$$\Lambda_2 = \begin{pmatrix} 2k_1 & k_2 & k_2 & 0 \\ 0 & k_1 & k_1 & 2k_2 \\ 0 & -\dfrac{1}{\tau} & -\dfrac{1}{\tau} & 0 \\ 0 & 0 & 0 & -\dfrac{2}{\tau} \end{pmatrix}.$$

其解为

$$\sigma_{11}(t) = \dfrac{D}{\lambda_1}(1 - e^{-2\lambda_1 t}), \quad \sigma_{12}(t) = \sigma_{21}(t) = 0, \quad \sigma_{22}(t) = \dfrac{\alpha}{\lambda_2 \tau^2}(1 - e^{-2\lambda_2 t}). \tag{9.2.20}$$

将式 (9.2.19) 和式 (9.2.20) 代入式 (9.2.13), 并进行傅里叶变换, 得到非定态解 $\rho(x, y, t)$ 的表达式为

$$\rho(x, y, t) = \dfrac{1}{2\pi}\sqrt{\dfrac{\lambda_1 \lambda_2 \tau^2}{D\alpha(1 - e^{-2\lambda_1 t})(1 - e^{2\lambda_2 t})}}$$

$$\cdot \mathrm{e}^{-\frac{1}{2}\left[\frac{\lambda_1}{D(1-\mathrm{e}^{-2\lambda_1 t})}(x-x_0^2\mathrm{e}^{-\lambda_1 t})^2+\frac{\lambda_2\tau^2}{\alpha(1-\mathrm{e}^{-2\lambda_2 t})}(y-y_0^2\mathrm{e}^{-\lambda_2 t})^2\right]}$$

$$=\frac{1}{2\pi}\sqrt{\frac{k_1\tau}{D\alpha(1-\mathrm{e}^{-2k_1 t})\left(\mathrm{e}^{\frac{2t}{\tau}}-1\right)}}\mathrm{e}^{-\frac{1}{2}\left[\frac{k_1}{D(1-\mathrm{e}^{-2k_1 t})}(x-a^2\mathrm{e}^{-k_1 t})^2+\frac{\tau}{\alpha\left(\mathrm{e}^{\frac{2t}{\tau}}-1\right)}y^2\right]}.$$

由于沿 y 坐标的分布反映了色噪声的行为, 往往更关心的是宏观变量 x 的分布情况, 将上式对 y 积分, 可得到 x 的归一化含时解为

$$\rho(x,t)=N\frac{1}{2\pi}\sqrt{\frac{k_1\tau}{D\alpha(1-\mathrm{e}^{-2k_1 t})(\mathrm{e}^{\frac{2t}{\tau}}-1)}}\mathrm{e}^{-\frac{1}{2}\frac{k_1}{D(1-\mathrm{e}^{-2k_1 t})}(x-a^2\mathrm{e}^{-k_1 t})^2}. \quad (9.2.21)$$

式中, N 为归一化常数.

9.2.3 应用举例与数值分析

1. 产品产量增长模型

Logistic 模型常被用于描述单一种群的繁殖问题, 如肿瘤细胞增长模型、人 (虫) 口增长模型等. 下面用 Logistic 模型描述某一社会现象: 当一种工业产品刚问世时, 其产量 x 的增长率 $\dot{x}$ 与产量 x 成正比. 考虑到产品的销售量有最大限度, 设 M 代表此最大销售量, 增长率 $\dot{x}$ 还受 M 的制约: $\dot{x}$ 应与 $(M-x)$ 成正比, $x=M$ 时, $\dot{x}=0$. 因此, 产品产量增长率应满足微分方程

$$\dot{x}=kx(M-x). \quad (9.2.22)$$

可见产品产量的增长也服从 Logistic 模型, 这是理想环境下产量增长率的表达式. 同时考虑产品的使用寿命问题以及系统内部随机因素 (产品更新换代等) 及环境涨落因素 (品牌竞争等) 的影响, 产量增长率 $\dot{x}$ 遵循的方程可表示为

$$\dot{x}=kx(M-x)-\lambda x+x\xi(t)+\eta(t), \quad (9.2.23)$$

式中, $-\lambda x$ 代表产品自身的损耗, λ^{-1} 表示产品的平均使用寿命, 此时产品最大销售量为 $\left(M-\frac{\lambda}{k}\right)$; $\xi(t)$ 为乘性高斯色噪声; $\eta(t)$ 为加性高斯白噪声. $\xi(t)$ 和 $\eta(t)$ 的统计性质见式 (9.2.3). 根据式 (9.2.6), 无随机干扰的系统式 (9.2.23) 可表示为

$$\begin{cases} \dot{x}=kx(M-x)-\lambda x+xy, \\ \dot{y}=-\frac{1}{\tau}y. \end{cases} \quad (9.2.24)$$

该方程存在一个稳态解 $\left(M-\frac{\lambda}{k},0\right)$ 与一个非稳态解 $(0,0)$.

由前面的讨论, 式 (9.2.23) 对应的近似二维 FPK 方程为

$$\frac{\partial \rho(x,y,t)}{\partial t} = -\frac{\partial}{\partial x}[(kM-\lambda)x\rho(x,y,t)] + \frac{1}{\tau}\frac{\partial}{\partial y}[y\rho(x,y,t)]$$
$$+ D\frac{\partial^2}{\partial x^2}\rho(x,y,t) + \frac{\alpha}{\tau^2}\frac{\partial^2}{\partial y^2}\rho(x,y,t).$$

本征值分别为

$$\lambda_1 = kM - \lambda, \ \lambda_2 = -\frac{1}{\tau}.$$

记 $a = kM - \lambda$, 则式 (9.2.23) 对应的含时非定态解为

$$\rho(x,t) = N\frac{1}{2\pi}\sqrt{\frac{a\tau}{D\alpha(1-\mathrm{e}^{-2at})(\mathrm{e}^{\frac{2t}{\tau}}-1)}}\mathrm{e}^{-\frac{1}{2}\frac{a}{D(1-\mathrm{e}^{-2at})}x^2}. \tag{9.2.25}$$

式中, N 为归一化常数.

2. 变量 x 的一、二阶矩

为了详细地了解噪声对系统状态变量的影响, 由式 (9.2.25) 可得变量 x 的 n 阶矩为

$$\langle x^n(t)\rangle = \int_0^{+\infty} x^n \rho(x,t)\mathrm{d}x. \tag{9.2.26}$$

因此, 变量 x 的一阶矩表达式为

$$\langle x(t)\rangle = \int_0^{+\infty} x\rho(x,t)\mathrm{d}x. \tag{9.2.27}$$

变量 x 的二阶矩表达式为

$$\sigma_x^2 = \langle x^2(t)\rangle - \langle x(t)\rangle^2. \tag{9.2.28}$$

3. 色噪声参数对概率密度演化过程的影响

为了更好地研究色噪声参数对非定态解 $\rho(x,t)$ 的影响, 可以通过 Matlab 模拟分析在噪声扰动下系统的演化行为. 如图 9.2.1 所示, 当参数 $a=1, k=2, D=0.1, \alpha=0.01, \tau=0.1$ 时, 图中两条线 a 与 b 分别表示的是系统在无噪声干扰以及噪声干扰下的演化行为. 从图中可以看出, 在无噪声存在的情况下, 当 t 不超过某值 $(t\approx 7)$ 时, x 是 t 的单调函数; 一旦 t 超过此值后, 随着 t 的增大, x 不再变化, 而是趋于某一定值, 说明存在饱和解. 然而当噪声存在时, x 随 t 不再规律性的变化, 而是随机地在原确定性解的周围上下波动. 由此可见, 噪声的存在使确定性解出现了一些新的现象.

9.2 FPK 方程的近似非定态解

根据式 (9.2.25) 表达的产品产量增长模型, 图 9.2.2 画出了不同噪声参数对 $\rho(x,t)$ 的影响.

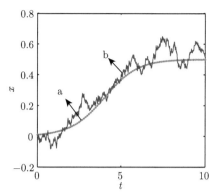

图 9.2.1 变量 x 关于时间 t 变化的曲线

图 9.2.2(a) 中的参数如下: $a=1$, $k=2$, $D=0.5$, $\alpha=0.5$, $\tau=0.5$. 从图中可以看出, 当 t 很小时, $\rho(x,t)$ 随 x 的增加在快速减小, 但随着 t 的增大, $\rho(x,t)$ 随 x 的增加变化缓慢, 最后趋向于 0. 如图 9.2.2(b) 所示, 在其他参数不变的情况下, 当 t 取定值时, 随着 x 的增加, $\rho(x)$ 单调递减, 最后趋于 0; 而随着 t 的增加, $\rho(x)$ 曲线变平缓, 峰值也在下降. 同样, 在图 9.2.2(c) 中, 当 t 较小时, $\rho(x)$ 随着 t 的增加单调递增; 一段时间后, 随着 t 的增大, $\rho(x)$ 反而在减小, 最后趋于定值. 此特性说明在一类新产品问世, 当产量 x 较少时, 而社会对这种产品需求概率在增大, 商家应抓住商机, 增加产量; 一段时间后, 随着产量 x 的增加, 社会对此类产品的需求量也在下降, 直到达到社会需求的饱和量 $\left(x = M - \dfrac{\lambda}{k}\right)$ 时, 商家不会再生产此类产品. 同时也说明, 不稳定态的演化是瞬间完成的.

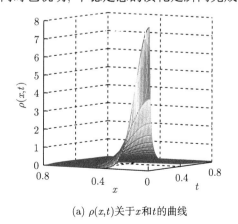

(a) $\rho(x,t)$ 关于 x 和 t 的曲线

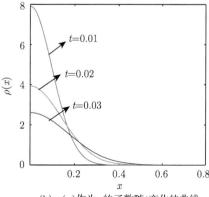

(b) $\rho(x)$ 作为 x 的函数随 t 变化的曲线

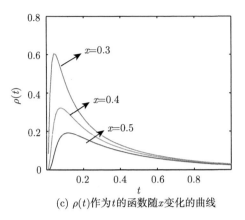

(c) $\rho(t)$ 作为 t 的函数随 x 变化的曲线

图 9.2.2 非定态解随 x 和 t 的变化

图 9.2.3(a) 和 (b) 分别给出了 $\rho(x)$ 作为 x 的函数随色噪声强度 α 以及色噪声自关联时间 τ 变化的曲线. 当参数 $a=1$, $k=2$, $D=0.5$, $\tau=0.5$, $t=0.01$ 时, 从图 9.2.3(a) 可以看出, 随着色噪声强度 α 的增大, $\rho(x)$ 的分布越平缓, 峰值越低; 反之, 当参数 $a=1$, $k=2$, $D=0.5$, $\tau=0.5$, $t=0.1$ 时, 从图 9.2.3(b) 中可以看出, 随着色噪声自关联时间 τ 的增加, $\rho(x)$ 的分布越陡, 峰值越高. 此特性说明在减小外部激励色噪声强度 α 的同时, 增大色噪声自关联时间 τ 有助于商家盈利.

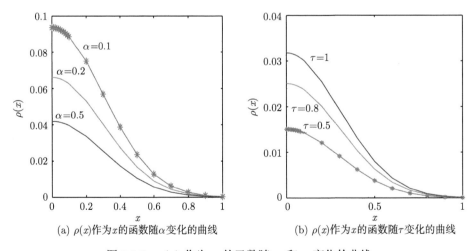

图 9.2.3 $\rho(x)$ 作为 x 的函数随 α 和 τ 变化的曲线

根据式 (9.2.25) 和式 (9.2.27), 当 $a=1$, $k=1$, $D=0.5$, $t=0.1$ 时, 图 9.2.4(a) 给出了变量 x 的均值 $\langle x \rangle$ 作为色噪声自关联时间 τ 的函数随色噪声强度 α 变化

9.2 FPK 方程的近似非定态解

的曲线. 可以看出, 变量 x 的均值是非负的, 且随着 τ 值的增加是单调递增的. 当 τ 值取定时, $\langle x \rangle$ 随 α 的增加单调递减. 当 $a=1$, $k=1$, $D=0.5$, $t=0.01$ 时, 图 9.2.4(b) 给出了变量 x 的均值 $\langle x \rangle$ 作为 α 的函数随 τ 变化的曲线. 可以看出, $\langle x \rangle$ 是单峰曲线, 且峰值出现在 α 极小时; 随着 α 的增加, $\langle x \rangle$ 单调递减, 直到逐渐稳定到定值; 当 α 固定时, $\langle x \rangle$ 随 τ 值的增加而增加的同时, 曲线的峰值上升且向右平移.

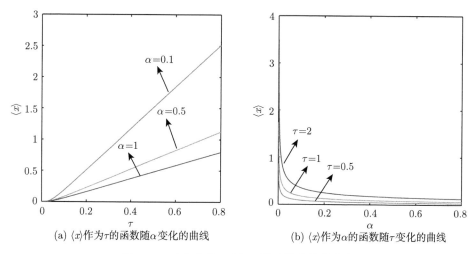

(a) $\langle x \rangle$ 作为 τ 的函数随 α 变化的曲线 (b) $\langle x \rangle$ 作为 α 的函数随 τ 变化的曲线

图 9.2.4 $\langle x \rangle$ 作为 τ 及 α 的函数变化的曲线

当 $a=1$, $k=1$, $D=0.5$, $t=0.01$ 时, 图 9.2.5(a) 给出了变量 x 的方差 σ^2 作为 α 的函数随 τ 变化的曲线图. 可以看出, 变量 x 的方差是正的, 当色噪声强度 α 值较小时, σ^2 是 α 的单调递增函数; 随着 α 值增大, σ^2 是 α 的单调递减函数; 在 $\alpha \approx 0.01$ 时, 曲线出现了峰值. 随着关联时间 τ 值的增加, σ^2 曲线峰值下降的同时在向右平移; 在 $\alpha < 0.01$ 区域, σ^2 随 τ 值的增加单调递减, 而在 $\alpha > 0.01$ 区域, σ^2 是 τ 的单调递增函数. 在参数不变的情况下, 图 9.2.5 (b) 给出了变量 x 的方差 σ^2 作为 τ 的函数随 α 变化的曲线图. 可以看出, 当色噪声强度 α 较大时, σ^2 随自关联时间 τ 的增加而单调增加; 当 α 减小时, σ^2 曲线发生了巨大的变化, 此时 σ^2 曲线出现了一个峰值, 且随 α 的减小, 峰值变高的同时在向左平移; 当 α 较小时, σ^2 随着 τ 的增加先单调递增后单调递减.

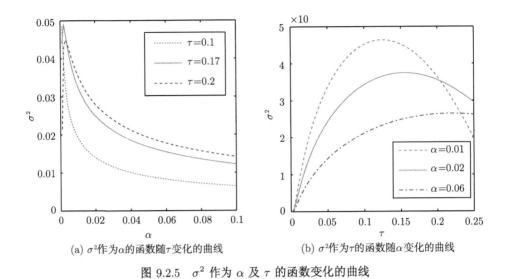

图 9.2.5 σ^2 作为 α 及 τ 的函数变化的曲线

9.3 噪声和阻尼力激励下二阶 Duffing 系统的概率密度演化

在实际的生活环境中,大量的理论研究发现噪声在非线性系统中起着非常重要的作用[25-29]. 双稳系统作为典型的非线性系统, 研究噪声对它的作用已占据了整个非线性随机问题的中心. 原因如下: 一是双稳系统中随机力的非线性作用十分典型, 且是多方面的; 二是双稳系统在物理、化学等自然科学以及社会科学领域中有广泛应用[30-33].

在噪声激励双稳系统的研究中, 大多运用各种近似方法研究双稳系统的定态概率密度问题[34-37]. 众所周知, 此定态解已不依赖于时间变化, 不能很好地反映系统状态变量随时间演化的详细过程. 鉴于此, 本节不仅将着重研究非定态解, 而且会探索状态变量处于不稳定态附近以及从不稳定态弛豫到稳定态的演化过程.

9.3.1 确定性模型分析

考虑一个具有双稳势的非线性保守振荡系统 —— Duffing 系统, 其演化的动力学方程为

$$\ddot{x} - \alpha x + \beta x^3 = 0, \quad (9.3.1)$$

式中, $-\alpha + \beta x^3$ 是非线性恢复力, α 和 β 是取正值的系统实参数.

式 (9.3.1) 的势函数和总能函数方程分别为

$$U(x) = -\frac{1}{2}\alpha x^2 + \frac{1}{4}\beta x^4 + \frac{\alpha^2}{4\beta}, \tag{9.3.2}$$

$$\lambda(x,\dot{x}) = \frac{1}{2}\dot{x}^2 - \frac{1}{2}\alpha x^2 + \frac{1}{4}\beta x^4 + \frac{\alpha^2}{4\beta}. \tag{9.3.3}$$

式中，$\lambda(\cdot)$ 是 x 和 $\dot{x}$ 的函数；常数 $\frac{\alpha^2}{4\beta}$ 的引入是为了保证系统势函数和总能函数的非负性. 图 9.3.1(a) 画出式 (9.3.1) 对应势函数的图像. 可以发现, 系统势函数有两个极小值 $\left(x = \pm\sqrt{\frac{\alpha}{\beta}}\right)$，中间有一个极大值 $(x = 0)$，从而形成被中间势垒分隔开的两势阱，且势阱高度为 $U(0)$. 其中，此两侧 $x = \pm\sqrt{\frac{\alpha}{\beta}}$ 是两个稳定平衡点，中间 $x = 0$ 是不稳定平衡点. 因此, 此 Duffing 系统是一个双稳系统.

令 $x_1 = x, x_2 = \dot{x}$，式 (9.3.1) 可以转化为两个一阶的微分方程

$$\begin{cases} \dot{x}_1 = x_2, \\ \dot{x}_2 = \alpha x_1 - \beta x_1^3. \end{cases}$$

系统有三个平衡点: $(0,0)$，$\left(\sqrt{\frac{\alpha}{\beta}}, 0\right)$，$\left(-\sqrt{\frac{\alpha}{\beta}}, 0\right)$. 图 9.3.1(b) 给出了在不同能级 $\left(0 < \lambda_1 < \lambda_2 < \lambda_3 < \frac{\alpha^2}{4\beta} < \lambda_4\right)$ 的条件下系统的运动情况. 可以看出, 除过三个平衡点, 系统在所有的初始条件下都是做周期运动. 当系统总能低于 $\frac{\alpha^2}{4\beta}$ 时, 系统可绕两个势阱对称的做周期运动; 当系统总能超过 $\frac{\alpha^2}{4\beta}$ 时, 系统运动轨迹会越过势垒, 在两个势阱之间做单个周期运动.

在随机动力系统的研究中, 同一非线性系统可能受到不种噪声的影响. 在早期的随机现象研究中, 普遍认为各种噪声是非同源的, 即两噪声之间互不关联. 但后期研究表明, 在某些情况下, 不同的噪声可能来自同一个噪声源, 它们之间具有不同程度的关联性. 将这一关联性引入双稳系统, 发现噪声之间的关联会改变系统的动力学行为[38-41]. 鉴于此, 以下分别讨论非同源噪声以及同源噪声对二阶 Duffing 系统的概率密度演化过程产生的影响.

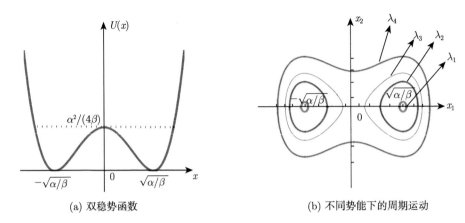

(a) 双稳势函数 (b) 不同势能下的周期运动

图 9.3.1 系统式 (9.3.1) 的双稳势函数及双稳势下的运动

9.3.2 非同源噪声诱导下二阶 Duffing 系统的概率密度演化

1. FPK 方程的近似概率密度演化表达式

事实上, 系统的运动除受随机力的影响, 还受阻尼力的作用. 阻尼力通常都是速度的函数, 而阻尼力最简单的形式是与速度成正比, 即 $\gamma \dot{x}$. 考虑随机力及系统阻尼力的作用, 式 (9.3.1) 可变形为

$$\ddot{x} + \gamma \dot{x} - \alpha x + \beta x^3 = x\xi_1(t) + \xi_2(t), \tag{9.3.4}$$

式中, γ 是阻尼比; $\xi_1(t)$ 和 $\xi_2(t)$ 分别是乘性高斯色噪声和加性高斯白噪声, 统计性质为

$$\begin{cases} \langle \xi_1(t) \rangle = \langle \xi_2(t) \rangle = 0, \\ \langle \xi_1(t)\xi_1(s) \rangle = \dfrac{Q}{\tau} \mathrm{e}^{-\frac{|t-s|}{\tau}}, \\ \langle \xi_2(t)\xi_2(s) \rangle = 2D\delta(t-s), \\ \langle \xi_1(t)\xi_2(s) \rangle = \langle \xi_2(t)\xi_1(s) \rangle = 0. \end{cases} \tag{9.3.5}$$

式中, Q 和 D 分别表示高斯色噪声 $\xi_1(t)$ 和高斯白噪声 $\xi_2(t)$ 的强度; τ 是高斯色噪声 $\xi_1(t)$ 的自关联时间; $\delta(t)$ 是狄拉克函数. 式 (9.3.4) 通过高斯色噪声 $\xi_1(t)$ 的有限关联时间 τ 形成了对历史的记忆, 不再为 Markov 型, 对 x、$\dot{x}$ 以及 $\xi_1(t)$ 做如下变换

$$x = x_1, \quad \dot{x} = x_2, \quad \xi_1(t) = x_3.$$

9.3 噪声和阻尼力激励下二阶 Duffing 系统的概率密度演化

式 (9.3.4) 等效地变形为

$$\begin{cases} \dot{x}_1 = x_2, \\ \dot{x}_2 = -\gamma x_2 + \alpha x_1 - \beta x_1^3 + x_1 x_3 + \xi_2(t), \\ \dot{x}_3 = -\dfrac{1}{\tau} x_3 + \dfrac{1}{\tau} \xi_3(t), \end{cases} \quad (9.3.6)$$

式中, $\xi_3(t)$ 是高斯白噪声, 其统计性质为

$$\langle \xi_3(t) \rangle = 0, \quad \langle \xi_3(t) \xi_3(s) \rangle = 2Q \delta(t-s).$$

则式 (9.3.6) 相应的 FPK 方程为

$$\begin{aligned}\frac{\partial \rho(x_1,x_2,x_3,t)}{\partial t} =& -\frac{\partial}{\partial x_1} x_2 \rho(x_1,x_2,x_3,t) + \frac{1}{\tau}\frac{\partial}{\partial x_3} x_3 \rho(x_1,x_2,x_3,t) \\ &+ D \frac{\partial^2}{\partial x_2^2} \rho(x_1,x_2,x_3,t) + \frac{Q}{\tau^2} \frac{\partial^2}{\partial x_3^2} \rho(x_1,x_2,x_3,t) \\ &- \frac{\partial}{\partial x_2}(-\gamma x_2 + \alpha x_1 - \beta x_1^3 + x_1 x_3) \rho(x_1,x_2,x_3,t).\end{aligned}$$

为了研究系统的不稳定态演化问题, 运用格林函数的 Ω 展开理论, 将初始时区的时间边界定为 t_s.

当 $t < t_s$ 时, 概率分布集中在不稳定点 $(0,0,0)$ 附近. 在这一时区内, 采取以不稳定点为中心的漂移力的线性近似, 即

$$\begin{aligned}\frac{\partial \rho(x_1,x_2,x_3,t)}{\partial t} =& -\frac{\partial}{\partial x_1} x_2 \rho(x_1,x_2,x_3,t) - \frac{\partial}{\partial x_2}(-\gamma x_2 + \alpha x_1) \rho(x_1,x_2,x_3,t) \\ &+ \frac{1}{\tau}\frac{\partial}{\partial x_3} x_3 \rho(x_1,x_2,x_3,t) + D\frac{\partial^2}{\partial x_2^2} \rho(x_1,x_2,x_3,t) \\ &+ \frac{Q}{\tau^2}\frac{\partial^2}{\partial x_3^2} \rho(x_1,x_2,x_3,t).\end{aligned} \quad (9.3.7)$$

可见式 (9.3.7) 是具有线性漂移力、常系数扩散项的三维 O-U 过程. 对此过程可求得其精确的非定态解以及定态解, 这里取 $\alpha=2, \gamma=1, \beta=2$. 式 (9.3.7) 的初始分布为

$$\begin{aligned}\rho(x_1,x_2,x_3,0) =& \delta(x_1 - x_{10})\delta(x_2 - x_{20})\delta(x_3 - x_{30}) \\ =& \delta(x_1 - m\sqrt{\epsilon})\delta(x_2 - n\sqrt{\epsilon})\delta(x_3 - k\sqrt{\epsilon}),\end{aligned} \quad (9.3.8)$$

$$m, n, k = o(1).$$

对式 (9.3.7) 进行傅里叶变换

$$\rho(x_1, x_2, x_3, t) = \frac{1}{(2\pi)^3} \iiint e^{i(r_1 x_1 + r_2 x_2 r_3 x_3)} \bar{\rho}(r_1, r_2, r_3, t) \, dr_1 dr_2 dr_3. \tag{9.3.9}$$

将式 (9.3.9) 代入式 (9.3.7)，并进行反演，可得

$$\frac{\partial \bar{\rho}}{\partial t} = r_1 \frac{\partial \bar{\rho}}{\partial r_2} + 2r_2 \frac{\partial \bar{\rho}}{\partial r_1} - r_2 \frac{\partial \bar{\rho}}{\partial r_2} - \frac{1}{\tau} r_3 \frac{\partial \bar{\rho}}{\partial r_3} - D r_2^2 \bar{\rho} - \frac{Q}{\tau^2} r_3^2 \bar{\rho} \tag{9.3.10}$$

由式 (9.3.9) 可知

$$\bar{\rho}(r_1, r_2, r_3, 0) = e^{-i(r_1 x_{10} + r_2 x_{20} + r_3 x_{30})}. \tag{9.3.11}$$

下面使用待定系数法求解方程式 (9.3.10)，假设其解具有如下高斯形式

$$\bar{\rho}(r_1, r_2, r_3, t) = e^{-i(r_1 \mu_1(t) + r_2 \mu_2(t) + r_3 \mu_3(t)) - \frac{1}{2}(r_1^2 \sigma_{11}(t) + r_1 r_2 \sigma_{12}(t) + r_1 r_3 \sigma_{13}(t))}$$
$$\times e^{-\frac{1}{2}(r_2 r_1 \sigma_{21}(t) + r_2^2 \sigma_{22}(t) + r_2 r_3 \sigma_{23}(t) + r_3^1 \sigma_{31}(t) + r_3 r_2 \sigma_{32}(t) + r_3^2 \sigma_{33}(t))} \tag{9.3.12}$$

根据初始条件式 (9.3.11)，必有

$$\mu_1(0) = x_{10}, \quad \mu_2(0) = x_{20}, \quad \mu_3(0) = x_{30}, \quad \sigma_{ij}(0) = 0, i, j = 1, 2, 3. \tag{9.3.13}$$

将式 (9.3.12) 代入式 (9.3.10)，并比较等式两边 r_1, r_2, r_3 的次数，可得到两组互相独立的方程

$$\begin{cases} \dot{\mu}_1(t) = \mu_2(t), \\ \dot{\mu}_2(t) = 2\mu_1(t) - \mu_2(t), \\ \dot{\mu}_3(t) = -\frac{1}{\tau} \mu_3(t). \end{cases} \tag{9.3.14}$$

$$\begin{cases} \dot{\sigma}_{11}(t) = \sigma_{12}(t) - \sigma_{21}(t), \\ \dot{\sigma}_{12}(t) = 2\sigma_{22}(t), \\ \dot{\sigma}_{13}(t) = \sigma_{23}(t) + \sigma_{32}(t), \\ \dot{\sigma}_{21}(t) = 4\sigma_{11}(t) - \sigma_{12}(t) - \sigma_{21}(t), \\ \dot{\sigma}_{22}(t) = 2\sigma_{12}(t) + 2\sigma_{21}(t) - 2\sigma_{22}(t) + 2D, \\ \dot{\sigma}_{23}(t) = 2\sigma_{13}(t) + 2\sigma_{31}(t) - \sigma_{23}(t) - \sigma_{32}(t), \\ \sigma_{31}(t) = -\frac{1}{\tau} \sigma_{13}(t) - \frac{1}{\tau} \sigma_{31}(t), \\ \sigma_{32}(t) = -\frac{1}{\tau} \sigma_{23}(t) - \frac{1}{\tau} \sigma_{32}(t), \\ \sigma_{33}(t) = -\frac{1}{\tau} \sigma_{33}(t) - \frac{2}{\tau} \sigma_{33}(t) + \frac{2Q}{\tau^2}. \end{cases} \tag{9.3.15}$$

9.3 噪声和阻尼力激励下二阶 Duffing 系统的概率密度演化

由于此两组方程有唯一的解, 式 (9.3.12) 假设的高斯形式被自洽证明. 为了方便的求解式 (9.3.14) 与式 (9.3.15), 下面采用狄拉克矢量与算子形式分别表示式 (9.3.14) 与式 (9.3.15). 其中, 式 (9.3.14) 可改写为

$$|\dot{\mu}(t)\rangle = \Lambda_1 \mu(t)\rangle, \Lambda_1 = \begin{pmatrix} 0 & 1 & 0 \\ 2 & -1 & 0 \\ 0 & 0 & -\dfrac{1}{\tau} \end{pmatrix}. \tag{9.3.16}$$

则 Λ_1 的特征多项式为

$$|\Lambda_1 - \lambda E| = \begin{vmatrix} -\lambda & 1 & 0 \\ 2 & -1-\lambda & 0 \\ 0 & 0 & -\dfrac{1}{\tau}-\lambda \end{vmatrix} = -\left(\dfrac{1}{\tau}+\lambda\right)(\lambda+2)(\lambda-1).$$

因此线性算子 Λ_1 的本征值分别为

$$\lambda_1 = -2, \quad \lambda_2 = 1, \quad \lambda_3 = -\dfrac{1}{\tau}.$$

把本征值 $\lambda_i (i=1,2,3)$ 分别代入齐次方程组

$$\begin{cases} -\lambda_i \mu_1(t) + \mu_2(t) = 0 \\ 2\mu_1(t) - (1+\lambda_i)\mu_2(t) = 0 \\ \left(-\dfrac{1}{\tau} - \lambda_i\right)\mu_3(t) = 0, \end{cases}$$

在假设 Λ_1 的本征值不简并的前提下, $\lambda_1, \lambda_2, \lambda_3$ 对应的本征矢分别为

$$|\mu\rangle = \begin{pmatrix} 1 \\ -2 \\ 0 \end{pmatrix}, |\nu\rangle = \begin{pmatrix} 1 \\ 1 \\ 0 \end{pmatrix}, |w\rangle = \begin{pmatrix} 0 \\ 0 \\ 1 \end{pmatrix}$$

则式 (9.3.14) 的算子表达式为

$$|\mu(t)\rangle = \begin{pmatrix} \mu_1(t) \\ \mu_2(t) \\ \mu_3(t) \end{pmatrix} = x_{10} e^{-\lambda_1 t} |\mu\rangle + x_{20} e^{-\lambda_2 t} |\nu\rangle + x_{30} e^{-\lambda_3 t} |w\rangle. \tag{9.3.17}$$

同理, 式 (9.3.15) 的算子表达式为

$$\dot{\sigma}(t) = \Lambda_2 \sigma + \sigma \Lambda_2 + 2D_0, D_0 = \begin{pmatrix} 0 & 0 & 0 \\ 0 & D & 0 \\ 0 & 0 & \dfrac{Q}{\tau^2} \end{pmatrix}.$$

由 $D_{\mu\nu} = \langle \mu | D | \nu \rangle$, 有

$$D_{11} = \langle \mu | D_0 | \mu \rangle = \begin{pmatrix} 1 & -2 & 0 \end{pmatrix} \begin{pmatrix} 0 & 0 & 0 \\ 0 & D & 0 \\ 0 & 0 & \dfrac{Q}{\tau^2} \end{pmatrix} \begin{pmatrix} 1 \\ -2 \\ 0 \end{pmatrix} = 4D,$$

$$D_{12} = \langle \mu | D_0 | \nu \rangle = \begin{pmatrix} 1 & -2 & 0 \end{pmatrix} \begin{pmatrix} 0 & 0 & 0 \\ 0 & D & 0 \\ 0 & 0 & \dfrac{Q}{\tau^2} \end{pmatrix} \begin{pmatrix} 1 \\ 1 \\ 0 \end{pmatrix} = -2D,$$

同理, 可得 $D_{13} = D_{31} = 0$, $D_{21} = D_{12} = -2D$, $D_{22} = D$, $D_{23} = D_{32} = 0$, $D_{33} = \dfrac{Q}{\tau^2}$.

则式 (9.3.15) 的解为

$$\begin{cases} \sigma_{11}(t) = -2D(1-\mathrm{e}^{4t}), & \sigma_{12}(t) = \sigma_{21}(t) = 4D(1-\mathrm{e}^{t}), \\ \sigma_{13}(t) = \sigma_{31}(t) = 0, & \sigma_{22}(t) = D(1-\mathrm{e}^{-2t}), \\ \sigma_{23}(t) = \sigma_{32}(t) = 0, & \sigma_{33}(t) = -\dfrac{\alpha}{\tau}(1-\mathrm{e}^{\frac{2t}{\tau}}). \end{cases} \quad (9.3.18)$$

将式 (9.3.17) 和式 (9.3.16) 代入式 (9.3.12), 并进行傅里叶变换, 可得式 (9.3.7) 的非定态解为

$$\rho_{in}(x_1, x_2, x_3, t) = (2\pi)^{-\frac{3}{2}} \left[\dfrac{Q}{\tau}(\mathrm{e}^{\frac{2t}{\tau}}-1)(2D^2(\mathrm{e}^{4t}-1)(1-\mathrm{e}^{-2t}) - 16D^2(1-\mathrm{e}^t)^2) \right]^{-\frac{1}{2}}$$

$$\times \mathrm{e}^{-\frac{1}{2}\left[\frac{x_1^2}{2D(\mathrm{e}^{4t}-1)} + \frac{x_1 x_2}{8D(1-\mathrm{e}^{-t})} + \frac{x_2^2}{D(1-\mathrm{e}^{-2t})} + \frac{\tau x_3^2}{Q(\mathrm{e}^{\frac{2t}{\tau}}-1)}\right]} \quad (9.3.19)$$

当 $t > t_s$ 时, 系统的绝大多数概率已溢出了不稳定区. 已知初始时区和广延时区的对接时间为 t_s, 对于 t_s 时刻处于

$$\rho(x_{1s}, x_{2s}, x_{3s}, t_s) = \delta(x_1 - x_{1s}) \delta(x_2 - x_{2s}) \delta(x_3 - x_{3s})$$

的 δ 分布, 格林函数的 Ω 展开近似解为

$$\rho_\Omega(x_1, x_2, x_3, t) = \dfrac{1}{\sqrt{\pi \left(D + \dfrac{Q}{\tau^2}\right) |\sigma(t)|}} \mathrm{e}^{-\frac{\tau^2}{D\tau^2+Q}[T' - T_0'(t)] \delta^{-1}[T - T_0(t)]}. \quad (9.3.20)$$

9.3 噪声和阻尼力激励下二阶 Duffing 系统的概率密度演化

式中, T 和 $T_0(t)$ 分别为三维矢量

$$T = \begin{pmatrix} x_1 \\ x_2 \\ x_3 \end{pmatrix}, \quad T_0(t) = \begin{pmatrix} x_1(t) \\ x_2(t) \\ x_2(t) \end{pmatrix}, \tag{9.3.21}$$

T' 和 $T_0'(t)$ 分别为 T 和 T_0 的转置, $\sigma(t)$ 为 3×3 矩阵

$$\sigma(t) = \begin{pmatrix} \sigma_{11}(t) & \sigma_{12}(t) & \sigma_{13}(t) \\ \sigma_{21}(t) & \sigma_{22}(t) & \sigma_{23}(t) \\ \sigma_{31}(t) & \sigma_{32}(t) & \sigma_{33}(t) \end{pmatrix}, \tag{9.3.22}$$

$x_1(t), x_2(t), x_3(t)$ 由确定性方程

$$\begin{cases} \dot{x}_1 = x_2, \\ \dot{x}_2 = -\gamma x_2 + \alpha x_1 - \beta x_1^3 + x_1 x_3, \\ \dot{x}_3 = -\dfrac{1}{\tau} x_3. \end{cases} \tag{9.3.23}$$

决定, 其初始条件为 $x_1(t_s) = x_{1s}, x_2(t_s) = x_{2s}, x_3(t_s) = x_{3s}$, 矩阵 $\sigma(t)$ 的各元素由式 (9.3.24) 方程组给出

$$\begin{cases} \dot{\sigma}_{11} = \sigma_{12} + \sigma_{21}, \\ \dot{\sigma}_{12} = (2 - 3x_1^2 + x_3)\sigma_{11} - \sigma_{12} + \sigma_{22} + x_1\sigma_{13}, \\ \dot{\sigma}_{13} = \sigma_{23} - \dfrac{1}{\tau}\sigma_{13}, \\ \dot{\sigma}_{22} = 2(2 - 3x_1^2 + x_3)\sigma_{21} - 2\sigma_{22} + 2x_1\sigma_{23} + 2, \\ \dot{\sigma}_{23} = (2 - 3x_1^2 + x_3)\sigma_{13} - \sigma_{23} - \dfrac{1}{\tau}\sigma_{23} + x_1\sigma_{33}, \\ \dot{\sigma}_{33} = -\dfrac{2}{\tau}\sigma_{33} + 2. \end{cases} \tag{9.3.24}$$

其初始条件为 $\sigma_{ij}(t_s) = 0, i = j = 1, 2, 3$. 结合初始 $(t_0 = t_s)$ 的分布式 (9.3.19) 和格林函数式 (9.3.20), 在 t_s 时刻将两解对接, 即给出了随机微分方程式 (9.3.6) 从不稳定点 $(0,0,0)$ 附近出发弛豫到稳定点 $(1,0,0)$ 和 $(-1,0,0)$ 的整个演化过程的近似表达式为

$$\rho(x_1, x_2, x_3, t) = N \iiint \rho_\Omega(x_1, x_2, x_3, t)\rho_{in}(x_1, x_2, x_3, t_s)\mathrm{d}x_{1s}\mathrm{d}x_{2s}\mathrm{d}x_{3s}. \tag{9.3.25}$$

式中, N 为归一化常数.

2. 高斯色噪声参数及系统阻尼力对演化过程的影响

进一步应用 Monte Carlo 模拟法对式 (9.3.6) 进行数值模拟, 验证此近似方法的有效性.

图 9.3.2 描述了 $t < t_s$, 非定态解在 t 取不同值时的变化规律, 其他参数为 $\alpha = 0.01, D = 0.2, \tau = 0.01$. 可以看出, 当 t 很小时, 大多数概率集中于不稳定点 (0,0,0) 附近, 且概率峰的高度随时间 t 的增大极速降低. 说明随着时间的增大, 系统的状态变量远离不稳定点开始向稳定点演化.

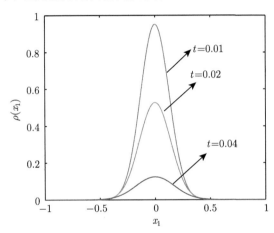

图 9.3.2 当 $t < t_s$ 时, 非定态解 $\rho(x_1)$ 作为 x_1 的函数随 t 变化的曲线

图 9.3.3 描述 $t < t_s$, 非定态解在 x_2, x_3 取不同值时的变化趋势, 其他参数为 $Q = 0.1, D = 0.2, \tau = 0.01, t = 0.01$. 可以看出, 虽然在 x_2, x_3 取三组不同值时, 系统响应的非定态解所对应的曲线形状完全相同, 但曲线的位置以及曲线的峰值都发生了明显的变化. 一方面, 曲线的位置随 x_2 的增大向右移动, 且 x_2 越大, 曲线向右移动远离不稳定点的距离越远; 另一方面, 曲线的峰值随 x_3 的增大快速下降, 即粒子在噪声的驱使下快速逃离不稳定点.

图 9.3.4 描述了在 $t > t_s$ 的条件下, 非定态解作为 x_1 的函数在 x_2 分别取值为 0.1, 0.2, 0.5 时的变化情况, 其他参数为 $Q = 0.001, D = 0.2, \tau = 0.1, t = 2$. 可以发现, 此时系统的概率密度函数关于不稳定点 $x_1 = 0$ 表现出双峰结构. 但随着 x_2 的增大, 概率密度函数关于 $x_1 = 0$ 出现的不对称性越来越明显, 且左峰高度高于右峰. 可见在这一演化过程中, x_2 起着不容忽视的作用.

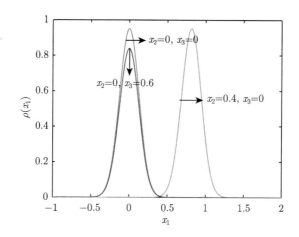

图 9.3.3　当 $t < t_s$ 时, 非定态解 $\rho(x_1)$ 作为 x_1 的函数随 x_2, x_3 变化的曲线

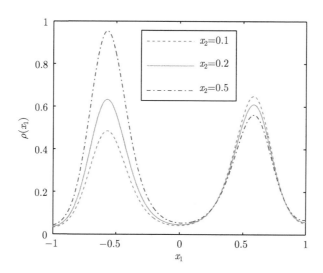

图 9.3.4　当 $t > t_s$ 时, 非定态解 $\rho(x_1)$ 作为 x_1 的函数在 t 取定值时随 x_2 变化的曲线

相对于图 9.3.4, 图 9.3.5 描述了在 $t > t_s$ 的条件下, 当 x_2 取定值时, 非定态解作为 x_1 的函数随时间 t 变化的情况, 其他参数为 $Q = 0.001, D = 0.2, \tau = 0.1,$ $x_2 = 0.1$. 可以看出, 图 9.3.5 和图 9.3.4 的曲线具有类似的结构, 但在图 9.3.5 中, 随着时间 t 的增长, 曲线的非对称性逐渐消失. 也就是说, 当时间 t 很大时, x_2 对系统的作用逐渐被削弱. 而且当峰谷始终保持在 $x_1 = 0$ 时, 曲线两峰的位置随时间 t 的演化逐渐靠近 $x_1 = \pm 1$. 正如图 9.3.6 所示, 当时间 $t \to \infty$ 时, 系统的概率分别以 $(1,0)$ 和 $(-1,0)$ 为中心呈对称性分布, 而 $(1,0)$ 和 $(-1,0)$ 正好是系统的两个稳

定点.

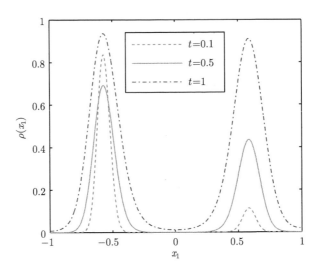

图 9.3.5　当 $t > t_s$ 时, 非定态解 $\rho(x_1)$ 作为 x_1 的函数在 x_2 取定值时随 t 变化的曲线

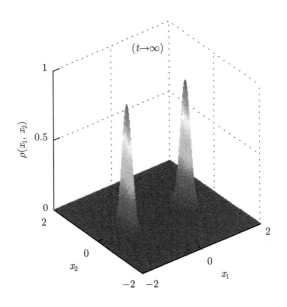

图 9.3.6　非定态解 $\rho(x_1, x_2)$ 作为 x_1 和 x_2 的函数在 $t \to \infty$ 时的分布情况

分析系统的概率分布作为 x_1 的函数分别在不同的时间段 $t < t_s$, $t > t_s$ 以及 $t \to \infty$ 时的分布情况, 其他参数为 $Q = 0.01, D = 0.2, \tau = 0.1$. 图 9.3.7 给出了系统从不稳定态弛预到稳定态的演化过程, 系统的状态变量从初始的不稳定点 0 演

9.3 噪声和阻尼力激励下二阶 Duffing 系统的概率密度演化

化到 ± 1, 而 ± 1 正好是式 (9.3.1) 的稳定点. 可以看出, 类似的曲线结构也出现在图 9.3.6 中. 显然, 概率分布曲线峰的个数随时间的变化从一个变到三个, 最后, 变成以稳定点 ± 1 为中心的两个峰值. 当 $t < t_s$ 时, 绝大多数的概率分布集中在不稳定点附近, 此时 $\rho(0) \gg 0$, 一旦时间演化超过了初始时区的时间边界 t_s, 几乎所有的概率分布会远离不稳定点 $x_1 = 0$ 向稳定点 ± 1 靠近, 并且 $\rho(0)$ 也随时间的增大快速地趋向于 0, 直到 $t \to \infty$ 时减为 0. 与其他文献相比较, 本章给出多维非线性系统中, 粒子从不稳定点到稳定点演化的整个过程. 为了验证此种近似方法的有效性, 有必要将本章结果与数值模拟结果进行比较. 图 9.3.8 是在其他参数不变的情况下, 从式 (9.3.6) 直接出发运用 Monte Carlo 模拟给出的结果. 将图 9.3.7 数值计算给出的结果和图 9.3.8 数值模拟给出的结论进行比较, 不仅验证了此近似方法的有效性, 而且观察到此近似方法的运用极好地给出了二阶 Duffing 系统从不稳定态演化到稳定态的一个动态过程.

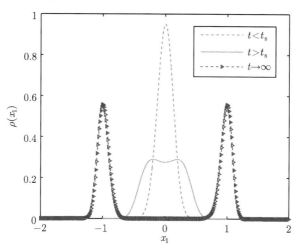

图 9.3.7 数值计算给出的系统从不稳定态弛豫到稳定态的演化过程

图 9.3.9 与图 9.3.10 给出了色噪声参数在系统演化过程中所起的作用. 其中, 图 9.3.9 给出了色噪声强度 Q 对系统演化到稳态时的影响. 可以看出, 随着色噪声强度 α 的增加, 虽然系统的概率分布曲线仍然关于 $x_1 = 0$ 对称, 但分布曲线经历了从 $\rho(0) \gg 0$ 到 $\rho(0) \to 0$ 最后变化到 $\rho(0) = 0$ 的过程. 将参数 $Q = 0.01$、$\tau = 0.1$, $Q = 0.5$、$\tau = 0.1$ 与 $Q = 0.0001$、$\tau = 0.1$ 时所模拟出的曲线相比较, 前两种情况下对应的曲线峰的形状是窄而对称的. 图 9.3.10 给出了色噪声自关联时间 τ 取不同值时对系统演化过程的影响. 将参数取为 $Q = 0.01$、$\tau = 0.05$, $Q = 0.01$、$\tau = 0.1$ 和

$Q=0.01$、$\tau=0.01$ 时所模拟出的曲线形状相比较, 发现前两种情况对应的曲线峰的形状是宽阔而对称的. 也就是说, 在系统演化过程中, 色噪声强度 Q 的增大刺激了这一演化过程, 而色噪声自关联时间 τ 的增大反而抑制了这一演化过程.

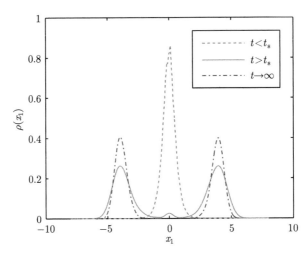

图 9.3.8　数值模拟给出的系统从不稳定态弛豫到稳定态的演化过程

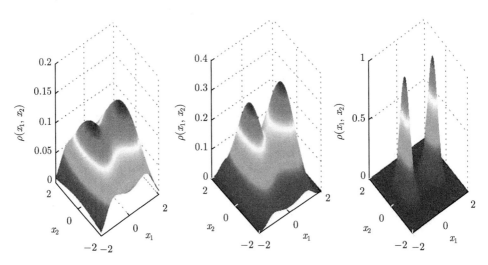

图 9.3.9　非定态解 $\rho(x_1,x_2)$ 作为 x_1 和 x_2 的函数在 $Q=0.0001,0.01,0.5$ 时的概率分布

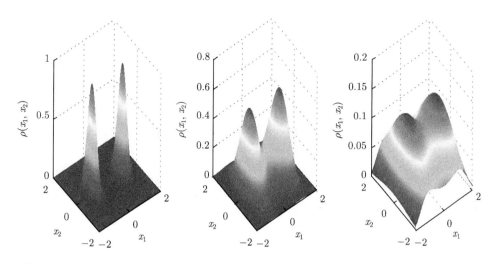

图 9.3.10　非定态解 $\rho(x_1, x_2)$ 作为 x_1 和 x_2 的函数在 $\tau = 0.01, 0.05, 0.1$ 时的概率分布

9.3.3　同源噪声诱导下二阶 Duffing 系统的概率密度演化

1. FPK 方程的近似概率密度演化表达式

由式 (9.3.5) 可知, 噪声 $\xi_1(t)$ 与 $\xi_2(t)$ 是互不关联的. 若噪声 $\xi_1(t)$ 与 $\xi_2(t)$ 之间存在某种形式的关联时, 会对系统式 (9.3.6) 的概率密度演化过程产生什么影响呢?

当噪声 $\xi_1(t), \xi_2(t), \xi_3(t)$ 满足式 (9.3.4) 和式 (9.3.6) 时, 假设噪声 $\xi_2(t)$ 与 $\xi_3(t)$ 是白关联的形式, 即噪声 $\xi_2(t)$ 与 $\xi_3(t)$ 的统计性质为

$$\begin{cases} \langle \xi_2(t) \rangle = \langle \xi_3(t) \rangle = 0, \\ \langle \xi_2(t)\xi_2(s) \rangle = 2D\delta(t-s), \\ \langle \xi_3(t)\xi_3(s) \rangle = 2Q\delta(t-s), \\ \langle \xi_2(t)\xi_3(s) \rangle = \langle \xi_3(t)\xi_2(s) \rangle = 2\lambda\sqrt{DQ}\delta(t-s). \end{cases} \quad (9.3.26)$$

此时, 噪声 $\xi_1(t)$ 与 $\xi_2(t)$ 之间存在关联性. 做如下变换 [42,43]

$$\eta(t) = \xi_2(t) - \lambda\sqrt{\frac{D}{Q}}\xi_3(t),$$

则式 (9.3.6) 可等效的改写为

$$\begin{cases} \dot{x}_1 = x_2, \\ \dot{x}_2 = -x_2 + 2x_1 - 2x_1^3 + x_1 x_3 + \eta(t) + \lambda\sqrt{\dfrac{D}{Q}}\xi_3(t), \\ \dot{x}_3 = -\dfrac{1}{\tau}x_3 + \dfrac{1}{\tau}\xi_3(t). \end{cases} \tag{9.3.27}$$

式中, $\eta(t)$ 是高斯白噪声, 统计性质为

$$\begin{cases} \langle \eta(t) \rangle = 0, \\ \langle \eta(t)\eta(s) \rangle = 2D(1-\lambda^2)\delta(t-s), \\ \langle \eta(t)\xi_3(s) \rangle = \xi_3(t)\eta(s) = 0. \end{cases} \tag{9.3.28}$$

则式 (9.3.27) 对应的三维 FPK 方程为

$$\begin{aligned} \dfrac{\partial \rho(x_1, x_2, x_3, t)}{\partial t} = & -\dfrac{\partial}{\partial x_1} x_2 \rho(x_1, x_2, x_3, t) + \dfrac{1}{\tau}\dfrac{\partial}{\partial x_3} x_3 \rho(x_1, x_2, x_3, t) \\ & - \dfrac{\partial}{\partial x_2}(-x_2 + 2x_1 - 2x_1^3 + x_1 x_3)\rho(x_1, x_2, x_3, t) \\ & + \left[(1-\lambda^2)D + \dfrac{Q^2}{\lambda^2 D}\right]\dfrac{\partial^2}{\partial x_2^2}\rho(x_1, x_2, x_3, t) \\ & + \dfrac{Q}{\tau^2}\dfrac{\partial^2}{\partial x_3^2}\rho(x_1, x_2, x_3, t). \end{aligned} \tag{9.3.29}$$

为了研究关联噪声对系统概论密度演化过程的影响, 同样运用格林函数的 Ω 展开法, 将初始时区的时间边界设为 t_s.

当 $t < t_s$ 时, 依据式 (9.3.7)~式 (9.3.18), 得到系统状态变量在初始时区的概率密度演化近似表达式为

$$\begin{aligned} \rho_1(x_1, x_2, x_3, t) = & (2\pi)^{-\frac{3}{2}}\left[\dfrac{Q}{\tau}(\mathrm{e}^{\frac{2t}{\tau}} - 1)\left(2D(1-\lambda^2) + \dfrac{Q^2}{\lambda^2 D}\right)^2 (\mathrm{e}^{4t} - 1)(1 - \mathrm{e}^{-2t}) \right. \\ & \left. - 16\left(D(1-\lambda^2) + \dfrac{Q^2}{\lambda^2 D}\right)^2 (1 - \mathrm{e}^t)^2\right]^{-\frac{1}{2}} \\ & \cdot \mathrm{e}^{-\frac{1}{2}\left[\frac{x_1^2}{2(D(1-\lambda^2)+\frac{Q^2}{\lambda^2 D})(\mathrm{e}^{4t}-1)} + \frac{x_1 x_2}{8(D(1-\lambda^2)+\frac{Q^2}{\lambda^2 D})(1-\mathrm{e}^{-t})}\right]} \\ & \cdot \mathrm{e}^{-\frac{1}{2}\left[\frac{x_2^2}{(D(1-\lambda^2)+\frac{Q^2}{\lambda^2 D})(1-\mathrm{e}^{-2t})} + \frac{\tau x_3^2}{Q(\mathrm{e}^{\frac{2t}{\tau}}-1)}\right]}. \end{aligned} \tag{9.3.30}$$

当 $t > t_s$ 时, 依据式 (9.3.20)~式 (9.3.24), 得到系统状态变量离开初始时区后的概率密度演化近似表达式为

9.3 噪声和阻尼力激励下二阶 Duffing 系统的概率密度演化

$$\rho_2(x_1, x_2, x_3, t) = \frac{1}{\sqrt{\pi\left[\left(D(1-\lambda^2) + \frac{Q^2}{\lambda^2 D}\right) + \frac{Q}{\tau^2}\right]|\sigma(t)|}} e^{-\frac{\tau^2}{D\tau^2+Q}[T'-T_0'(t)]\delta^{-1}[T-T_0(t)]}.$$

(9.3.31)

在初始时区的时间边界 t_s 处, 将式 (9.3.30) 与式 (9.3.31) 对接, 即得到系统状态变量在关联噪声诱导下从不稳定点演化到稳定点的近似概率密度表达式为

$$\rho(x_1, x_2, x_3, t) = N \iiint \rho_2(x_1, x_2, x_3, t)\rho_1(x_1, x_2, x_3, t_s) \mathrm{d}x_{1s}\mathrm{d}x_{2s}\mathrm{d}x_{3s}. \quad (9.3.32)$$

式中, N 为归一化常数.

2. 关联强度对演化过程的影响

根据关联噪声激励下系统状态变量从不稳定点演化到稳定点的概率密度表达式 (9.3.32), 分别讨论在 $t < t_s$、$t > t_s$ 以及 $t \to \infty$ 时噪声关联强度 λ 对概率密度函数的影响.

固定其他参数为 $Q = 0.01, D = 0.2, \tau = 0.01$. 图 9.3.11 给出了当 $t < t_s$ 以及 $t > t_s$ 时, 概率密度函数随不同噪声关联强度 λ 的演化曲线. 从图 9.3.11(a) 中可以看出, 当 $t < t_s$ 时, 曲线呈单峰分布, 并且 λ 越大, 峰越窄, 即噪声关联强度 λ 的增大抑制了系统在不稳定点附近的演化. 随着时间的增长, 超过 t_s 时, 概率密度曲线呈对称的双峰分布, 且两峰的位置靠近 $x_1 = \pm 1$ 处. 这正好验证了系统状态变量远离不稳定点, 向稳定点靠近的理论分析结果. 从图 9.3.11(b) 中可以看出, 此时噪声关联强度 λ 同样抑制了系统状态变量的演化.

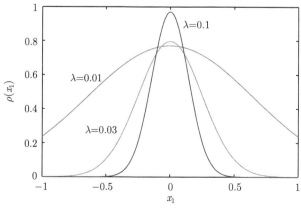

(a) 当 $t < t_s$ 时非定态解 $\rho(x_1)$ 作为 x_1 的函数随 λ 变化的曲线

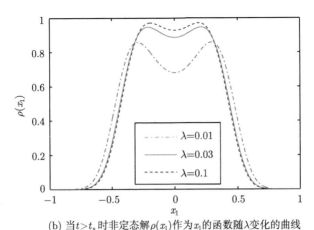

(b) 当$t>t_s$时非定态解$\rho(x_1)$作为x_1的函数随λ变化的曲线

图 9.3.11 非定态解 $\rho(x_1)$ 作为 x_1 的函数随 λ 变化的曲线

同样地, 固定其他参数为 $Q=0.01, D=0.2, \tau=0.01$. 图 9.3.12 描述了系统状态变量在 $t\to\infty$ 时随噪声关联强度 λ 的演化情况. 可以看出, 此时概率演化曲线呈对称的双峰分布, 两峰的位置出现在 $x_1=\pm 1$ 处, 且两峰的高度相等. 但随着噪声关联强度 λ 的增大, 概率密度函数曲线的形状没有发生任何变化, 说明此时状态变量已演化到稳定点 $x_1=\pm 1$ 处.

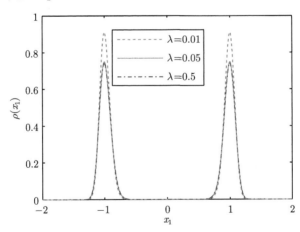

图 9.3.12 当 $t\to\infty$ 时, 非定态解 $\rho(x_1)$ 作为 x_1 函数随 λ 变化的曲线

9.4 小　　结

本章研究噪声诱导下非线性系统的概率密度演化问题. 同时, 运用本征值方法近似地研究噪声激励下一维非线性系统在不稳定态附近的概率密度演化问题. 通过

扩维，本征值方法得到其对应的近似概率密度表达式，并分析噪声参数对系统演化过程的影响. 运用格林函数的 Ω 展开理论，研究同源及非同源噪声扰动下二阶 Duffing 系统从不稳定态演化到稳定态的概率密度响应问题. 通过划分时区，最终得到系统在整个演化时区上的概率密度表达式，分析噪声对演化过程产生的影响，并利用 Monte Carlo 模拟验证理论分析结果的有效性.

参 考 文 献

[1] Risken H, Eberly J H. The Fokker-Planck equation: methods of solution and applications[J]. Journal of the Optical Society of America B: Optical Physics, 1985, 2(3): 508.

[2] Lin Y H, Cai G Q. Probabilistic structural dynamics: advanced theory and applications[M]. New York: McGraw-Hill, 2004.

[3] 胡海岩. 应用非线性动力学 [M]. 北京: 航空工业出版社, 2000.

[4] 胡岗, 姜璐. 具有非线性漂移项的 Fokker-Planck 方程的三个时区 [J]. 北京师范大学学报, 1985, 3: 19.

[5] 杨建华, 刘先斌. 色交叉关联噪声作用下癌细胞增长系统的平均首通时间 [J]. 物理学报, 2012, 59(6): 3727.

[6] Jiang L L, Luo X Q, Wu D, et al. Stochastic properties of tumor growth with coupling between non-Gaussian and Gaussian noise terms[J]. Chinese Physics B, 2012, 21(9): 090503-1.

[7] Han L B, Gong X L, Cao L, et al. Absorption spectra of a three-level atom embedded in a PBG reservoir[J]. Chinese Physics Letters, 2007, 24: 632.

[8] Mei D C, Xie G Z, Zhang L. The stationary properties and the state transition of the tumor cell growth mode[J]. The European Physical Journal B, 2004, 41(1): 107.

[9] Jia Y, Li J R. Reentrance phenomena in a bistable kinetic model driven by correlated noise[J]. Physical Review Letters, 1997, 78, 994.

[10] Qi L, Cai G Q. Dynamics of nonlinear ecosystems under colored noise disturbances[J]. Nonlinear Dynamics, 2013, 73(1-2): 463.

[11] Jia Y, Li J R. Transient properties of a bistable kinetic model with correlations between additive and multiplicative noises: Mean first-passage time[J]. Physical Review E, 1996, 53: 5764.

[12] 屈支林, 胡岗. 非线性非势系统的 Fokker-Planck 方程的近似非定态解 [J]. 物理学报, 1992, 41(9): 1396.

[13] 胡岗. 非线性漂移的 Fokker-Planck 方程的非定态解 [J]. 物理学报, 1985, 34(5): 573.

[14] 胡岗. 随机力与非线性系统 [M]. 上海: 上海科技教育出版社, 1994.

[15] 刘次华. 随机过程 [M]. 武汉: 华中科技大学出版社, 2008.

[16] 刘秉政, 彭建华. 非线性动力学 [M]. 北京: 高等教育出版社, 2004.

[17] Li C, Xu W, Feng J Q, et al. Response probability density functions of Duffing-van der Pol vibro-impact system under correlated Gaussian white noise excitations[J]. Physica A: Statistical Mechanics and its Applications, 2013, 392: 1269.

[18] Zhu H T. Multiple-peak probability density function of non-linear oscillators under Gaussian white noise[J]. Probabilistic Engineering Mechanics, 2013, 31: 46.

[19] Chéagé Chamgoué A, Yamapi R, Woafo P. Bifurcations in a birhythmic biological system with time-delayed noise[J]. Nonlinear Dynamics, 2013, 73: 2157.

[20] Jia Y, Li J R. Steady-state analysis of a bistable system with additive and multiplicative noises[J]. Physical Review E, 1996, 53(6): 5786.

[21] Madureira A J R, Hänggi P, Wio H S. Giant suppression of the activation rate in the presence of correlated white noise sources[J]. Physics Letters A, 1996, 217(4-5): 248.

[22] Berdichevsky V, Gitterman M. Multiplicative stochastic resonance in linear systems: Analytical solution[J]. Eeurophysics Letters, 1996, 36(161): 00203-9.

[23] 王参军, 魏群, 郑宝兵, 等. 色噪声驱动的肿瘤细胞增长系统的瞬态性质: 平均首通时间 [J]. 物理学报, 2008, 57(3): 1375.

[24] Mei D C, Xie C W, Xiang Y L. The state variable correlation function of the bistable system subject to the cross-correlated noises[J]. Physica A: Statistical Mechanics and its Applications, 2004, 343(15): 167.

[25] Hu G. Two-dimensional probability distribution of systems driven by colored noise[J]. Physical Review A, 1991, 43(2): 700.

[26] Hu G, Haken H. Steepest-descent approximation of stationary probability distribution of systems driven by weak colored noise[J]. Physical Review A, 1990, 41(12): 7078.

[27] Qu Z L, Hu G, Ma B K. Relaxation from an intrinsically unstable state to the metastable state in a colored-noise-driven system[J]. Physical Review E, 1993, 47(4): 2361.

[28] Hu G, Lu Z H. Potential of systems subjected to weak noise with large correlation time[J]. Physical Review A, 1991, 44(12): 8027.

[29] Xu W, He Q, Fang T, et al. Global analysis of stochastic bifurcation in Duffing system[J]. International Journal of Bifurcation and Chaos, 2003, 13(10): 3115.

[30] Sliusarenko O Y, Surkov D A, Gonchar V Y, et al. Stationary states in bistable system driven by Lévy noise[J]. The European Physical Journal Special Topics, 2013, 216(1):

133.

[31] Luo X, Wu D, Zhu S. Stochastic Resonance in a time-delayed bistable system with colored coupling between noise terms[J]. International Journal of Modern Physics B, 2012, 26: 1250149.

[32] Xu Y, Wu J, Zhang H Q, et al. Stochastic resonance phenomenon in an under damped bistable system driven by weak asymmetric dichotomous noise[J]. Nonlinear Dynamics, 2012, 70(1): 531.

[33] Bartussek R, Hanggi P, Jung P. Stochastic resonance in optical bistable systems[J]. Physical Review E, 1994, 49: 3930.

[34] Tang Y, Zou W, Lu J, et al. Stochastic resonance in an ensemble of bistable systems under stable distribution noises and nonhomogeneous coupling[J]. Physical Review E, 2012, 85: 046207.

[35] Jin Y F. Noise-induced dynamics in a delayed bistable system with correlated noises[J]. Physica A: Statistical Mechanics and its Applications, 2012, 391(5): 1928.

[36] Xu Y, Li J, Feng J, et al. Lévy noise-induced stochastic resonance in a bistable system[J]. The European Physical Journal B, 2013, 86: 198.

[37] Xu W, He Q, Fang T, et al.Stochastic bifurcation in Duffing system subject to harmonic excitation and in presence of random noise[J]. International Journal of Non-Linear Mechanics, 2004, 39(9): 1473.

[38] Tessone C J, Wio H S, Hänggi P. Stochastic resonance driven by time-modulated correlated white noise sources[J]. Physical Review E, 2000, 62: 4623.

[39] Fuliski A, Telejko T. On the effect of interference of additive and multiplicative noises[J]. Physics Letters A, 1991, 152(1-2): 11.

[40] Denisov S I, Vitrenko A N, Horsthemke W. Nonequilibrium transitions induced by the cross-correlation of white noises[J]. Physical Review E, 2003, 68: 046132.

[41] Ai B Q, Wang X J, Liu G T. Correlated noise in a logistic growth model[J]. Physical Review E, 2003, 67: 022903.

[42] 靳艳飞, 徐伟, 申建伟. 关联噪声对线性系统信噪比的影响 [J]. 动力学与控制学报, 2005, 3(3): 32.

[43] 董小娟. 含关联噪声与时滞项的非对称双稳系统的随机共振 [J]. 物理学报, 2007, 56(10): 5618.

第10章 噪声扰动下含时滞的自激励双节律系统的随机分岔

10.1 引言

虽然双节律现象广泛地出现在众多领域中,但双节律行为对各种系统的影响有利又有弊.研究自激励双节律系统的分岔有助于控制系统的动力学行为,进而在实际应用中发挥重要的作用.双节律振子还非常适合对生物系统进行建模,尤其适用于脑电波中的酶底物反应.人们对双节律系统产生了极大的兴趣.文献 [1]~[3] 分析了具有时滞反馈和加性高斯噪声的双节律系统中的分岔,但忽略了真实的系统通常同时受加性噪声和乘性噪声共同影响的事实. Yang 等 [4] 则研究了在时间延迟反馈、加性和乘性高斯白噪声下的双节律系统的分岔和逃逸问题.白噪声通常作为随机扰动,但接近实际的含噪声的模型要求考虑有色噪声.目前,关于加性和乘性色噪声干扰下的含时滞的自激励双节律振子分岔的研究并不多.已有的文章大多探讨的是高斯噪声的影响,很少有研究是关于非高斯噪声的. α 稳定 Lévy 噪声作为一类特殊的非高斯噪声,它的分布不仅允许非对称和偏态情况的出现,还可以描述自然界中较大的跳跃.因此, Lévy 噪声更适合描述生物系统中的复杂的环境.本章将分别探究两个高斯色噪声和 α 稳定 Lévy 噪声扰动下的含时滞自激励双节律系统中的随机分岔.

10.2 两个高斯色噪声和时滞诱导的随机分岔

噪声从本质上讲总有一定的相关时间,因此高斯色噪声比白噪声更适合模拟随机激励.本节研究两个高斯色噪声和时滞引起的随机分岔.

10.2.1 研究模型

考虑下面含两个时滞反馈项的自激励双节律系统,系统同时受加性高斯色噪声和乘性高斯色噪声的干扰:

10.2 两个高斯色噪声和时滞诱导的随机分岔

$$\ddot{x} - \mu(1 - x^2 + \alpha x^4 - \beta x^6)\dot{x} + x$$
$$= ux(t-\tau) + v\dot{x}(t-\tau_0) + \eta_1(t) + x\eta_2(t), \quad (10.2.1)$$

式中, μ、α 和 β 是正的系统参数, 可调节非线性阻尼; τ 和 τ_0 表示时长不等的两个时滞, 分别包含在位移和速度时滞反馈中; u 和 v 则分别代表两个反馈项的强度. 在之前的研究中, 通常将不同时滞反馈中的时滞视为相等的[2,4,5]. 然而, 位移和速度反馈所含的两个时滞不相等才是更接近真实的情况, 这两个完全不同的时滞对系统动力学的影响可能截然不同. 因此, 这项研究工作也将聚焦于两个时滞诱导分岔的比较. 式 (10.2.1) 中, $\eta_1(t)$ 和 $\eta_2(t)$ 分别为相互独立的加性高斯色噪声和乘性高斯色噪声, 具有如下统计性质:

$$\begin{cases} \langle \eta_i(t) \rangle = 0, \\ \langle \eta_i(t)\eta_j(s) \rangle = \begin{cases} \dfrac{D_i}{\tau_i} \exp\left[-\dfrac{|t-s|}{\tau_i}\right], & i = j, \\ 0, & i \neq j, \end{cases} \quad (i,j = 1,2). \end{cases} \quad (10.2.2)$$

式中, D_1、D_2 和 τ_1、τ_2 分别对应于色噪声 $\eta_1(t)$ 和 $\eta_2(t)$ 的强度和相关时间.

自激励双节律系统非常适合于模拟某些特定的生物过程[6-9]. 当模型式 (10.2.1) 用于模拟脑电波中的酶底物反应时[10], x 与处于激发态的酶分子数量成比例, $\dot{x}$ 表示激发态酶分子数的变化率. 生物系统是由被离子和水所包围的生物分子组成的[11,12]. 正是由于这种构造, 系统中存在非常高的内部电场. 此外, 系统还受到外部化学因素的影响, 如酶分子在运输过程中的流动, 导致了外部电场的存在. 因此, 可以假设电场和极化之间的相互作用所产生的内部和外部影响都包含了随机扰动. 这样, 用有色噪声 $\eta_1(t)$ 表示通常是加性的内部噪声, 而 $\eta_2(t)$ 表示与随机变量有关的外部噪声, 外部噪声常常是乘性的.

10.2.2 分析方法

由于随机系统式 (10.2.1) 中加入了时滞反馈, 其响应 $X = (x, \dot{x})$ 显然是非马尔可夫的, 下面采用多尺度法来处理时滞项. 假设存在另一个慢于一阶尺度 t 的时间尺度 $T = \varepsilon^2 t$ ($\varepsilon > 0$ 为一个小参数), 并且随机贡献在时间尺度 t 甚至更快的尺度被平均, 那么随机性只能在慢尺度 T 上被保留下来. 基于以上假设, 式 (10.2.1) 的解可写为

$$x(t,T) = \varepsilon A(T)\cos(\omega t) - \varepsilon B(T)\sin(\omega t), \quad (10.2.3)$$

式中, ω 是系统的主频率; $A(T)$ 和 $B(T)$ 是随机过程. 对式 (10.2.3) 关于 t 求导, 并考虑时滞及其有限性, 有下面的结果

$$\begin{cases} x(t-\tau) \approx x(t)\cos(\omega\tau) - \dfrac{\dot{x}(t)\sin(\omega\tau)}{\omega}, \\ \dot{x}(t-\tau_0) \approx x(t)\omega\sin(\omega\tau_0) + \dot{x}(t)\cos(\omega\tau_0). \end{cases} \tag{10.2.4}$$

将式 (10.2.4) 代入式 (10.2.1), 系统的演化可重写为

$$\ddot{x} - \mu\left(\zeta - x^2 + \alpha x^4 - \beta x^6\right)\dot{x} + \omega^2 x = \eta_1(t) + x\eta_2(t), \tag{10.2.5}$$

式中,

$$\begin{cases} \zeta = 1 + \dfrac{1}{\mu}\left[-\dfrac{u}{\omega}\sin(\omega\tau) + v\cos(\omega\tau_0)\right], \\ \omega^2 = 1 - u\cos(\omega\tau) - v\omega\sin(\omega\tau_0). \end{cases} \tag{10.2.6}$$

运用多尺度法后, 得到了不含时滞反馈项的新系统式 (10.2.5). 但是, 要特别注意的是, 两个时滞的影响隐含在参数 ζ 和 ω 中.

对系统式 (10.2.5) 运用随机平均法, 其响应将近似为 Markov 过程. 假设噪声的强度 D_1 和 D_2 是小参数, 并将变量替换

$$\begin{cases} x(t) = a(t)\cos\theta(t), \\ \dot{x}(t) = -a(t)\omega\sin\theta(t), \\ \theta(t) = \omega t + \varphi(t). \end{cases} \tag{10.2.7}$$

引入到方程式 (10.2.5), 可以得到振幅 $a(t)$ 的朗之万方程. 在第 4 章中, 已使用了随机平均法, 这里不再给出详细的推导过程. 最后, 可以得到振幅的稳态概率密度函数

$$\begin{cases} p(a) = \dfrac{N}{\sigma^2(a)}\exp\left[2\int\dfrac{m(a)}{\sigma^2(a)}\mathrm{d}a\right], \\ m(a) = -\dfrac{\mu}{128}(5\beta a^7 - 8\alpha a^5 + 16a^3 - 64\zeta a) \\ \qquad\quad + \dfrac{D_1}{2a\omega^2(1+\omega^2\tau_1^2)} + \dfrac{3D_2 a}{8\omega^2(1+4\omega^2\tau_2^2)}, \\ \sigma^2(a) = \dfrac{D_1}{\omega^2(1+\omega^2\tau_1^2)} + \dfrac{D_2 a^2}{4\omega^2(1+4\omega^2\tau_2^2)}, \end{cases} \tag{10.2.8}$$

式中, N 表示归一化常数.

为了证明上述理论分析方法的有效性, 运用蒙特卡罗方法进行了数值模拟, 具体过程可见文献 [13].

10.2.3 随机分岔

本小节以时滞、色噪声的强度和相关时间作为分岔参数来研究如下三种情况的随机分岔.

1. 加性色噪声扰动下的分岔

首先考虑系统式 (10.2.1) 仅包含时滞项和加性色噪声（即 $u,v \neq 0, D_1 \neq 0, D_2 = 0$）的情况. 根据式 (10.2.8), 可以得到

$$\begin{cases} p(a) = N\dfrac{a}{K}\exp\left[-\dfrac{\mu}{1536K}g_1(a)\right], \\ K = \dfrac{D_1}{\omega^2(1+\omega^2\tau_1{}^2)}, \\ g_1(a) = (15\beta a^8 - 32\alpha a^6 + 96a^4 - 768\zeta a^2). \end{cases} \quad (10.2.9)$$

作为 $\dfrac{\partial p(a,t)}{\partial t} = 0$ 的解, $p(a)$ 的极值点 a_m 对应于最可能的振幅, 是以下方程的正实根

$$5\beta a_m^8 - 8\alpha a_m^6 + 16 a_m^4 - 64\zeta a_m^2 - 64\dfrac{K}{\mu} = 0. \quad (10.2.10)$$

图 10.2.1 为参数 (D_1, τ_1) 平面上的分岔图. 图 10.2.1 中的着色区域代表 SPDF 曲线呈双峰分布, 而无色区域意味着稳态分布为单峰. 显然, 双峰区域将随着 τ_1 的增加而向 D_1 的较大值移动, 并且会变得更宽. 垂直 ($D_1 = 0.15$) 和水平 ($\tau_1 = 1.5$) 实线在点 $(0.15, 1.5)$ 处相交, 实线上的圆点所对应的稳态分布情况展现在图 10.2.2 中. 图 10.2.1 中的虚线对应发生分岔的临界值.

呈现在图 10.2.2 中的是 D_1 和 τ_1 诱导的随机分岔. 实线代表着理论预测的结果, 空心圈构成的曲线代表数值实现得到的稳态分布. 理论预测和数值得到的分布曲线基本重合在一起, 证明了理论方法的准确性. 随着 D_1 和 τ_1 的逐渐增加, 系统发生了两次随机分岔, 不同的是, 对于较大的噪声强度, 系统稳定在大振幅稳定极限环 (stable limit cycle, SLC) 的概率较大, 而对于较长的相关时间, 系统振幅的稳态分布在小振幅处达到峰值. 就酶底物反应而言, 当系统表现出单节律性时, 稳定在小 SLC 意味着多数酶分子处于基态, 而稳定在大 SLC 代表多数酶分子处于激发态. 双节律性的出现则表明酶分子存在激发态和基态之间的转换. 因此, 通过调节加性色噪声的强度和相关时间可以达到控制系统分岔的目的, 以实现渴望的动力学特征.

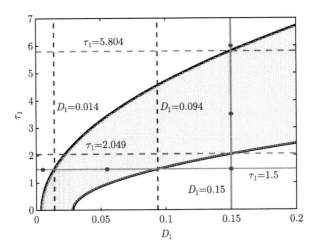

图 10.2.1 参数 (D_1, τ_1) 平面上的分岔图 ($\mu = 0.001$, $\alpha = 0.13$, $\beta = 0.0031$, $u = 0.001$, $v = -0.02$, $\tau = 2.2$, $\tau_0 = 1.5$)

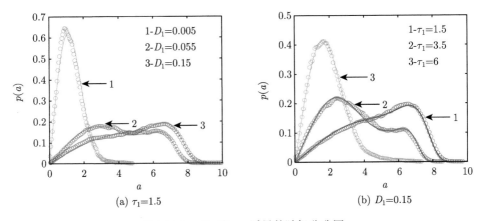

图 10.2.2 D_1 和 τ_1 诱导的随机分岔图

图 10.2.3 为参数 (τ, τ_0) 平面上的分岔图. 由分岔曲线 l_i ($i = 1, 2, 3, 4$) 包围的双峰区域呈现出特殊的波形细带状, 宽度很窄, 以至于速度时滞 τ_0 的微小改变都可以触发分岔. 图 10.2.3 中的实线 ($\tau = 1.5$ 和 $\tau_0 = 1.5$) 上的圆点所对应的稳态分布分别展示在图 10.2.4(b) 和图 10.2.5(b) 中. 图 10.2.4 展示了振幅 a_m 关于位移时滞 τ 变化的曲线和 τ 诱导的随机分岔. 振幅 a_m 随 τ 的变化曲线由一条弧线和一个椭圆组成, 意味着外部 SLC 不会随 τ 的变化而消失. 右边的随机分岔图也表现出了这一特点, 位于大振幅处的峰始终存在, 小振幅处的峰出现后又逐渐消失. 位移时滞 τ 以周期性的方式改变系统的动态行为, 这与文献 [14]~[16] 中的结果一致,

也可以用式 (10.2.6) 解释.

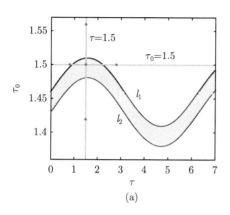
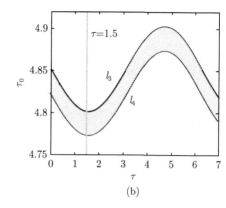

图 10.2.3 参数 (τ, τ_0) 平面上的分岔图 ($D_1 = 0.11$, $\tau_1 = 1.5$, 其他参数的取值不变)

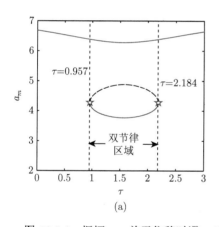
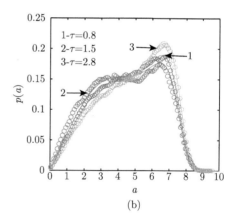

图 10.2.4 振幅 a_m 关于位移时滞 τ 变化的曲线和 τ 诱导的随机分岔图 ($\tau_0 = 1.5$)

图 10.2.5 展示了振幅 a_m 关于速度时滞 τ_0 变化的曲线和 τ_0 诱导的随机分岔. 对比图 10.2.4 和图 10.2.5, 发现在加性噪声存在的情况下, τ 和 τ_0 引起的随机分岔是不一样的. 观察图 10.2.3(a), a_m 关于 τ_0 的变化曲线为 "几" 字形, 表明只有 τ_0 在很短的两个区间 $(1.482, 1.509)$ 和 $(4.774, 4.801)$ 时, SPDF 才为双峰, 这与图 10.2.3 所反映的是一致的. 速度时滞 τ_0 的改变在一个周期内可以产生四次分岔, 为了更加清楚, 图 10.2.5(b) 中只展示了前面两次的分岔.

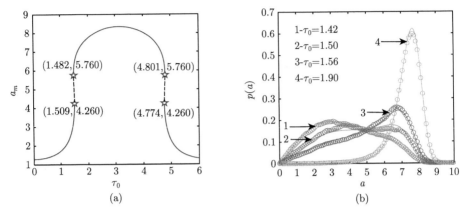

图 10.2.5 振幅 a_m 关于速度时滞 τ_0 变化的曲线和 τ_0 诱导的随机分岔图 ($\tau = 1.5$)

2. 乘性色噪声扰动下的分岔

这部分研究含时滞反馈且仅由乘性色噪声激励的自激励双节律系统中的随机分岔, 即 $D_1 = 0, D_2 \neq 0$. 另外, 前面已经对比了两个不同时滞对系统动力学行为的影响, 这里假定位移时滞和速度时滞是相等的, 即 $\tau = \tau_0$. 根据式 (10.2.8), 振幅的 SPDF 为

$$\begin{cases} p(a) = \dfrac{N}{L} a^{\frac{L+\mu\varsigma}{L}} \left[-\dfrac{\mu}{384L} g_2(a) \right], \\ L = \dfrac{D_2}{4\omega^2 \left(1 + 4\omega^2 \tau_2^2\right)}, \\ g_2(a) = \left(5\beta a^6 - 12\alpha a^4 + 48a^2\right). \end{cases} \quad (10.2.11)$$

因此, 振幅稳态分布式 (10.2.11) 的极值点 a_m 满足

$$5\beta a_m^6 - 8\alpha a_m^4 + 16 a_m^2 - \dfrac{64(L+\mu\varsigma)}{\mu} = 0. \quad (10.2.12)$$

需要注意的是, 当 $L+\mu\varsigma < 0$ 时, 式 (10.2.11) 的积分为瑕积分, $a = 0$ 是瑕点. 根据瑕积分收敛准则, 只有在 $2L + \mu\varsigma > 0$ 的条件下, 它才是可积的.

图 10.2.6 为参数 (D_2, τ_2) 平面上的分岔图, 其他参数同图 10.2.1(除非更改, 否则将不再重复). 线 l_1 和 l_2 所包围的区域表示方程式 (10.2.12) 有三个正实根. 但是, 当 $L + \mu\varsigma < 0$ 时, 式 (10.2.11) 的积分在 $a = 0$ 处是奇异的. 因此, 极值的数目需要进一步分析. 线 l_3 表示 $L + \mu\varsigma = 0$, 线 l_4 表示 $2L + \mu\varsigma = 0$. 瑕积分在 l_3 和 l_4 包围的区域上是收敛的, 但在 l_4 上方的区域是不收敛的. 因此, 区域 I (l_1 下方) 和 II (l_1 和 l_3) 之间分别对应单峰和双峰分布, 而区域III中振幅的 SPDF 呈火山口

10.2 两个高斯色噪声和时滞诱导的随机分岔

形状,可见图 10.2.7(b) 和 (d). 为了标清两条黑色实线的各部分所属区域,绘制了水平虚线 m_1 和 m_2,竖直虚线 m_3 和 m_4. 虚线 m_1 和 m_3 是区域 II 和 III 的分割线,虚线 m_2 和 m_4 是区域 III 和线 l_4 上方区域的分界线,另外它们在图 10.2.7(a) 和 (c) 中也被标记出. 黑色实线 $\tau_2 = 1.5$ 和 $D_2 = 0.12$ 上的圆圈分别属于区域 I、II 和 III,图 10.2.7(b) 和 (d) 中给出了这些参数取值下的 SPDF.

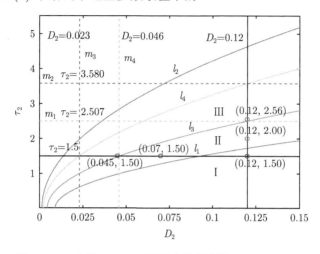

图 10.2.6 参数 (D_2, τ_2) 平面上的分岔图 $(\tau = \tau_0 = 1.5)$

图 10.2.7 展示了振幅 a_m 随 D_2 和 τ_2 变化的曲线与 D_2 和 τ_2 诱导的随机分岔. 相关时间 $\tau_2 = 1.5$,当 $D_2 < 0.023$,以及强度 $D_2 = 0.12$,且 $\tau_2 > 3.580$ 时,因为在这两种参数取值的情况下瑕积分是不收敛的,所以不存在理论解. 当 $D_2 \in (0.023, 0.046)$ 时,从图 10.2.7(a) 可以看出,式 (10.2.11) 有两个极值,一个极小值,一个极大值,且稳态分布的形状像火山口一样 (见图 10.2.7(b) 中的曲线 1). 随着 D_2 逐渐增加,可以定义一种新型的分岔,即从火山口形状的分布到双峰分布的转移,这不同于文献 [17] 和 [18] 中出现的火山口形状的分布与单峰分布之间的转移,见图 10.2.7(b) 中曲线 2. 当 D_2 超过临界值 0.092 时,内部 SLC 消失,出现了双节律到单节律的转变. τ_2 也诱导了两次分岔,包括新型分岔. 不同的是随着 τ_2 增加,分布经历了从单峰到双峰,最终呈火山口形状的转变,这与 D_2 引起的分岔顺序恰好相反.

基于对图 10.2.7 的分析,发现在仅有乘性色噪声扰动的时滞系统中,强度和相关时间的改变引起分岔的次数与仅存在加性色噪声的情况下相同,但在乘性噪声的激励下,系统发生了双峰分布与火山口状分布之间转移的新型分岔,而在加性色噪声干扰的情况下没有出现.

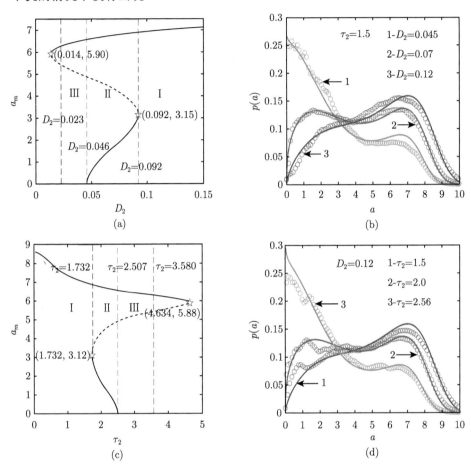

图 10.2.7 振幅 a_m 随 D_2 和 τ_2 变化的曲线与 D_2 和 τ_2 诱导的随机分岔图

(a) 和 (b) $\tau_2 = 1.5$; (c) 和 (d) $D_2 = 0.12$

下面讨论仅有乘性噪声激励下时滞 τ 对系统分岔的影响. 图 10.2.8 是参数 (τ_2, τ) 平面上的分岔图. 由于图中曲线之间的距离太近而无法清晰地观察, 图中黑色中线 $\tau_2 = 1.5$ 上的两块椭圆区域被放大, 分别展示在黑色中线左右两侧的白色区域中. l_i $(i = 1, 2, 3, 4)$ 标记出的线和前三个有编号的区域与图 10.2.6 中对应的曲线和区域具有相同的含义, 这里不再赘述. 值得指出的是, 瑕积分在区域 IV 中仍是可积的, 但在顶部线 l_4 上方的区域和底部线 l_4 下方的区域中是不可积的. 在两个放大图占据的区域 I 中, 系统具有单节律行为. 图 10.2.8 中的八个圆点的纵坐标对应时滞诱导随机分岔的临界值.

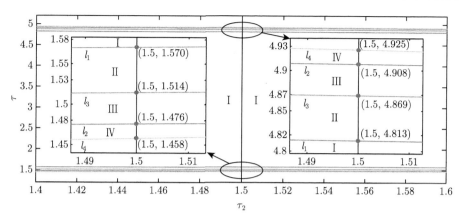

图 10.2.8　参数 (τ_2, τ) 平面上的分岔图 $(D_2 = 0.045)$

图 10.2.9 展示了振幅 a_m 随时滞 τ 变化的曲线与 τ 诱导的随机分岔. a_m 随时滞的变化曲线是对称的, 其形状很像图 10.2.5 中 a_m 随速度时滞 τ_0 的变化曲线. 实际上, 它们之间存在细微的差别. 观察图 10.2.9(b)~(d) 中的 SPDF 可以发现, 细微点差别致使它们对应的随机分岔之间存在很大差异. 观察分岔图 10.2.8 和图 10.2.9(a), 当 $\tau \in (1.458, 1.476)$ 时, SPDF 没有峰, 是一条平滑的分布曲线 (见图 10.2.9(b) 曲线 1). 当 $\tau > 1.476$ 时, 发生第一次分岔, 稳态分布变为火山口形状, 系统有大 SLC 和较小振幅的不稳定极限环 (见图 10.2.9(c) 中曲线 2). τ 继续增加, 振幅分布从火山口状变至双峰, 如 $\tau = 1.52$ 时的曲线 3 所示, 第二次分岔产生了. 当 τ 增加到 1.570 时, 第三次双峰到单峰的分岔出现, 小 SLC 消失了, 同时右峰向右偏移, 意味着大 SLC 的振幅扩大. 之后, 单节律性保持不变, 直到 τ 超过阈值, 小 SLC 恢复, 发生第四次分岔 (见图 10.2.9(d) 的曲线 5). 当 $\tau = 4.93$ 时, 双峰分布又变成火山口形状, 即第五次分岔 (见曲线 6). 最终, 当 $\tau = 4.95$ 时, 分布类似于曲线 1, 这是第六次分岔, 图中没有将其绘出. 可以判断, 在乘性色噪声干扰下, 时滞仍然以周期性的方式影响系统的动力学. 随机分岔在时滞变化的周期中一共出现了六次, 而且分岔种类丰富而新颖. 除了前面的双峰和火山口状峰之间的新型分岔, 还有无峰和火山口状峰之间转移的新的分岔种类. 但是, 需要注意的是, 在最后三种情况下, τ 的值不在图 10.2.8 中相应区域的范围内, 明显大于临界值 4.869、4.908、4.925. 另外, 时滞在取这些较大值时的理论结果与数值结果吻合得也没有前面取四个较小值的情况下良好, 这可能要归因于较长的时滞产生的较大影响.

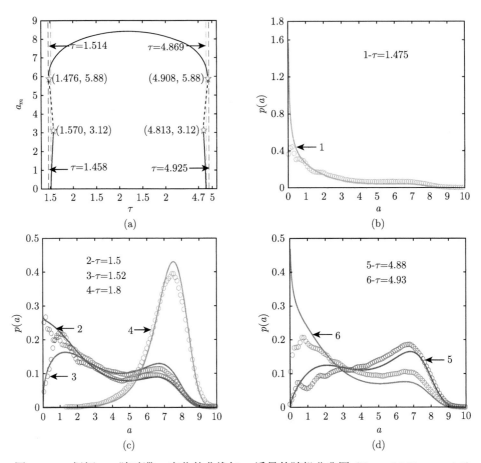

图 10.2.9 振幅 a_m 随时滞 τ 变化的曲线与 τ 诱导的随机分岔图 ($D_2 = 0.045$, $\tau_2 = 1.5$)

3. 两个色噪声扰动下的分岔

当加性与乘性的色噪声共同激励含时滞的双节律系统时, 即 $D_1 \neq 0, D_2 \neq 0$, 振幅的 SPDF 如下

$$\begin{cases} p(a) = Na(K + La^2)^Q \exp\left[-\dfrac{\mu a^2}{768L^3} g_3(a)\right], \\ K = \dfrac{D_1}{\omega^2(1 + \omega^2 \tau_1^2)}, \ L = \dfrac{D_2}{4\omega^2(1 + 4\omega^2 \tau_2^2)}, \\ Q = \dfrac{\mu}{128L^4}\left(64\zeta L^3 + 16KL^2 + 8\alpha K^2 L + 5K^3\beta\right), \\ g_3(a) = 10\beta L^2 a^4 - (15\beta KL + 24\alpha L^2) a^2 \\ \qquad\quad + 96L^2 + 48\alpha KL + 30\beta K^2. \end{cases} \quad (10.2.13)$$

10.2 两个高斯色噪声和时滞诱导的随机分岔

因此, 稳态分布式 (10.2.13) 的极值点是如下的方程的解

$$\begin{cases} 5\beta a_m^8 - 8\alpha a_m^6 + 16 a_m^4 + r a_m^2 - \dfrac{64K}{\mu} = 0, \\ r = 5\beta \dfrac{K^3}{L^3} - \dfrac{(1+2Q)\,64 L^4 - 16\mu K L^2 - 8\alpha \mu K^2 L}{\mu L^3}. \end{cases} \quad (10.2.14)$$

这部分重点介绍在引入加性色噪声之后, 乘性色噪声引起的随机分岔, 并将结果与前面进行对比. 图 10.2.10 展示了两个色噪声激励下振幅 a_m 随 D_2 和 τ_2 变化的曲线与 D_2 和 τ_2 诱导的随机分岔. D_2 和 τ_2 的变化都能引起两次分岔, 只存在单峰和双峰之间的转移. 显然, 这与仅被乘性色噪声干扰的系统中由乘性色噪声引起的随机分岔完全不同, 没有火山口形状的稳态分布, 也就没有新型分岔的出现.

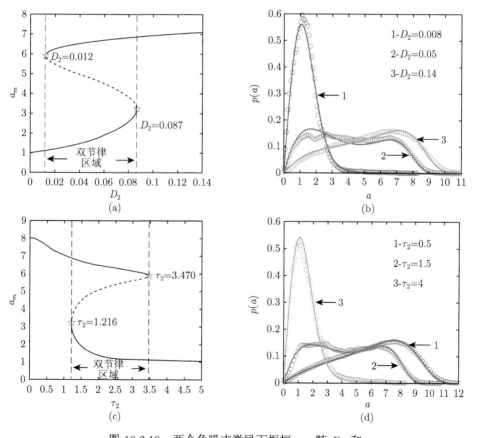

图 10.2.10 两个色噪声激励下振幅 a_m 随 D_2 和
τ_2 变化的曲线与 D_2 和 τ_2 诱导的随机分岔图

$D_1 = 0.01$, $\tau_1 = 2.5$, $\tau = \tau_0 = 1.5$; (a) 和 (b) $\tau_2 = 1.5$; (c) 和 (d) $D_2 = 0.06$

图 10.2.11 描绘了振幅 a_m 随位移时滞 τ 变化的曲线, 曲线的形状像水滴. 在前面讨论过的不同情况中, 还没有观察到这样形状有趣的变化曲线, 这表明系统稳态将随 τ 的增加经历多次定性变化. 需要指出, 此时的两个时滞反馈具有不相等的时滞, 即 $\tau \neq \tau_0$. 一般情况下, 时滞不可能很长, 此处将 τ 的区间设为 $(0, 9.5)$ 是为了清楚地展现时滞的周期性影响. 从图 10.2.11 中可以看到, 一个变化周期内有四个分岔点 (用五角星形标记), 这表明一个周期内位移时滞的改变可以诱导四次分岔. 图 10.2.12 中给出了两个色噪声激励下位移时滞 τ 引起的随机分岔, 与图 10.2.11 分析的结果完全吻合. 图 10.2.11 中左边四条虚线对应的临界值分别为 $\tau = 0.077$, $\tau = 1.266, \tau = 1.875$ 和 $\tau = 3.065$.

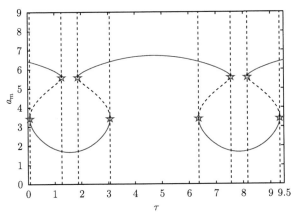

图 10.2.11 振幅 a_m 随位移时滞 τ 变化的曲线 ($\mu = 0.001$, $\alpha = 0.12$, $\beta = 0.003$, $u = 0.001$, $v = -0.002$, $D_1 = 0.001$, $\tau_1 = 0.1$, $D_2 = 0.001$, $\tau_2 = 0.1$, $\tau_0 = 1.57$)

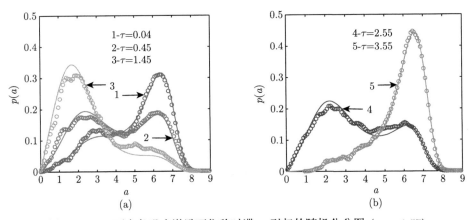

图 10.2.12 两个色噪声激励下位移时滞 τ 引起的随机分岔图 ($\tau_0 = 1.57$)

10.3 α 稳定 Lévy 噪声和时滞诱导的随机分岔

现有的文献大部分选择高斯噪声来模拟随机干扰, 但高斯噪声仅能刻画均值附近的小幅随机波动. α 稳定 Lévy 噪声作为一类特殊的非高斯噪声, 可以描述大幅的随机波动, 因此更适合模拟复杂的环境. 在生物学、物理学、经济学和社会学等诸多领域中, 已有很多基于更为普遍的 α 稳定 Lévy 类型的随机动力系统的研究[19-23]. 本节研究 α 稳定 Lévy 噪声扰动下含时滞的自激励双节律系统中的随机分岔.

10.3.1 模型介绍和数值模拟

由 α 稳定 Lévy 噪声激励的含时滞的自激励双节律系统可由如下方程描述

$$\ddot{x} - \mu \left(1 - x^2 + ax^4 - bx^6\right)\dot{x} + x = K(\dot{x}(t-\tau) - \dot{x}) + \xi(t), \quad (10.3.1)$$

式中, μ、a、b 为调控非线性程度的系统参数; τ 为时滞; K 为时滞反馈强度; $\xi(t)$ 为 α 稳定 Lévy 噪声.

α 稳定分布具有如下的特征函数[24-26]

$$\phi(\theta) = \begin{cases} \exp\left[i\delta\theta - \gamma^\alpha|\theta|^\alpha \left(1 - i\beta\mathrm{sgn}(\theta)\tan\dfrac{\pi\alpha}{2}\right)\right], & \alpha \neq 1, \\ \exp\left[i\delta\theta - \gamma|\theta| \left(1 + i\beta\mathrm{sgn}(\theta)\dfrac{2}{\pi}\ln|\theta|\right)\right], & \alpha = 1, \end{cases} \quad (10.3.2)$$

式中, $\alpha \in (0,2]$; $\beta \in [-1,1]$; $\gamma \in [0,+\infty)$; $\delta \in (-\infty,+\infty)$. 稳定性指数 (也称特征指数)$\alpha$ 用来衡量分布的脉冲性和拖尾性, 概率密度函数曲线的形状由此参数决定. α 的值与脉冲性成反比, 与拖尾性成正比. 分布的对称性取决于偏度参数 (也称对称参数)β, $\beta = 0$ 时分布是对称的; $\beta < 0$ 时分布呈现左偏; $\beta > 0$ 时分布呈现右偏. γ 和 δ 分别是尺度参数和位置参数. 图 10.3.1 为 α 稳定分布的概率密度函数. 从图 10.3.1 中可以看到, 随着 α 逐渐减小, 峰形越尖, 尾部越厚; 随着 β 绝对值的增加, 分布的非对称性越强.

为了观察和控制系统的分岔, 下面用蒙特卡罗方法进行数值实现. 式 (10.3.1) 可转化为如下表达式

$$\begin{cases} \dot{x} = y, \\ \dot{y} = \mu\left(1 - x^2 + ax^4 - bx^6\right)y - x + K(y(t-\tau) - y) + \xi(t). \end{cases} \quad (10.3.3)$$

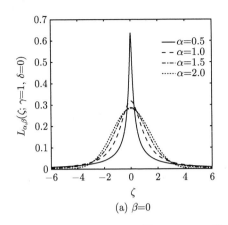
(a) $\beta=0$

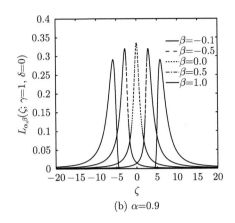
(b) $\alpha=0.9$

图 10.3.1 α 稳定分布的概率密度函数

根据四阶龙格库塔算法, 系统方程式 (10.3.1) 的数值解可由式 (10.3.4) 得到

$$\begin{cases} x_{n+1} = x_n + (k_1 + 2k_2 + 2k_3 + k_4)/6, \\ y_{n+1} = y_n + (l_1 + 2l_2 + 2l_3 + l_4)/6 + \Delta t^{1/\alpha} \zeta_n. \end{cases} \quad (10.3.4)$$

令 $F(x_n, y_n) = \mu \left(1 - x_n^2 + a x_n^4 - b x_n^6\right) y_n - x_n,$

$$\begin{cases} k_1 = \Delta t y_n, \\ k_2 = \Delta t(y_n + l_1/2), \\ k_3 = \Delta t(y_n + l_2/2), \\ k_4 = \Delta t(y_n + l_3), \\ l_1 = \Delta t[F(x_n, y_n) + K(y_{n-N} - y_n)], \\ l_2 = \Delta t \left[F\left(x_n + \dfrac{k_1}{2}, y_n + \dfrac{l_1}{2}\right) + K\left(\dfrac{y_{n-N} + y_{n-N+1}}{2} - \left(y_n + \dfrac{l_1}{2}\right)\right)\right], \\ l_3 = \Delta t \left[F\left(x_n + \dfrac{k_2}{2}, y_n + \dfrac{l_2}{2}\right) + K\left(\dfrac{y_{n-N} + y_{n-N+1}}{2} - \left(y_n + \dfrac{l_2}{2}\right)\right)\right], \\ l_4 = \Delta t[F(x_n + k_3, y_n + l_3) + K(y_{n-N+1} - (y_n + l_3))]. \end{cases} \quad (10.3.5)$$

式中, 时间步长 $\Delta t = 0.01$; n 表示第 n 个模拟数据; $N = \tau/\Delta t$ 为时滞的离散步长数; ζ_n 是 α 稳定分布随机数, 由 CMS 方法产生[27-29]. 令 $a(t) = \sqrt{x(t)^2 + y(t)^2}$, 可以得到振幅的 SPDF.

系统的参数值取定, $\mu = 0.001, a = 0.1, b = 0.001$. 图 10.3.2 展示了 α 稳定 Lévy 噪声与系统在噪声激励下的演化. 图 10.3.2(a) 描绘了具有大的随机波动的 α 稳定 Lévy 噪声. 在图 10.3.2(b)~(d) 中可以看到双节律振子从初值 $(x_0, y_0) = (10, 0)$ 开

始的振荡过程及受大幅波动干扰时产生的跳跃. 图 10.3.2(c) 和 (d) 分别为 (x,y) 从 $t = 900$ 到 $t = 1200$ 的三维轨迹及其在相平面上的投影. 由于受到噪声的强烈扰动, 粒子倾向于从一个稳定的极限环跳跃到另一个极限环, 即不同稳态之间的转移.

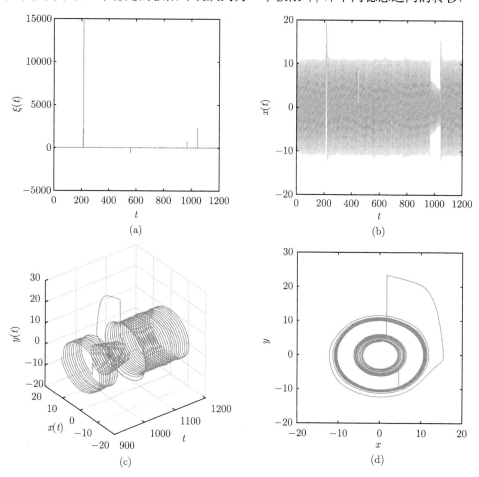

图 10.3.2 α 稳定 Lévy 噪声与系统在噪声激励下的演化

($\alpha = 0.95, \beta = 0.5, D = 0.01, K = 0.15, \tau = 0.5$)

10.3.2 α 稳定 Lévy 噪声诱导的随机分岔

首先研究系统中由 α 稳定 Lévy 噪声引起的分岔, 以稳定性指数、偏度参数和噪声强度作为控制参数. $D = \gamma^\alpha$ 为 α 稳定 Lévy 噪声的强度.

图 10.3.3 展示了噪声的稳定性指数 α 和强度 D 诱导的随机分岔. 观察图 10.3.3(a), 当 $\alpha = 0.7 < 1$ 时, 意味着此时噪声的分布具有较厚的尾部和较强

的脉冲性,振幅的 SPDF 是双峰的,大、小 SLC 共存. 随着 α 的增加,右峰逐渐变低. 直到超过阈值, 大 SLC 消失, 系统表现出单节律性 (见 $\alpha=1.9$ 时的曲线). 虽然特征指数发生变化, 但坚实的小 SLC 始终存在. 由噪声强度的变化引起的双峰到单峰的分岔, 如图 10.3.3(b) 所示. 随着 D 的增加, 仅发生一次分岔, 这与改变稳定性指数的情况相同. 但是逐渐变高的右峰比图 10.3.3(a) 中同样坚实的左峰更加尖锐. 此外, 当 α 取不同值时, 图 10.3.3(a) 中的左峰略微向右移动, 而图 10.3.3(b) 中, 噪声强度的改变使左峰的位置发生明显的右偏.

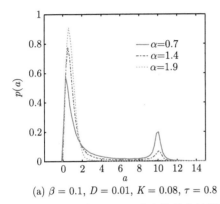
(a) $\beta=0.1, D=0.01, K=0.08, \tau=0.8$

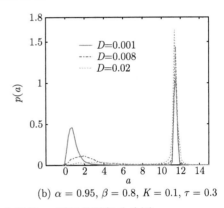
(b) $\alpha=0.95, \beta=0.8, K=0.1, \tau=0.3$

图 10.3.3 噪声的稳定性指数 α 和强度 D 诱导的随机分岔图

图 10.3.4 是偏度参数 β 取不同值时的 SPDF, 分别为 $\beta=-1$、-0.5、0、0.5 和 1 时对应的 SPDF. 显然, 偏度参数的变化没有导致分岔的出现. 如图 10.3.4(a) 所示, 大 SLC 振幅处的峰高度在不规则地变化, 而小 SLC 振幅处的峰高度没有明显的变化. 在另一种情况下, 稳态分布的两个峰的高度都几乎没有随着 β 的增加而改变.

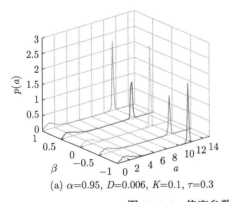
(a) $\alpha=0.95, D=0.006, K=0.1, \tau=0.3$

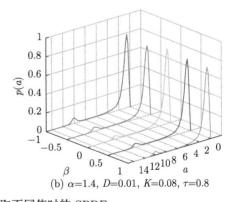
(b) $\alpha=1.4, D=0.01, K=0.08, \tau=0.8$

图 10.3.4 偏度参数 β 取不同值时的 SPDF

图 10.3.5 为无时滞下 $(K=0)\alpha$ 和 D 诱导的随机分岔图. 与图 10.3.3(a) 相比, 随着稳定性指数的增加, 从单峰到双峰的分岔并不明显, 而且大 SLC 始终存在. 由噪声强度的变化引起的分岔与时滞存在的情况下相似, 见图 10.3.5(b). 但在无时滞的情况下, 参数 β 的变化依然无法引起分岔.

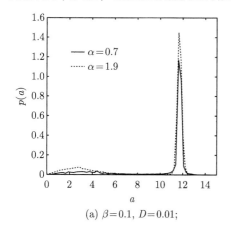

(a) $\beta=0.1, D=0.01$;

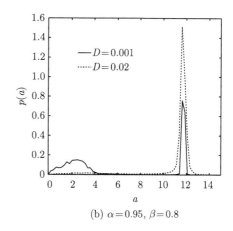

(b) $\alpha=0.95, \beta=0.8$

图 10.3.5　无时滞下 $(K=0)\alpha$ 和 D 诱导的随机分岔图

10.3.3　时滞诱导的随机分岔

本小节研究时滞反馈引起的分岔, 时滞和时滞反馈的强度被视为分岔参数.

图 10.3.6 为时滞及其反馈强度诱导的随机分岔图. 观察图 10.3.6(a), $K=-0.05$ 时, 系统表现出单节律行为, 驻留在大振幅的 SLC 上. 随着反馈强度的增加, 出现了从单节律到双节律的第一次分岔. $K=0.15$ 时, 点画线是双峰的. K 继续增加, 外部 SLC 消失, 这是第二次分岔. 观察图 10.3.6(b) 可以发现, τ 的变化也可以诱发两次分岔. 随着 K 和 τ 的增加, 两者引起的分岔十分类似, 可能是由于它们的增加会增强时滞反馈对系统的影响. 此外, K 和 τ 的增加都使得稳态分布的右峰小幅向左移动.

图 10.3.7 为参数 (τ,K) 平面上的分岔图. 图 10.3.6 中的分岔与图 10.3.7 相符合. 当时滞参数取值于黑色实线 l_1 和 l_2 包围的区域时, 系统表现出双节律性, l_1 和 l_2 分别表示大 SLC 和小 SLC 的鞍结分岔线. C_1 和 C_2 分别是分岔线和水平线 $K=0.1$ 的交点, 也是分岔点, 其横坐标分别约为 0.13 和 0.75. C_3 和 C_4 分别是分岔线和垂直线 $\tau=0.5$ 的交点, 它们的纵坐标约为 0.01 和 0.23. 发现双峰区域会随 K 和 τ 的增加呈缩小趋势. 当 $K \leqslant 0$ ($K=0$, 即无时滞) 时, τ 取区间 $(0,1.2)$ 上的

任意值, SPDF 始终是单峰的. 综上, 对比于调节噪声参数, 调节时滞参数能够产生更丰富的分岔现象.

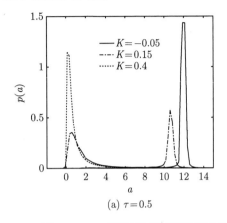
(a) $\tau=0.5$

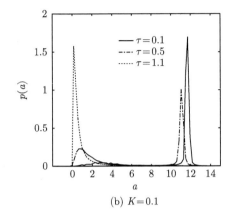
(b) $K=0.1$

图 10.3.6 时滞及其反馈强度诱导的随机分岔图 ($\alpha=0.94, \beta=0.5, D=0.01$)

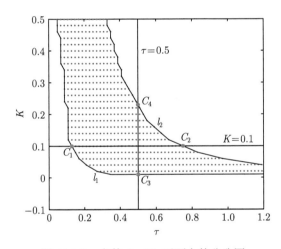

图 10.3.7 参数 (τ, K) 平面上的分岔图

10.4 小　　结

自然界中的系统不可避免地会受到噪声与时滞的影响. 本章考虑了两类噪声, 高斯色噪声和 α 稳定 Lévy 噪声, 分别研究在它们的激励下含时滞的双节律系统中的随机分岔. 10.2 节研究了包含两个时滞反馈、加性和乘性色噪声的自激励双节律系统. 应用多尺度方法和随机平均法可以推导出振幅的 SPDF. 将时滞、噪声的强

度和相关时间作为分岔参数, 探究了三种情况下的随机分岔. 通过数值模拟, 证实了理论分析方法的可行性和有效性. 得到了形状较为特别的分岔图和最可能的振幅随参数变化的曲线图, 相应地, 系统也出现了复杂多样的分岔现象. 在加性色噪声的情况下, 位移和速度时滞诱导的分岔明显不同. 在乘性色噪声的情况下, 系统出现了新型的分岔, 以及火山口状峰和双峰分布之间的转移, 但这并未出现在两个色噪声激励的系统中. 在乘性色噪声的情况下, 时滞诱导的随机分岔中还出现了无峰与火山口状峰之间转移的又一新的分岔类型. 10.3 节通过数值模拟研究了含时滞的 α 稳定 Lévy 类型的随机自激励双节律系统中的分岔. 无论时滞是否存在, 稳定性指数和噪声强度的变化都可以引起一次单双峰之间的转移, 但偏度参数的变化不能诱导分岔. 与噪声参数诱导的分岔比较, 由时滞和时滞反馈强度引起的分岔更丰富. 这些关于双节律系统中随机分岔的研究结果将对控制自激励双节律系统的动力学行为有一定借鉴作用, 帮助系统在各种应用中达到渴望的效果.

参 考 文 献

[1] Ma Z, Ning L. Bifurcation regulations governed by delay self-control feedback in a stochastic birhythmic system[J]. International Journal of Bifurcation and Chaos, 2017, 27(13): 1750202.

[2] Guo Q, Sun Z, Xu W. Stochastic bifurcations in a birhythmic biological model with time-delayed feedbacks[J]. International Journal of Bifurcation and Chaos, 2018, 28(4): 1850048.

[3] Ning L, Ma Z. The effects of correlated noise on bifurcation in birhythmicity driven by delay[J]. International Journal of Bifurcation and Chaos, 2018, 28(10): 1850127.

[4] Yang T, Cao Q. Noise-induced phenomena in a versatile class of prototype dynamical system with time delay[J]. Nonlinear Dynamics, 2018, 92(2): 511-529.

[5] Sun Z, Fu J, Xiao Y, et al. Delay-induced stochastic bifurcations in a bistable system under white noise[J]. Chaos: An Interdisciplinary Journal of Nonlinear Science, 2015, 25(8): 083102.

[6] Kaiser F. Coherent oscillations in biological systems: Interaction with extremely low frequency fields[J]. Radio Science, 1982, 17(5): 17-22.

[7] Kaiser F. Specific Effects in Externally Driven Self-sustained Oscillating Biophysical Model Systems[A]//Fröhlich H, Kremer F. Coherent Excitations in Biological Systems[M]. Berlin: Springer-Verlag, 1983: 128-133.

[8] Eichwald C, Kaiser F. Bifurcation structure of a driven multi-limit-cycle van der Pol oscillator (ii): Symmetry-breaking crisis and intermittency[J]. International Journal of Bifurcation and Chaos, 1991, 1(3): 711-715.

[9] Kadji H G E, Yamapi R, Orou J B C. Synchronization of two coupled selfexcited systems with multi-limit cycles[J]. Chaos: An Interdisciplinary Journal of Nonlinear Science, 2007, 17(3): 033113.

[10] Kadji H G E, Orou J B C, Yamapi R, et al. Nonlinear dynamics and strange attractors in the biological system[J]. Chaos, Solitons & Fractals, 2007, 32(2): 862-882.

[11] Fröhlich H. The extraordinary dielectric properties of biological materials and the action of enzymes[J]. Proceedings of the National Academy of Sciences, 1975, 72(11): 4211-4215.

[12] Kaiser F. Coherent oscillations in biological systems I[J]. Zeitschrift für Naturforschung A, 1978, 33(3): 294-304.

[13] Sun Y, Ning L. Bifurcation analysis of a self-sustained birhythmic oscillator under two delays and colored noises[J]. International Journal of Bifurcation and Chaos, 2020, 30(1): 2050013.

[14] Ghosh P, Sen S, Riaz S S, et al. Controlling birhythmicity in a self-sustained oscillator by time-delayed feedback[J]. Physical Review E, 2011, 83(3): 036205.

[15] Gaudreault M, Drolet F M C, Viñals J. Bifurcation threshold of the delayed van der Pol oscillator under stochastic modulation[J]. Physical Review E, 2012, 85(5): 056214.

[16] Bramburger J, Dionne B, LeBlanc V G. Zero-Hopf bifurcation in the van der Pol oscillator with delayed position and velocity feedback[J]. Nonlinear Dynamics, 2014, 78(4): 2959-2973.

[17] Fu J, Sun Z, Xiao Y, et al. Bifurcations induced in a bistable oscillator via joint noises and time delay[J]. International Journal of Bifurcation and Chaos, 2016, 26(6): 1650102.

[18] Xu Y, Gu R, Zhang H, et al. Stochastic bifurcations in a bistable Duffing-van der Pol oscillator with colored noise[J]. Physical Review E, 2011, 83(5): 056215.

[19] Xu Y, Feng J, Li J, et al. Stochastic bifurcation for a tumor-immune system with symmetric Lévy noise[J]. Physica A: Statistical Mechanics and its Applications, 2013, 392(20): 4739-4748.

[20] Shlesinger M F, Zaslavsky G M, Frisch U. Lévy Flights and Related Topics in Physics[M]. Berlin: Springer, 1995.

[21] Ibragimov M, Ibragimov R, Walden J. Heavy-Tailed Distributions and Robustness in Economics and Finance[M]. New York: Springer, 2015.

参考文献

[22] Brockmann D, Hufnagel L, Geisel T. The scaling laws of human travel[J]. Nature, 2006, 439(7075): 462.

[23] Ditlevsen P D. Observation of α-stable noise induced millennial climate changes from an ice-core record[J]. Geophysical Research Letters, 1999, 26(10): 1441-1444.

[24] Janicki A, Weron A. Simulation and Chaotic Behavior of α-Stable Stochastic Processes[M]. New York: Marcel Dekker, 1994.

[25] Samoradnitsky G, Taqqu M S. Stable Non-Gaussian Random Processes: Stochastic Models with Infinite Variance[M]. New York: Chapman & Hall, 1994.

[26] Ken-Iti S. Lévy Processes and Infinitely Divisible Distributions[M]. Cambridge: Cambridge University Press, 1999.

[27] Ning L, Sun Y. Modulating bifurcations in a self-sustained birhythmic system by α-stable Lévy noise and time delay[J]. Nonlinear Dynamics, 2019, 98(3): 2339-2347.

[28] Chambers J M, Mallows C L, Stuck B W. A method for simulating stable random variables[J]. Journal of the American Statistical Association, 1976, 71(354): 340-344.

[29] Weron R. On the Chambers-Mallows-Stuck method for simulating skewed stable random variables[J]. Statistics & Probability Letters, 1996, 28(2): 165-171.